国家工科数学课程教学基地
研究生教学用书

矩阵理论

电子科技大学应用数学学院
黄廷祝　钟守铭　李正良

高等教育出版社·北京

内容提要

矩阵理论是数学的一个重要分支，同时在数值分析、最优化方法、微分方程、控制理论、数学模型等分支及各种工程学科有极其重要的应用。本书正是为适应科技和工程人员对矩阵理论的需要而编写的。

全书共分七章，包括：线性代数基础、向量与矩阵的范数、矩阵的分解、特征值的估计与摄动、矩阵分析、广义逆矩阵、非负矩阵理论。内容系统全面，同时又注重矩阵理论的应用。本书是作者长期从事矩阵理论教学及研究的总结，引入了大量国内外矩阵理论的研究成果。本书既可作为工科及理科高年级本科生、研究生的教材，也可作为教师和科技工作者从事科学研究的参考书。

图书在版编目(CIP)数据

矩阵理论/黄廷祝，钟守铭，李正良.—北京：高等教育出版社，2003.8（2025.5重印）
ISBN 978-7-04-011942-8

Ⅰ.矩... Ⅱ.①黄...②钟...③李... Ⅲ.矩阵-理论 Ⅳ.O151.21

中国版本图书馆 CIP 数据核字（2003）第 037491 号

出版发行	高等教育出版社	咨询电话	400-810-0598
社　　址	北京市西城区德外大街4号	网　　址	http://www.hep.edu.cn
邮政编码	100120		http://www.hep.com.cn
印　　刷	涿州市京南印刷厂	网上订购	http://www.landraco.com
开　　本	787×960　1/16		http://www.landraco.com.cn
印　　张	17	版　　次	2003年8月第1版
字　　数	290 000	印　　次	2025年5月第14次印刷
购书热线	010-58581118	定　　价	27.50元

本书如有缺页、倒页、脱页等质量问题，请到所购图书销售部门联系调换
版权所有　侵权必究
物 料 号　11942-00

前　言

随着科学技术的迅猛发展，特别是计算机的广泛应用，矩阵理论越来越受到数学工作者、科技和工程人员的重视。它不仅是一门重要的数学分支，而且在数值分析、最优化方法、微分方程、控制理论、数学模型等分支及各种工程学科有极其重要的应用。矩阵理论已成为科技领域中不可缺少的数学工具。由于利用矩阵理论与方法来处理错综复杂的工程问题时，具有表达简洁、对数学和工程问题的实质刻画深刻等优点，因此利用矩阵理论与方法来处理科学技术的各种问题越来越受到科技工作者的极大关注。本书是为适应科学和工程技术人员对矩阵理论的需要而编著的，并适合作为工科和理科研究生、高年级本科生的教材。

本书是在电子科技大学工科及理科研究生教学中长期使用的讲义与教材的基础上修改完成的。在本书的编写过程中，考虑到（理）工科研究生或工程科技人员已具备一定的数学基础，并假定读者已初步具备线性空间、线性变换、矩阵等的基本概念和基本运算知识。在此基础上，一方面力求全面、系统地介绍矩阵理论，另一方面也注重矩阵理论的应用。该书参考了国内外有代表性的文献资料，也有部分内容是作者研究工作的总结，以便读者掌握矩阵理论的最新成果，了解新的研究动态。本书在基本概念、基本理论和基本方法的论述上力求精练简洁、注重理论联系实际。本书的特点是，把矩阵方法与线性变换方法、向量空间方法结合起来，把代数与几何方法结合起来，把代数方面的结构与测度方面的结构结合起来。选材精练，内容新颖，结构严谨，推理简明，立足点高，理论性强，循序渐进，通俗易懂。

本书的内容分为七章，可分为两个部分。第一部分包括线性空间、线性变换、内积空间和线性流形等，它是作为本科线性代数课程内容的衔接与延伸，为学习第二部分打下必要的基础。第二部分包括向量与矩阵范数理论及应用、矩阵分解、特征值的估计与摄动、矩阵分析、广义逆矩阵理论及计算方法、非负矩阵理论。该部分是考虑到目前研究生的实际需要而精选的，其中包括了一些国内外有代表性的研究成果，介绍了矩阵理论中的基本概念、理论和方法。各章均配有一定数量难易程度各异的习题，以加深读者对课程的理解。

本书是在我校“矩阵理论”课程研究生教材的基础上修改编写而成。

在我校“矩阵理论”课程及教材建设过程中，李正良教授进行了长期的研究与教学实践，并为该课程及其教材建设做出了重要贡献。

本书执笔者为李正良（第一、二章）、钟守铭（第三、六章）和黄廷祝（第四、五、七章）三位教授。

作者感谢电子科技大学应用数学学院谢云荪教授，他仔细审阅了书稿，并提出不少好的建议。感谢高等教育出版社理工分社为本书出版所给予的大力支持和付出的辛勤劳动，感谢电子科技大学研究生院对本书出版给予的大力支持。

限于水平，书中不妥之处，敬请读者指正。

编　者

2003 年 2 月于电子科技大学（成都）

目　录

第一章　线性代数基础

本章所讨论的内容既是已有线性代数知识的深化，也是本书的基础.

§1　线性空间与子空间

如果数集 P 中任意两个数作某一运算后的结果仍在 P 中，我们就称数集 P 对这个运算是封闭的. 对加、减、乘、除（除数不为零）四则运算封闭的数集 P 称为数域.

最常见的数域是有理数域 $\mathbf{Q}$、实数域 $\mathbf{R}$、复数域 $\mathbf{C}$. 此外，还有其他很多数域，例如

$$Q(\sqrt{2})=\{a+b\sqrt{2}\mid a,b\in\mathbf{Q}\}.$$

不难验证，$Q(\sqrt{2})$ 对实数的加、减、乘、除运算是封闭的，所以 $Q(\sqrt{2})$ 也是一个数域. 而全体整数组成的集合 $\mathbf{Z}$ 对于除法运算不封闭，故 $\mathbf{Z}$ 不是数域.

定义 1　设 V 是一个非空集合，P 是一个数域. 在集合 V 的元素之间定义了一种代数运算，叫做加法：即，给出了一个法则，对于 V 中任意两元 α,β，在 V 中都有唯一的一个元 ν 与它们对应，称 ν 为 α 与 β 的和，记 $\nu=\alpha+\beta$. 在数域 P 与集合 V 的元素之间还定义了一种运算，叫做数量乘法：就是说，对于数域 P 中任一数 k 和 V 中任一元 α，在 V 中都有唯一元 δ 与它们对应，称 δ 为 k 与 α 的数量乘积，记为 $\delta=k\alpha$. 如果加法与数量乘法满足下述规则：

1) $\alpha+\beta=\beta+\alpha$；

2) $(\alpha+\beta)+\nu=\alpha+(\beta+\nu)$；

3) 在 V 中有一个元 0，对于 V 中任一元 α，有 $\alpha+0=\alpha$（具有这个性质的元 0 称为 V 的零元素）；

4) 对于 V 中每一个元 α，都有 V 中的元 β，使 $\alpha+\beta=0$（β 称为 α 的负元素，记为 $\beta=-\alpha$）；

5) $1\alpha=\alpha$；

6) $k(l\alpha)=(kl)\alpha$；

7) $(k+l)\alpha=k\alpha+l\alpha$；

8) $k(\alpha+\beta)=k\alpha+k\beta$

则称 V 为数域 P 上的线性空间(其中 $k,l\in P$,而 $\alpha,\beta\in V$),其中的元素也常称为向量.

例如,元素属于数域 P 的 $m\times n$ 型矩阵,按矩阵的加法和矩阵的数量乘法,构成数域 P 上的一个线性空间,用 $P^{m\times n}$ 表示.而全体实函数,按函数的加法和数与函数的乘法,也构成一个实数域上的线性空间.数域 P 按照本身的加法和乘法,也构成自身上的一个线性空间.

定义 2 在线性空间 V 中,如果有 n 个向量 $\varepsilon_1,\varepsilon_2,\cdots,\varepsilon_n$ 线性无关,而 V 中任意 $n+1$ 个向量线性相关,则称 $\varepsilon_1,\varepsilon_2,\cdots,\varepsilon_n$ 为 V 的一组基底,由于线性空间的所有基底总含有相同数目的向量,则 n 称为线性空间 V 的维数.常记为 $\dim V=n$.

例 1 设多项式集合

$$P_n[x]=\{a_{n-1}x^{n-1}+\cdots+a_1x+a_0 \mid a_i\in P,i=0,1,\cdots,n-1\}.$$

按通常的多项式加法和数乘法,显然构成数域 P 上的一个线性空间.且 $x^{n-1},\cdots,x,1$ 是 $P_n[x]$ 的一组基底,其维数 $\dim P_n[x]=n$.

例 2 如果把复数域 $\mathbf{C}$ 看作是自身上的线性空间,则它是一维的,数 1 是一组基底;如果看作是实数域上的线性空间,则就是二维的,数 1 与 i 就是一组基底.

定义 3 如果数域 P 上线性空间 V 的一非空子集 W 对于 V 的两种运算也构成线性空间,则称 W 为 V 的一个线性子空间(简称子空间).

例如,$P_2[x]$ 是 $P_4[x]$ 的一个子空间;$W=\left\{\begin{pmatrix}a&b\\0&0\end{pmatrix}\middle| a,b\in P\right\}$ 是 $P^{2\times2}$ 的一个子空间;$A\in\mathbf{R}^{n\times n}$,则齐次线性方程组 $Ax=0$ 的全部解向量组成 $\mathbf{R}^n$ 的一个子空间,通常称为解空间.

§2 空间分解与维数定理

定义 1 设 V_1,V_2 是线性空间 V 的子空间,所谓 V_1 与 V_2 的和,是指由所有能表示成 $\alpha_1+\alpha_2(\alpha_1\in V_1,\alpha_2\in V_2)$ 的向量组成的子集合,记为 V_1+V_2.

不难证明,V_1+V_2 和 $V_1\cap V_2$ 均是 V 的一个子空间,它们之间的关系产生了下面的维数定理.

定理 1 设 V_1,V_2 是线性空间 V 的子空间,则

$$\dim(V_1)+\dim(V_2)=\dim(V_1+V_2)+\dim(V_1\cap V_2). \tag{1-1}$$

从定理 1 可看出,子空间和的维数一般比子空间的维数之和小.例

如，在三维几何空间中，两个过原点的不同平面之和是整个三维空间，而它们的维数之和却等于4，由此说明这两个子空间的交是一维的子空间.

定义 2 设 V_1,V_2 是线性空间 V 的子空间，若对 $\forall\alpha\in V_1+V_2$，有

$$\alpha=\alpha_1+\alpha_2\quad(\alpha_1\in V_1,\alpha_2\in V_2),$$

且这种表示是唯一的，这个和 V_1+V_2 就称为直和，记为 $V_1\oplus V_2$.

定理 2 设 V_1、V_2 是线性空间 V 的子空间，则下列几条命题相互等价：

(1) V_1+V_2 是直和；

(2) 零向量表示法唯一.即由 $0=\alpha_1+\alpha_2(\alpha_i\in V_i)$，必有 $\alpha_1=0,\alpha_2=0$；

(3) $V_1\cap V_2=\{0\}$.

推论 1 设 V_1,V_2 是 V 的子空间.令 $W=V_1+V_2$，则

$$W=V_1\oplus V_2\Leftrightarrow\dim W=\dim(V_1)+\dim(V_2)\qquad(1-2)$$

例 1 设 α,β 是线性空间 V 中的两个线性无关的元，则 $L(\alpha)+L(\beta)$ 是直和，而 $L(\alpha,\alpha+\beta)+L(\beta)$ 不是直和（其中 $L(\alpha,\beta)$ 是由 α,β 生成的子空间）.

例 2 设 $\mathbf{R}^{n\times n}$ 表示所有 n 阶实方阵形成的线性空间，而所有对称矩阵($A=A^{\mathrm{T}}$)的集合 V_1 及所有反对称矩阵($A=-A^{\mathrm{T}}$)的集合 V_2，是 $\mathbf{R}^{n\times n}$ 的两个子空间，则 $\mathbf{R}^{n\times n}=V_1\oplus V_2$.

子空间直和的概念可以推广到多个子空间的情形.

定义 3 设 $V_1,V_2,\cdots,V_s$ 是 V 的子空间，如果和 $V_1+V_2+\cdots+V_s$ 中的每个向量 α 的分解式

$$\alpha=\alpha_1+\alpha_2+\cdots+\alpha_s\qquad\alpha_i\in V_i(i=1,2,\cdots,s)$$

是唯一的，这个和就称为直和，记为 $V_1\oplus V_2\oplus\cdots\oplus V_s$.

例 3 设 $\alpha_1,\alpha_2,\cdots,\alpha_n$ 是 n 维线性空间 V 的一组基，则它们生成的一维子空间 $L(\alpha_1),L(\alpha_2),\cdots,L(\alpha_n)$ 的和是直和，且有

$$L=L(\alpha_1)\oplus L(\alpha_2)\oplus\cdots\oplus L(\alpha_n).$$

定理 3 设 $V_1,V_2,\cdots,V_s$ 是 V 的子空间，下面几个命题相互等价：

(1) $W=\sum V_i$ 是直和；

(2) 零向量的表示法唯一；

(3) $V_i\cap\left(\sum\limits_{j\neq i}V_j\right)=\{0\},1\leqslant i\leqslant s$；

(4) $\dim(W)=\sum\dim(V_i)$.

§3 商 空 间

在这一节中,我们总假设 V 是一个 n 维线性空间,M 是它的子空间. 现在我们将利用 M 对 V 中的向量进行分类,从而引出商集和商空间的重要概念.

定义 1 设 $\alpha\in V$,如果 $\alpha'\in V$ 满足 $\alpha'-\alpha\in M$,则称 α' 与 α 模 M 同余,记为 $\alpha'\equiv\alpha(\mathrm{mod}\ M)$.

性质 1 反身律:即 $\alpha\equiv\alpha(\mathrm{mod}\ M)$.

性质 2 对称律:若 $\alpha'\equiv\alpha(\mathrm{mod}\ M)$,则 $\alpha\equiv\alpha'(\mathrm{mod}\ M)$.

性质 3 传递律:若 $\alpha''\equiv\alpha'(\mathrm{mod}\ M)$,$\alpha'\equiv\alpha(\mathrm{mod}\ M)$,则 $\alpha''\equiv\alpha(\mathrm{mod}\ M)$.

由此看出模 M 同余是一个等价关系.

定义 2 设 $\forall\alpha\in V$,则 V 的子集 $\alpha+M=\{\alpha+m\mid m\in M\}$ 内的任一向量必与 α 模 M 同余;反之,与 α 模 M 同余的向量必属于 $\alpha+M$. 我们称 $\alpha+M$ 为一个模 M 的同余类,而 α 称为这个同余类的代表.

性质 4 若 $\alpha'\in\alpha+M$,则 $\alpha'+M=\alpha+M$,因而可取 $\alpha+M$ 中任一元素来作为它的代表.

性质 5 两个模 M 同余类如不相等就没有公共元素,即其交集为空集.

事实上,若 $(\alpha+M)\cap(\gamma+M)\neq\varnothing$,设 $\gamma\in(\alpha+M)\cap(\beta+M)$,则由性质 4 知,$\alpha+M=\gamma+M=\beta+M$,矛盾.

线性空间 V 内每个向量必属于某一模 M 同余类(即以它自己为代表的那个同余类),而不同的同余类又不相交,于是,V 就可以看成是一些彼此互不相交的同余类的并集.

定义 3 V 的所有模 M 同余类的全体组成的集合称为 V 的商集,记为 $\bar{V}$.

现在我们在 $\bar{V}$ 中定义加法和数乘两种运算

(1) 定义 $(\alpha+M)+(\beta+M)=(\alpha+\beta)+M$,

(2) 定义 对 $\forall k\in P$,$k(\alpha+M)=k\alpha+M$.

下面我们将证明上面的定义在逻辑上是没有矛盾的,也就是说,在同一个同余类中选择不同的元素作代表时,上述定义的运算都不会因之而出现不同的结果,现在分别加以证明.

设 $\alpha'\equiv\alpha(\mathrm{mod}\ M)$,$\beta'\equiv\beta(\mathrm{mod}\ M)$,则有

$$\alpha+M=\alpha'+M,\quad \beta+M\equiv\beta'+M,$$

又因

$$\alpha'=\alpha+m_1,\beta'=\beta+m_2 \quad (m_1,m_2\in M),$$

故

$$\alpha'+\beta'=\alpha+\beta+(m_1+m_2)\in(\alpha+\beta)+M,$$
$$(\alpha'+\beta')+M=(\alpha+\beta)+M,$$

这说明

$$(\alpha+M)+(\beta+M)=(\alpha'+M)+(\beta'+M).$$

所以,上面所定义的加法运算不会因各同余类代表的不同选择而出现矛盾.

设 $\alpha'\equiv\alpha(\bmod M)$,则有

$$\alpha+M=\alpha'+M,$$

又因

$$\alpha'=\alpha+m \quad (m\in M),k\alpha'=k\alpha+km\in k\alpha+M,$$

故

$$k\alpha'+M=k\alpha+M,$$

即

$$k(\alpha+M)=k(\alpha'+M).$$

所以,上面所定义的数乘也不会因为其代表的不同选择而出现矛盾的结果.

不难得如下结果:

定理 1 商集 $\bar{V}$ 关于上面所定义的加法和数量乘法运算为数域 P 上的一个线性空间,这个线性空间称为 V 对于子空间 M 的商空间,记为 V/M.

定理 2 设 M 是 V 的子空间,则

$$\dim(V/M)=\dim(V)-\dim(M). \tag{1-3}$$

证 设 M 的一组基为 $\alpha_1,\alpha_2,\cdots,\alpha_s$,扩充成 V 的一组基为

$$\alpha_1,\alpha_2,\cdots,\alpha_s,\alpha_{s+1},\cdots,\alpha_n,$$

我们证明:$\bar{V}$ 内的 $n-s$ 个元素

$$\alpha_{s+1}+M,\alpha_{s+2}+M,\cdots,\alpha_n+M, \tag{1-4}$$

组成 $\bar{V}=V/M$ 的一组基.

(1) 先证明向量组(1-4)在 $\bar{V}$ 内是线性无关的.设

$$k_{s+1}(\alpha_{s+1}+M)+\cdots+k_n(\alpha_n+M)=0+M,$$

于是有

$$(k_{s+1}\alpha_{s+1}+\cdots+k_n\alpha_n)+M=0+M,$$

于是

$$k_{s+1}\alpha_{s+1}+\cdots+k_n\alpha_n=0=k_1\alpha_1+\cdots+k_s\alpha_s,$$

$$k_1\alpha_1+\cdots+k_s\alpha_s-k_{s+1}\alpha_{s+1}-\cdots-k_n\alpha_n=0,$$

由于 $\alpha_1,\alpha_2,\cdots,\alpha_n$ 线性无关,故 $k_{s+1}=k_{s+2}=\cdots=k_n=0$,这就证明了向量组(1-4)是线性无关的.

(2) 证明任一 $\alpha+M$ 可由向量组(1-4)线性表出.设

$$\alpha=k_1\alpha_1+\cdots+k_s\alpha_s+k_{s+1}\alpha_{s+1}+\cdots+k_n\alpha_n,$$

于是有

$$\alpha-(k_{s+1}\alpha_{s+1}+\cdots+k_n\alpha_n)=k_1\alpha_1+\cdots+k_s\alpha_s\in M,$$

则

$$\alpha\equiv k_{s+1}\alpha_{s+1}+\cdots+k_n\alpha_n(\bmod M),$$

因此,有

$$\begin{aligned}\alpha+M&=(k_{s+1}\alpha_{s+1}+\cdots+k_n\alpha_n)+M\\&=(k_{s+1}\alpha_{s+1}+M)+\cdots+(k_n\alpha_n+M)\\&=k_{s+1}(\alpha_{s+1}+M)+\cdots+k_n(\alpha_n+M),\end{aligned}$$

综合(1),(2)即知向量组(1-4)是 $\bar{V}$ 的一组基,从而

$$\dim(V/M)=\dim(V)-\dim(M).$$ 证毕

例 1 xOy 平面向量的线性空间 V 的维数是 $\dim(V)=2$,而 Ox 轴上所有向量形成 V 的一维子空间 M,且有 $\dim(M)=1$,故 $\dim(V/M)=2-1=1$.

事实上,取 $\alpha=(0,1)$,则 $\alpha+M$ 就是 V/M 的基底,由 $k(\alpha+M)=k\alpha+M$ 就得到 V/M 的所有元,从而达到了对 V 的向量进行分类的目的.

例 2 设 $V=\mathbf{R}^3$,取 M 是 Ox 轴的一维子空间,则 $\dim(V/M)=3-1=2$.

事实上,取 $\alpha=(0,1,0),\beta=(0,0,1)$,则 $\alpha+M,\beta+M$ 就是 V/M 的一组基,且由 $k_1(\alpha+M)+k_2(\beta+M)$ 就得到 V/M 的所有元素(即平行于 Ox 轴的所有空间直线),从而也达到了对 $\mathbf{R}^3$ 的向量进行分类的目的.

§4 线性流形与凸包

定义 1 所谓线性空间 V 的线性流形,即为

$$P=r_0+V_1=\{r_0+\alpha\mid\alpha\in V_1\},\tag{1-5}$$

其中 V_1 是 V 的子空间,r_0 是 V 的固定向量,且 V_1 的维数称为线性流形 P

的维数.一维线性流形称为直线,二维线性流形称为平面,更高维的线性流形称为超平面.

例 1 任一秩为 r 的 n 元线性方程组 $Ax=b$ 的解集合是 n 维向量空间 $\mathbf{R}^n$ 的 $d=n-r$ 维线性流形.反之,对 $\mathbf{R}^n$ 的任一 d 维线性流形 P,存在一系数矩阵秩为 $r=n-d$ 的 n 元线性方程组,使其解集合为 P.

证 易知 $Ax=b$ 的导出方程组 $Ax=0$ 的解空间 V_1 是 $\mathbf{R}^n$ 的一个 $d=n-r$ 维子空间.设 r_0 是 $Ax=b$ 的一个特解,则由方程组解的结构定理知,$Ax=b$ 的解集为 $P=r_0+V_1$,即 P 是 $\mathbf{R}^n$ 的 $n-r$ 维线性流形.

反之,设 $P=r_0+V_1$,P 是 $\mathbf{R}^n$ 的 d 维流形,V_1 是 $\mathbf{R}^n$ 的 d 维子空间.取 V_1 的一组基底为

$$\alpha_1=(a_{11},a_{12},\cdots,a_{1n}),$$
$$\alpha_2=(a_{21},a_{22},\cdots,a_{2n}),$$
$$\cdots\cdots$$
$$\alpha_d=(a_{d1},a_{d2},\cdots,a_{dn}),$$

作齐次方程 $A_1x=0$,其中,A_1 是以 $\alpha_1,\alpha_2,\cdots,\alpha_d$ 为行的矩阵,故此方程组的解空间 V_2 是 $\mathbf{R}^n$ 的 $n-d=r$ 维子空间.设 V_2 的一组基底为

$$\beta_1=(b_{11},b_{12},\cdots,b_{1n}),$$
$$\beta_2=(b_{21},b_{22},\cdots,b_{2n}),$$
$$\cdots\cdots$$
$$\beta_r=(b_{r1},b_{r2},\cdots,b_{rn}),$$

作齐次方程 $Ax=0$,其中,A 是以 $\beta_1,\beta_2,\cdots,\beta_r$ 为行的矩阵,故此方程组的解空间即为 V_1,于是令 $b=Ar_0$,则 $Ax=b$ 即为欲求的方程组.

更一般的结论如下.

定理 1 设 $\alpha_0,\alpha_1,\cdots,\alpha_s$ 是 $\mathbf{R}^n$ 的任意 $s+1$ 个向量,且 $k_0+k_1+\cdots+k_s=1$,则形如

$$x=k_0\alpha_0+k_1\alpha_1+\cdots+k_s\alpha_s \tag{1-6}$$

的所有向量组成一个维数等于向量组 $\alpha_1-\alpha_0,\alpha_2-\alpha_0,\cdots,\alpha_s-\alpha_0$ 的秩的线性流形 P.

证 令

$$\alpha_1=\alpha_1-\alpha_0+\alpha_0,$$
$$\alpha_2=\alpha_2-\alpha_0+\alpha_0,$$
$$\cdots\cdots$$
$$\alpha_s=\alpha_s-\alpha_0+\alpha_0,$$

代入式(1-6)得(注意到 $k_0+k_1+\cdots+k_s=1$)

$$x=\alpha_0+[k_1(\alpha_1-\alpha_0)+k_2(\alpha_2-\alpha_0)+\cdots+k_s(\alpha_s-\alpha_0)].$$

如果我们任意选取 $k_1,k_2,\cdots,k_s$,则

$$\{k_1(\alpha_1-\alpha_0)+\cdots+k_s(\alpha_s-\alpha_0)\}$$
$$=L(\alpha_1-\alpha_0,\alpha_2-\alpha_0,\cdots,\alpha_s-\alpha_0),$$

是 $\mathbf{R}^n$ 的一个子空间,其维数由 $\alpha_1-\alpha_0,\alpha_2-\alpha_0,\cdots,\alpha_s-\alpha_0$ 的秩来定.故由线性流形的定义就证得了命题. 证毕

读者不难发现,P 是包含所有向量 $\alpha_0,\alpha_1,\cdots,\alpha_s$ 的最小维的流形,且这些向量中的任一向量都可以担任 α_0 的角色.还有,定理 1 的逆也是成立的,即对任一 s 维线性流形 P,存在 $s+1$ 个向量 $\alpha_0,\alpha_1,\cdots,\alpha_s$,使得 P 是由满足 $k_0+k_1+\cdots+k_s=1$ 的形如 $x=k_0\alpha_0+k_1\alpha_1+\cdots+k_s\alpha_s$ 的向量组成,且向量组 $\alpha_1-\alpha_0,\alpha_2-\alpha_0,\cdots,\alpha_s-\alpha_0$ 线性无关.

事实上,设 $P=r_0+V_1$,且 $\dim(V_1)=s$.在 V_1 中选一组基底为 $\beta_1,\beta_2,\cdots,\beta_s$,则 $\forall x\in P$ 可表为

$$x=r_0+k_1\beta_1+k_2\beta_2+\cdots+k_s\beta_s, \tag{1-7}$$

其中,$k_1,k_2,\cdots,k_s$ 任意.在 P 中选 $\alpha_0=r_0,\alpha_1=\beta_1+r_0,\cdots,\alpha_s=\beta_s+r_0$,则只要注意到 $k_0+k_1+\cdots+k_s=1$,就有

$$\begin{aligned}x&=r_0+k_1\beta_1+k_2\beta_2+\cdots+k_s\beta_s\\&=r_0+k_1(\alpha_1-r_0)+k_2(\alpha_2-r_0)+\cdots+k_s(\alpha_s-r_0)\\&=k_0\alpha_0+k_1\alpha_1+\cdots+k_s\alpha_s,\end{aligned}$$

所以,P 是由满足 $k_0+k_1+\cdots+k_s=1$ 的形如 $x=k_0\alpha_0+k_1\alpha_1+\cdots+k_s\alpha_s$ 的向量组成.又由于 $\alpha_1-\alpha_0=\beta_1,\alpha_2-\alpha_0=\beta_2,\cdots,\alpha_s-\alpha_0=\beta_s$ 又是 V_1 的基底,故 $\alpha_1-\alpha_0,\cdots,\alpha_s-\alpha_0$ 线性无关.

定理 2 V_1,V_2 是 V 的子空间,而 $r_1,r_2\in V$,则 $P_1=r_1+V_1,P_2=r_2+V_2$ 相等的充要条件是 $V_1=V_2,r_1-r_2\in V_1$.

证 必要性.如果 $P_1=P_2$,因 $r_2+0\in P_2=P_1$,则有 $\alpha\in V_1$,因而 $r_1+\alpha\in P_1$,使 $r_1+\alpha=r_2+0$.故有 $\alpha+(r_1-r_2)=0\in V_1$,所以 $r_1-r_2\in V_1$.

又对 $\forall\beta\in V_2,r_2+\beta\in P_2=P_1$,则有 $\alpha\in V_1$,使 $r_1+\alpha=r_2+\beta\in P_1,\beta=(r_1-r_2)+\alpha\in V_1$,所以有 $V_2\subseteq V_1$.

同理,$V_1\subseteq V_2$,因此 $V_1=V_2$.

充分性.设 $V_1=V_2$,对 $P_1=r_1+V_1,P_2=r_2+V_2$,取 $r_1+\alpha\in P_1$,其中,$\alpha\in V_1$,因 $\beta=r_1-r_2+\alpha\in V_1=V_2$,于是有 $r_1+\alpha=r_2+\beta\in P_2$,所以 $P_1\subseteq P_2$.

同理可证 $P_2\subseteq P_1$，因此 $P_1=P_2$. 证毕

由定义 1 的关系式 $P=r_0+V_1$ 或 $V_1=P-r_0$ 可看出，线性流形 P 是从线性子空间平行移动一个向量 r_0 所得. 而定理 2 则说明，用平行移动得到所给流形 P 的那个线性空间 V_1 是唯一确定的.

定理 3 $\mathbf{R}^n(n\geqslant 3)$ 中任意两条直线包含在某个三维线性流形中.

证 设两条直线的方程分别为

$$r_1=\alpha_0+t\alpha_1 \qquad r_2=\beta_0+t\beta_1.$$

令 $V_1=L(\alpha_1,\beta_1,\alpha_0-\beta_0)$，$\dim V_1\leqslant 3$. 作线性流形 $P=\beta_0+V_1$，其中，向量形如 $t_1\alpha_1+t_2\beta_1+t_3(\alpha_0-\beta_0)+\beta_0$，而 t_1,t_2,t_3 是任意数.

当 $t_1=t_3=0$，t_2 是任意数时，$t_2\beta_1+\beta_0\in P$，即直线 $r_2=\beta_0+t\beta_1$ 含于 P 中；当 $t_2=0$，$t_3=1$，t_1 是任意数时，$t_1\alpha_1+\alpha_0\in P$，即 $r_1=\alpha_0+t\alpha_1$ 含于 P 中.

当 $\dim(V_1)=3$ 时，P 就是三维线性流形，当 $\dim(V_1)<3$ 时，在 $\mathbf{R}^n$ 中将 V_1 扩充成三维子空间 V'，则 $P'=\beta_0+V'$ 包含这两条直线，而 P' 是三维线性流形.

定理 4 空间 $\mathbf{R}^n(n>1)$ 的两条直线 $x=\alpha_0+\alpha_1 t$ 和 $x=\beta_0+\beta_1 t$ 位于一个平面内的充要条件是 $\alpha_0-\beta_0,\alpha_1,\beta_1$ 线性相关.

证 必要性. 设 $x=\alpha_0+t\alpha_1$ 和 $x=\beta_0+t\beta_1$ 位于平面 P 内，由于 $x=\alpha_0+t\alpha_1$ 平行于直线 $t\alpha_1$，$x=\beta_0+t\beta_1$ 平行于直线 $t\beta_1$，则 P 平行于 $V_1=L(\alpha_1,\beta_1)$ 二维子空间，因此 $\alpha_0-\beta_0\in V_1$，故 $\alpha_0-\beta_0,\alpha_1,\beta_1$ 必线性相关.

充分性. 若 α_1,β_1 线性相关，则直线 $t\alpha_1$ 与 $t\beta_1$ 相同，且 $x=\alpha_0+t\alpha_1$ 和 $x=\beta_0+t\beta_1$ 平行于同一条直线 $t\alpha_1$(或 $t\beta_1$). 故由平行的对称性、传递性，直线 $x=\alpha_0+t\alpha_1$ 和 $x=\beta_0+t\beta_1$ 平行，从而这两平行直线可作一平面 P，此时，$x=\alpha_0+t\alpha_1$ 和 $x=\beta_0+t\beta_1$ 必在平面 P 内.

若 α_1,β_1 线性无关，由于 $\alpha_0-\beta_0,\alpha_1,\beta_1$ 线性相关，则 $\alpha_0-\beta_0$ 必为 α_1，β_1 的线性组合，即 $\alpha_0-\beta_0\in L(\alpha_1,\beta_1)$，也就是说 α_0,β_0 的终点在平行于 $t\alpha_1$ 和 $t\beta_1$ 两条直线所决定的平面上，又 $x=\alpha_0+t\alpha_1$ 是过 α_0 的端点又平行于 $t\alpha_1$ 的直线，故必在 P 上，同理 $x=\beta_0+t\beta_1$ 也必在 P 上，所以两直线在同一平面内. 证毕

推论 1 两条直线 $x=\alpha_0+t\alpha_1$ 和 $x=\beta_0+t\beta_1$ 穿过一点但不重合的充要条件是 α_1,β_1 线性无关，而 $\alpha_0-\beta_0$ 可用 α_1,β_1 线性表出.

定理 5 空间 $\mathbf{R}^n$ 的两个维数分别为 k 和 h 的线性流形 P 和 Q 包含在一个维数 $\leqslant k+h+1$ 的线性流形中.

证 设 $P=\alpha_0+V_1, Q=\beta_0+V_2, V_1, V_2$ 的基底分别为 $\alpha_1,\cdots,\alpha_k$ 和 $\beta_1,\cdots,\beta_h$.令

$$V_3=L(\alpha_1,\cdots,\alpha_k,\beta_1,\cdots,\beta_h,\alpha_0-\beta_0),$$

则 $\dim(V_3)\leqslant k+h+1$.作线性流形 $S=\beta_0+V_3$,其中,V_3 的向量形如 $t_1\alpha_1+\cdots+t_k\alpha_k+l_1\beta_1+\cdots+l_h\beta_h+t(\alpha_0-\beta_0)$,而 $t_1,\cdots,t_k,l_1,\cdots,l_h,t$ 是任意数.

当 $t=t_i=0(i=1,\cdots,k)$,而 $l_j(j=1,\cdots,h)$ 是任意数时,便得 Q 中任意向量,于是 $Q\subset S$;当 $t=1,l_j=0(j=1,\cdots,h)$,而 $t_i(i=1,2,\cdots,k)$ 是任意数时,便得 P 中任一向量,于是 $P\subset S$. 证毕

定理 6 如果空间 $\mathbf{R}^n$ 的两个维数分别为 k 和 h 的线性流形 P 和 Q 有一个公共向量 α_0,则 $P\cap Q$ 是一个维数 $\geqslant k+h-n$ 的线性流形.

证 设 $P=\alpha_0+V_1, Q=\beta_0+V_2, \dim V_1=k, \dim V_2=h$.由例 1 知,$P$ 和 Q 分别是系数矩阵的秩为 $n-k$ 和 $n-h$ 的 n 元线性方程组的解的集合.将这两个方程组联立而得一个系数矩阵的秩 $d\leqslant 2n-k-h$ 的方程组,以 $P\cap Q$ 为它的解集合.又 $P\cap Q\neq 0$,所以 $P\cap Q$ 是一个 $n-d$ 维线性流形,而

$$n-d\geqslant n-2n+k+h=k+h-n,$$

即 $P\cap Q$ 是维数 $\geqslant k+h-n$ 的线性流形. 证毕

下面简要地讨论一下凸包的概念.

定义 2 在 $\mathbf{R}^n$ 中以向量 α_1,α_2 的终点为端点的线段定义为 $\{r\mid r=k_1\alpha_1+k_2\alpha_2, k_1+k_2=1, k_1,k_2\geqslant 0\}$.如果在 $\mathbf{R}^n$ 的点集 M 中,以任意两点为端点组成的线段都含于 M 中,则称 M 为凸集.

定理 7 $\mathbf{R}^n$ 的任何一组凸集的交集是凸集.

证 设 S 是 $\mathbf{R}^n$ 中一些凸集 M_i 的集合,而 D 是 M_i 的交集.若 $\alpha_1,\alpha_2\in D$,则对所有 M_i 有 $\alpha_1,\alpha_2\in M_i$.因 M_i 是凸集,故以 α_1,α_2 的终点为端点的线段含于所有的 M_i 中,从而含于 D 中,即 D 为凸集. 证毕

定义 3 设集合 $A\subset\mathbf{R}^n$,则称 $\mathbf{R}^n$ 中所有包含 A 的凸集的交集为 A 的凸包.

定理 8 $\mathbf{R}^n$ 的有限点集 $\alpha_1,\alpha_2,\cdots,\alpha_s$ 的凸包

$$M^*=\left\{r\mid r=k_1\alpha_1+\cdots+k_s\alpha_s,\ \sum_{i=1}^{s}k_i=1, 0\leqslant k_i\leqslant 1\right\}.$$

证 设 $M=\left\{r \mid r=k_1\alpha_1+\cdots+k_s\alpha_s, \sum\limits_{i=1}^{s} k_i=1, 0\leqslant k_i\leqslant 1\right\}$，且 M^* 是 $\mathbf{R}^n$ 的有限集 $\alpha_1,\alpha_2,\cdots,\alpha_s$ 的凸包，下面用归纳法证明 $M^*=M$.

当 $s=2$ 时，显然包含 α_1,α_2 的凸集

$$\{r \mid r=k_1\alpha_1+k_2\alpha_2, k_1+k_2=1, k_1,k_2\geqslant 0\}$$

恰为含 α_1,α_2 的凸包.

假设包含 $\alpha_1,\cdots,\alpha_{s-1}$ 的凸包为

$$M_1^*=\left\{r \mid r=k_1\alpha_1+\cdots+k_{s-1}\alpha_{s-1}, \sum_{i=1}^{s-1} k_i=1, 0\leqslant k_i\leqslant 1\right\},$$

下面证明向量个数为 s 时，结论也成立. 因含 $\alpha_1,\alpha_2,\cdots,\alpha_s$ 的凸包 M^* 是一个凸集，所以有 $M_1^*\subset M^*$，从而对

$$\beta=b_1r'+b_2\alpha_s, b_1+b_2=1, b_1,b_2\geqslant 0, r'\in M_1^*,$$

有 $\beta\in M^*$. 又对任意 $r=k_1\alpha_1+\cdots+k_s\alpha_s\left(\sum\limits_{i=1}^{s} k_i=1, 0\leqslant k_i\right)$，如果 $k_s=1$，则 $k_i=0(i=1,2,\cdots,s-1)$，所以 $r=\alpha_s\in M^*$. 如果 $k_s\neq 1$，则 $r=(1-k_s)\left(\dfrac{k_1}{1-k_s}\alpha_1+\cdots+\dfrac{k_{s-1}}{1-k_s}\alpha_{s-1}\right)+k_s\alpha_s$，因 $\dfrac{k_1}{1-k_s}\alpha_1+\cdots+\dfrac{k_{s-1}}{1-k_s}\alpha_{s-1}\in M_1^*$，所以 $r\in M^*$. 又

$$M=\left\{r \mid r=k_1\alpha_1+\cdots+k_s\alpha_s, \sum_{i=1}^{s} k_i=1, 0\leqslant k_i\leqslant 1\right\}$$

是一个包含 $\alpha_1,\cdots,\alpha_s$ 的凸集. 事实上，设

$$r_1=k_1\alpha_1+\cdots+k_s\alpha_s, r_2=b_1\alpha_1+\cdots+b_s\alpha_s$$

是 M 中的两个点，取 $c_1+c_2=1, c_1,c_2\geqslant 0$，于是

$$c_1r_1+c_2r_2=\sum_{i=1}^{s}(c_1k_i+c_2b_i)\alpha_i,$$

其中，$\sum\limits_{i=1}^{s}(c_1k_i+c_2b_i)=c_1\sum\limits_{i=1}^{s}k_i+c_2\sum\limits_{i=1}^{s}b_i=c_1+c_2=1$，且 $0\leqslant c_1k_i\leqslant 1, 0\leqslant c_2b_i\leqslant 1$，所以 $c_1r_1+c_2r_2\in M$，即 M 是一个凸集. 而 M 显然包含 $\alpha_1,\cdots,\alpha_s$，因此 $M^*\subseteq M$，从而 $M=M^*$，即 M 是包含 $\alpha_1,\cdots,\alpha_s$ 的凸包. 证毕

§5 特征值与特征向量

一、特征值和特征向量的概念

定义 1 设 $A\in\mathbf{C}^{n\times n}$,如果存在 $\lambda\in\mathbf{C}$ 和非零向量 $x\in\mathbf{C}^n$,使 $Ax=\lambda x$,则 λ 叫做 A 的特征值,x 叫做 A 的属于特征值 λ 的特征向量.

A 的所有特征值的全体,叫做 A 的谱,记作 $\lambda(A)$.

据定义 1,$\lambda\in\lambda(A)$ 的充要条件是

$$\det(\lambda E-A)=0,$$

$f(\lambda)\equiv\det(\lambda E-A)$ 叫做 A 的特征多项式.如果 A 有 r 个不同的特征值 $\lambda_1,\lambda_2,\cdots,\lambda_r$,其重数分别为 $n_1,n_2,\cdots,n_r$,则

$$f(\lambda)=(\lambda-\lambda_1)^{n_1}(\lambda-\lambda_2)^{n_2}\cdots(\lambda-\lambda_r)^{n_r},$$

$$\sum_{i=1}^{r}n_i=n,$$

其中,n_i 叫做 λ_i 的代数重数.如果

$$\operatorname{rank}(\lambda_iE-A)=n-m_i,$$

则 m_i 叫做 λ_i 的几何重数,它表示 A 的属于 λ_i 的线性无关特征向量的个数.显然有

$$1\leqslant m_i\leqslant n_i\leqslant n.$$

定理 1 设 $A\in\mathbf{C}^{n\times n}$ 有 r 个不同的特征值 $\lambda_1,\cdots,\lambda_r$,其代数重数分别为 $n_1,\cdots,n_r$,则必存在可逆矩阵 $P\in\mathbf{C}^{n\times n}$,使得

$$P^{-1}AP=J=\operatorname{diag}(J_1(\lambda_1),\cdots,J_r(\lambda_r)),\tag{1-8}$$

矩阵 J 叫做 A 的 Jordan 标准形.

上面定理是矩阵论的基本结果之一,其证明可以在线性代数教程中找到.

定义 2 设 $A\in\mathbf{C}^{n\times n}$,如果存在可逆矩阵 $P\in\mathbf{C}^{n\times n}$,使得

$$P^{-1}AP=\operatorname{diag}(\lambda_1,\cdots,\lambda_n),$$

则 A 叫做可对角化矩阵.

定理 2 设 $A\in\mathbf{C}^{n\times n}$,则下列命题等价:

(1) A 是可对角化阵;

(2) $\mathbf{C}^n$ 存在由 A 的特征向量构成的一组基底;

(3) A 的标准形式(1-8)中的 Jordan 块都是一阶的;

(4) $m_i=n_i(i=1,2,\cdots,r)$.

设 $\lambda_1,\cdots,\lambda_n$ 是 A 的特征值(可能相重),则用特征值表示的特征多项式为

$$\begin{aligned}f(\lambda)&=\det(\lambda E-A)=(\lambda-\lambda_1)(\lambda-\lambda_2)\cdots(\lambda-\lambda_n)\\&=\lambda^n-\Big(\sum_{i=1}^{n}\lambda_i\Big)\lambda^{n-1}+\Big(\sum_{1\leqslant i<j\leqslant n}\lambda_i\lambda_j\Big)\lambda^{n-2}+\cdots\\&\quad+(-1)^{n-1}\Big(\sum_{j=1}^{n}\Big(\prod_{i=1}^{n}\lambda_i\Big)/\lambda_j\Big)\lambda+(-1)^n\prod_{i=1}^{n}\lambda_i.\end{aligned}\tag{1-9}$$

将 $\det(\lambda E-A)$ 直接展开就得到

$$\begin{aligned}f(\lambda)&=\det(\lambda E-A)\\&=\lambda^n-\Big(\sum_{i=1}^{n}a_{ii}\Big)\lambda^{n-1}+\cdots+(-1)^n\det A.\end{aligned}\tag{1-10}$$

从式(1-9)和式(1-10)推出,A 可逆的充要条件是 A 不具有零特征值,A 的特征值之和等于 A 的迹 $\operatorname{tr} A=\sum\limits_{i=1}^{n}a_{ii}$.

二、特征值和特征向量的几何性质

与定义 1 等价的有以下定义:

定义 1′ 设 T 是线性空间 $V_n(\mathbf{C})$ 的一个线性变换,如果存在 $\lambda\in\mathbf{C}$ 和非零向量 $\xi\in V_n(\mathbf{C})$,使得 $T\xi=\lambda\xi$,则 λ 叫做 T 的特征值,ξ 叫做 T 的属于特征值 λ 的特征向量.

事实上,设 T 在基底 $\varepsilon_1,\varepsilon_2,\cdots,\varepsilon_n$ 下的矩阵是 A,$\xi=\sum\limits_{i=1}^{n}x_i\varepsilon_i=(\varepsilon_1,\varepsilon_2,\cdots,\varepsilon_n)x$,其中,$x=(x_1,x_2,\cdots,x_n)^{\mathrm T}\in\mathbf{C}^n$,则由线性变换的性质得

$$\begin{aligned}T\xi&=\sum_{i=1}^{n}x_iT\varepsilon_i=(T\varepsilon_1,T\varepsilon_2,\cdots,T\varepsilon_n)x\\&=(\varepsilon_1,\varepsilon_2,\cdots,\varepsilon_n)Ax,\end{aligned}$$

即由向量方程 $T\xi=\lambda\xi$ 推出了矩阵方程 $Ax=\lambda x$.反之,给定一个矩阵 A,可以证明在基底 $\varepsilon_1,\varepsilon_2,\cdots,\varepsilon_n$ 下存在唯一的线性变换 T 与它对应,从而由矩阵方程 $Ax=\lambda x$ 可推出向量方程 $T\xi=\lambda\xi$.故定义 1 与定义 1′是等价的.

从几何上看,令 $T\xi=\lambda\xi$,因 $\xi\neq0$,则 $W=L(\xi)$ 是由特征向量 ξ 生成的一维子空间.若 $\eta\in W$,则 $\eta=c\xi$,其中 c 是常数.由于

$$T\eta=T(c\xi)=c\lambda\xi\in W,$$

因此,W 是 T 的不变子空间.这也说明特征向量不是唯一的,而是一个由 ξ

生成的 T 的不变子空间.事实上,令 $\xi_1,\xi_2,\cdots,\xi_t$ 是对应于特征值 λ 的极大线性无关特征向量组,称 $V_\lambda=L(\xi_1,\cdots,\xi_t)$ 是 λ 的特征子空间.对 $\forall\xi\in V_\lambda$,由于有 $\xi=\sum\limits_{i=1}^{t}c_i\xi_i$,及 $T\xi=\sum\limits_{i=1}^{t}c_iT\xi_i=\lambda\left(\sum\limits_{i=1}^{t}c_i\xi_i\right)=\lambda\xi$.因此 V_λ 中任何非零向量都是属于 λ 的特征向量,从而 V_λ 是 T 的不变子空间.

定理 3 线性变换 T 的不同特征值所对应的特征向量是线性无关的.

证 设 $T\xi=\lambda\xi$,则 $T^m\xi=\lambda^m\xi$,λ^m 是 T^m 的特征值.

设 T 的谱是 $\lambda_1,\lambda_2,\cdots,\lambda_s$,相应的特征向量是 $\xi_1,\cdots,\xi_s$.令

$$c_1\xi_1+c_2\xi_2+\cdots+c_s\xi_s=0,$$

分别用 $T,T^2,\cdots,T^{s-1}$ 左乘上式,得到

$$c_1\lambda_1\xi_1+c_2\lambda_2\xi_2+\cdots+c_s\lambda_s\xi_s=0;$$

$$c_1\lambda_1^2\xi_1+c_2\lambda_2^2\xi_2+\cdots+c_s\lambda_s^2\xi_s=0;$$

$$\cdots\cdots$$

$$c_1\lambda_1^{s-1}\xi_1+c_2\lambda_2^{s-1}\xi_2+\cdots+c_s\lambda_s^{s-1}\xi_s=0,$$

写成矩阵形式,得

$$(c_1\xi_1,c_2\xi_2,\cdots,c_s\xi_s)\begin{pmatrix}1&\lambda_1&\cdots&\lambda_1^{s-1}\\1&\lambda_2&\cdots&\lambda_2^{s-1}\\\vdots&\vdots&&\vdots\\1&\lambda_s&\cdots&\lambda_s^{s-1}\end{pmatrix}=0,$$

因当 $i\neq j$ 时 $\lambda_i\neq\lambda_j$,故范德蒙行列式

$$\begin{vmatrix}1&\lambda_1&\cdots&\lambda_1^{s-1}\\1&\lambda_2&\cdots&\lambda_2^{s-1}\\\vdots&\vdots&&\vdots\\1&\lambda_s&\cdots&\lambda_s^{s-1}\end{vmatrix}\neq0,$$

所以,$c_i\xi_i=0$,但 $\xi_i\neq0$,故 $c_i=0(1\leqslant i\leqslant s)$. 证毕

定理 4 若 λ_i 是线性变换 T 的 n_i 重特征值,则 $\dim V_{\lambda_i}\leqslant n_i$.

证 设 T 的矩阵是 A,$V_{\lambda_i}=L(\xi_1,\xi_2,\cdots,\xi_t)$.将 $\xi_1,\cdots,\xi_t$ 扩充成 $V_n(c)$ 的基底 $\xi_1,\cdots,\xi_t,\xi_{t+1},\cdots,\xi_n$,在此基底下 T 的矩阵为

$$B=\begin{pmatrix}D_{\lambda_i}&C\\O&D\end{pmatrix},$$

其中，$D_{\lambda_i}=\mathrm{diag}(\lambda_i\cdots\lambda_i)$是 t 阶对角矩阵.

以后，用记号 $a|b$ 表示 a 整除 b，$a\nmid b$ 表示 a 不能整除 b.因 B 和 A 相似，故它们有相同的特征多项式 $\det(\lambda E-A)=\det(\lambda E-B)$，且

$$\det(\lambda E-A)=(\lambda-\lambda_i)^{n_i}p(\lambda),(\lambda-\lambda_i)\nmid p(\lambda),$$

$$\det(\lambda E-B)=(\lambda-\lambda_i)^{t}q(\lambda),$$

因$(\lambda-\lambda_i)^t\nmid p(\lambda)$，所以$(\lambda-\lambda_i)^t|(\lambda-\lambda_i)^{n_i}$，故 $\dim V_{\lambda_i}=t\leqslant n_i$. 证毕

这条定理表明，特征值 λ_i 的几何重数 m_i（即几何维数 $\dim V_{\lambda_i}$）不超过它的代数重数 n_i.

矩阵 A 可对角化的几何特征如下：

定理 5 设 n 阶方阵 A 的谱是 $\lambda_1,\cdots,\lambda_s$，则 A 可对角化的充要条件是

$$\mathbf{C}^n=V_{\lambda_1}\oplus V_{\lambda_2}\oplus\cdots\oplus V_{\lambda_s}. \tag{1-11}$$

证 因为

$$V_{\lambda_1}\oplus V_{\lambda_2}\oplus\cdots\oplus V_{\lambda_s}\subseteq\mathbf{C}^n,$$

而 A 可对角化的充要条件是 A 有 n 个线性无关的特征向量 $p_1,p_2,\cdots,p_n\in\mathbf{C}^n$，因此若将 p_i 分组，令

$$V_{\lambda_1}=L(p_1,\cdots,p_{n_1});$$

$$V_{\lambda_2}=L(p_{n_1+1},\cdots,p_{n_1+n_2});$$

……

$$V_{\lambda_s}=L(p_{n_1+n_2+\cdots+n_{s-1}+1},\cdots,p_n),$$

其中，$\sum\limits_{i=1}^{s}n_i=n$.于是，$A$ 可对角化的充要条件是

$$V_{\lambda_1}\oplus V_{\lambda_2}\oplus\cdots\oplus V_{\lambda_s}=\mathbf{C}^n.$$ 证毕

定理 5 又可表述为：A 可对角化的充要条件是，对所有的 i，有 $m_i=n_i$，即每个特征值的几何重数等于它的代数重数.

三、广义特征值问题

设 $A,B\in\mathbf{C}^{n\times n}$，如果对于一个复数 λ，存在非零向量 $x\in\mathbf{C}^n$，使得

$$Ax=\lambda Bx, \tag{1-12}$$

则称 λ 为矩阵 A 相对于 B 的特征值，或称 λ 为 A 与 B 确定的广义特征值.非零向量 x 称为与 λ 对应的广义特征向量.通常称形如式(1-12)的特征值问题为矩阵 A 相对于矩阵 B 的广义特征值问题.显然 $B=E$ 时，式

(1-12)就化为矩阵 A 的一般特征值问题,因此广义特征值问题是一般特征值问题的推广.

一般矩阵 A 和 B 的广义特征值问题,情况比较复杂.如果 B 可逆时,式(1-12)可化为

$$B^{-1}Ax=\lambda x, \tag{1-13}$$

这样就把广义特征值问题(1-12),化为矩阵 $B^{-1}A$ 的一般特征值问题(1-13)来解决.

在许多科技问题中,A,B 都是 Hermite 矩阵,即 $A=A^H$、$B=B^H$,且 B 是正定的.如果用式(1-13)讨论问题,虽然 A,B,B^{-1}都是 Hermite 矩阵,但是乘积 $B^{-1}A$ 一般不是 Hermite 矩阵,这样就不能直接利用 Hermite 矩阵特征值问题的结论.通常采取以下方法处理.

由于 $B=B^H$,且正定,故必存在可逆矩阵 P,使

$$B=P^HP,$$

于是式(1-12)化为

$$Ax=\lambda P^HPx, \tag{1-14}$$

若记 $y=Px$,则 $P^{-1}y=x$,代入式(1-14),得

$$AP^{-1}y=\lambda P^Hy,$$

或

$$(P^{-1})^HAP^{-1}y=\lambda y,$$

若记 $Q=(P^{-1})^HAP^{-1}$,就有

$$Qy=\lambda y. \tag{1-15}$$

易证 $Q=Q^H$,即 Q 是 Hermite 矩阵,从而广义特征值问题(1-12)就化为等价的 Hermite 矩阵 Q 的一般特征值问题(1-15).因为 Q 是 Hermite 矩阵,所以广义特征值 $\lambda_1,\lambda_2,\cdots,\lambda_n$ 都是实数,并且存在由 n 个单位特征向量构成的标准正交基底 $y_1,y_2,\cdots,y_n$,有

$$y_i^Hy_j=\delta_{ij}(i,j=1,2,\cdots,n),$$

由于 $y_i=Px_i$,从而有

$$y_i^Hy_j=(Px_i)^H(Px_j)=x_i^HP^HPx_j=x_i^HBx_j;$$

$$y_i^Hy_i=x_i^HBx_i,$$

所以

$$x_i^HBx_j=\delta_{ij}(i,j=1,2,\cdots,n),$$

这时称 $x_1,x_2,\cdots,x_n$ 为 B 共轭向量系.

定理 6 设 $n\times n$ 矩阵 $A=A^H$,$B=B^H$,且 B 是正定的,则 B 共轭向量系 $x_1,x_2,\cdots,x_n$ 具有以下性质:

(1) $x_i \neq 0(i=1,2,\cdots,n)$;

(2) $x_1,x_2,\cdots,x_n$ 线性无关;

(3) λ_i 与 x_i 满足方程 $Ax_i=\lambda_i Bx_i(i=1,2,\cdots,n)$;

(4) 若记 $X=(x_1,x_2,\cdots,x_n)$,则

$$X^H BX=E, X^H AX=\operatorname{diag}(\lambda_1,\lambda_2,\cdots,\lambda_n).$$

证 (1) 设 y_i 是 Hermite 矩阵 $Q=(P^{-1})^H AP^{-1}$ 的特征值 λ_i 所对应的特征向量,那么由 $y_i \neq 0$ 及 $y_i=Px_i$(其中 P 是可逆矩阵),可知

$$x_i=P^{-1}y_i \neq 0(i=1,2,\cdots,n).$$

(2) 设有 $k_1,k_2,\cdots,k_n \in \mathbf{C}$,使得 B 共轭向量系 $x_1,x_2,\cdots,x_n$ 的线性组合等于零向量,即

$$k_1x_1+k_2x_2+\cdots+k_nx_n=0,$$

用 $x_i^H B$ 左乘等式两边,得

$$k_1x_i^H Bx_1+k_2x_i^H Bx_2+\cdots+k_ix_i^H Bx_i+\cdots+k_nx_i^H Bx_n=0,$$

注意到 $x_i^H Bx_j=\delta_{ij}(i=1,2,\cdots,n)$,从而有

$$k_ix_i^H Bx_i=k_i=0(i=1,2,\cdots,n),$$

因此,$x_1,x_2,\cdots,x_n$ 线性无关.

(3) 设有可逆矩阵 P,使 $B=P^H P$,而 $Q=(P^{-1})^H AP^{-1}$,λ_i 是 Q 的一个特征值,对应的特征向量为 y_i,即 $Qy_i=\lambda_i y_i$,从而有

$$(P^{-1})^H AP^{-1}y_i=\lambda_i y_i;$$

$$AP^{-1}y_i=\lambda_i P^H y_i;$$

$$A(P^{-1}y_i)=\lambda_i P^H P(P^{-1}y_i),$$

由 $x_i=P^{-1}y_i$,及 $B=P^H P$,即得

$$Ax_i=\lambda_i Bx_i,$$

所以,λ_i 是广义特征值问题的广义特征值,而 $x_1,x_2,\cdots,x_n$ 是对应的广义特征向量,且 $x_1,x_2,\cdots,x_n$ 线性无关.

(4) 设 $x_1,x_2,\cdots,x_n$ 是 B 共轭向量系,由于它们线性无关,则矩阵

$$X=(x_1,x_2,\cdots,x_n)$$

是可逆的 $n\times n$ 矩阵.又

$$x_i^H Bx_j=\delta_{ij}(i,j=1,2,\cdots,n),$$

故

$$X^H BX=\begin{pmatrix} x_1^H \\ x_2^H \\ \vdots \\ x_n^H \end{pmatrix} B(x_1,x_2,\cdots,x_n)=\begin{pmatrix} x_1^H \\ x_2^H \\ \vdots \\ x_n^H \end{pmatrix}(Bx_1,Bx_2,\cdots,Bx_n)$$

$$
=\begin{pmatrix} x_1^H Bx_1 & x_1^H Bx_2 & \cdots & x_1^H Bx_n \\ x_2^H Bx_1 & x_2^H Bx_2 & \cdots & x_2^H Bx_n \\ \vdots & & & \vdots \\ x_n^H Bx_1 & x_n^H Bx_2 & \cdots & x_n^H Bx_n \end{pmatrix} = E,
$$

$$
X^H AX = \begin{pmatrix} x_1^H \\ x_2^H \\ \vdots \\ x_n^H \end{pmatrix} A(x_1, x_2, \cdots, x_n) = \begin{pmatrix} x_1^H \\ x_2^H \\ \vdots \\ x_n^H \end{pmatrix} (Ax_1, Ax_2, \cdots, Ax_n)
$$

$$
= \begin{pmatrix} x_1^H \\ x_2^H \\ \vdots \\ x_n^H \end{pmatrix} (\lambda_1 Bx_1, \lambda_2 Bx_2, \cdots, \lambda_n Bx_n)
$$

$$
= \begin{pmatrix} \lambda_1 x_1^H Bx_1 & \lambda_2 x_1^H Bx_2 & \cdots & \lambda_n x_1^H Bx_n \\ \lambda_1 x_2^H Bx_1 & \lambda_2 x_2^H Bx_2 & \cdots & \lambda_n x_2^H Bx_n \\ \vdots & & & \vdots \\ \lambda_1 x_n^H Bx_1 & \lambda_2 x_n^H Bx_2 & \cdots & \lambda_n x_n^H Bx_n \end{pmatrix}
$$

$$
= \mathrm{diag}(\lambda_1, \lambda_2, \cdots, \lambda_n),
$$

证毕

本定理的结果也可以等价地写为

$$
X^H BX = E, AX = BX\mathrm{diag}(\lambda_1, \lambda_2, \cdots, \lambda_n).
$$

§6 初等矩阵及酉变换

一、初等矩阵的一般形式

定义 1 设 $u, v \in \mathbf{C}^n, \sigma \in \mathbf{C}$，则形如

$$
E(u, v; \sigma) = E_n - \sigma uv^H \tag{1-16}
$$

的矩阵叫做初等矩阵，其中 E_n 是 n 阶单位矩阵.

显然 $E(u, v; \sigma) = E_n$.所以下面仅讨论 $\sigma \neq 0, u, v$ 是非零向量的情形.

性质 1 若 $u \notin v^{\perp}$（$v^{\perp}$ 表示与 v 正交的 $n-1$ 维子空间），则 $E(u, v; \sigma)$ 有 n 个线性无关的特征向量，该组特征向量由 u 及 $v^{\perp}$ 中任取一组基底构成；若 $u \in v^{\perp}$，则 $E(u, v; \sigma)$ 仅有 $n-1$ 个线性无关的特征向量，该组特征向量由 $v^{\perp}$ 中任取一组基底构成.

事实上,在 $v^{\perp}$ 中任取一组基 $u_1,u_2,\cdots,u_{n-1}$,则有

$$E(u,v;\sigma)u_i=u_i \quad i=1,2,\cdots,n-1,$$

因此,$u_i(i=1,2,\cdots,n-1)$是 $E(u,v;\sigma)$的属于特征值 1 的特征向量.

若 $u \underline{\in} v^{\perp}$,则有

$$\begin{aligned}E(u,v;\sigma)u &=(E_n-\sigma uv^H)u=u-\sigma u(v^Hu)\\ &=u-\sigma(v^Hu)u=(1-\sigma v^Hu)u,\end{aligned}$$

即 u 也是 $E(u,v;\sigma)$的特征向量,相应的特征值是$(1-\sigma v^Hu)$.

若 $u\in v^{\perp}$,则这时 $E(u,v;\sigma)$的任一特征向量 $x\in v^{\perp}$.因为,由

$$E(u,v;\sigma)x=px,$$

可得

$$(1-p)x=\sigma v^Hxu,$$

如果 $p=1$,则有 $v^Hx=0$,即 $x\in v^{\perp}$;如果 $p\neq 1$,则 $x=\dfrac{\sigma v^Hx}{1-p}u$,所以 x 应与 u 共线,所以有 $x\in v^{\perp}$.

性质 2

$E(u,v;\sigma)$的特征谱为

$$\lambda(E(u,v;\sigma))=\{(1-\sigma v^Hu),1,1,\cdots,1\}. \tag{1-17}$$

性质 3

$$\det E(u,v;\sigma)=1-\sigma v^Hu. \tag{1-18}$$

性质 4

当且仅当 $\sigma v^Hu\neq 1$ 时,$E(u,v;\sigma)$可逆,且

$$E(u,v;\sigma)^{-1}=E\left(u,v;\frac{\sigma}{\sigma v^Hu-1}\right), \tag{1-19}$$

特别地

$$E(u,v;\sigma)^{-1}=\begin{cases}E(u,v;-\sigma) & \text{当 } \sigma v^Hu=0,\\ E(u,v;\sigma) & \text{当 } \sigma v^Hu=2.\end{cases} \tag{1-20}$$

性质 5　对于任意非零向量 a 与 $b\in\mathbf{C}^n$,存在 u,v 与 σ,使得

$$E(u,v;\sigma)a=b. \tag{1-21}$$

事实上,只需取 u,v 与 σ 满足

$$v^Ha\neq 0,\sigma u=\frac{a-b}{v^Ha}. \tag{1-22}$$

式(1-22)表明,任给 a 与 $b\in\mathbf{C}^n$,为了使式(1-21)成立,u,v 与 σ 在选取上有很大的灵活性.因此,可以选取各种特殊 u,v 与 σ,以满足各种不同的要求.

不难验证,所有的初等变换矩阵,都可以表示成 $E(u,v;\sigma)$的形式:

$$E_{ij}=E_n-(\varepsilon_i-\varepsilon_j)(\varepsilon_i-\varepsilon_j)^{\mathrm{T}}=E(\varepsilon_i-\varepsilon_j,\varepsilon_i-\varepsilon_j;1);$$

$$E_{ij}(k)=E_n+k\varepsilon_j\varepsilon_i^{\mathrm{T}}=E(\varepsilon_j,\varepsilon_i;-k);$$

$$E_i(k)=E_n-(1-k)\varepsilon_i\varepsilon_i^{\mathrm{T}}=E(\varepsilon_i,\varepsilon_i;1-k),$$

其中，ε_i 是单位矩阵 E_n 的第 i 列.

二、初等下三角阵

定义 2 令

$$l_i=(0,\cdots,0,l_{i+1,i},\cdots,l_{ni})^{\mathrm{T}}, \tag{1-23}$$

则

$$L_i(l_i)=E(l_i,\varepsilon_i;1)=\begin{pmatrix}1 & & & & 0\\ & \ddots & & & \\ & & 1 & & \\ & & -l_{i+1,i} & 1 & \\ & & \vdots & & \ddots \\ & & -l_{ni} & & & 1\end{pmatrix}\begin{matrix}\\ \\ 第\,i\,行\\ 第\,i+1\,行\\ \\ \\ \end{matrix}, \tag{1-24}$$

（第 i 列）

叫做初等下三角阵.

用 $L_i(l_i)$ 左乘一个矩阵 A，等于从 A 的第 k 行减去第 i 行乘以 $l_{ki}(k=i+1,\cdots,n)$. 对于 $A=(a_{ij})$，如果取

$$l_{ki}=\frac{a_{ks}}{a_{is}}\ (k=i+1,\cdots,n),$$

则 $L_i(l_i)A$ 的第 $(i+1,s),\cdots,(n,s)$ 元素为零. 这就是消去法的一步.

易知下列关系式成立：

$$E(l_i,\varepsilon_i;1)^{-1}=E(l_i,\varepsilon_i;-1), \tag{1-25}$$

$$E(l_i,\varepsilon_i;1)E(l_j,\varepsilon_j;1)=E_n-l_i\varepsilon_i^{\mathrm{T}}-l_j\varepsilon_j^{\mathrm{T}}(j\geqslant i), \tag{1-26}$$

注意：$E(l_i,\varepsilon_i;1)$ 与 $E(l_j,\varepsilon_j;1)$ 的乘法，一般不可交换. 且由式(1-26)可知，任一单位下三角阵

$$L=\begin{pmatrix}1 & & & \\ -l_{21} & 1 & & \\ \vdots & & \ddots & \\ -l_{n1} & \cdots & -l_{n,n-1} & 1\end{pmatrix}$$

必可分解为

$$L=L_1(l_1)L_2(l_2)\cdots L_{n-1}(l_{n-1}), \tag{1-27}$$

其中，l_i 如式(1-23)所示.事实上，式(1-27)的右端等于

$$\begin{aligned}&(E_n-l_1\varepsilon_1^{\mathrm T})(E_n-l_2\varepsilon_2^{\mathrm T})\cdots(E_n-l_{n-1}\varepsilon_{n-1}^{\mathrm T})\\&=(E_n-l_1\varepsilon_1^{\mathrm T}-l_2\varepsilon_2^{\mathrm T})(E_n-l_3\varepsilon_3^{\mathrm T})\cdots(E_n-l_{n-1}\varepsilon_{n-1}^{\mathrm T})\\&=\cdots\\&=E_n-l_1\varepsilon_1^{\mathrm T}-l_2\varepsilon_2^{\mathrm T}-\cdots-l_{n-1}\varepsilon_{n-1}^{\mathrm T}=L.\end{aligned}$$

因此，由式(1-27)可进一步得出：任一非奇异下三角阵 L，必可表示成一个非奇异对角阵和若干个初等下三角阵的乘积.

三、初等酉阵

定义 3 设 $u\in\mathbf{C}^n$，且 $u^Hu=1$，则

$$H(u)=E(u,u;2)=E_n-2uu^H, \tag{1-28}$$

称为初等酉阵，或 Householder 变换.

性质 1 $H(u)^H=H(u)=H(u)^{-1}$.

性质 2 $\det H(u)=-1$，$H(u)=U\begin{pmatrix}-1&&&\\&1&&\\&&\ddots&\\&&&1\end{pmatrix}U^H$，其中，$U$ 为酉阵.

性质 3 $H(u)$是镜象变换.

事实上，对 $\forall\, a\in u^{\perp}$，有

$$H(u)(a+ru)=a-ru,\quad r\in\mathbf{C},$$

即 $H(u)$是关于 u 的垂直超平面的镜象.

性质 4 设 $a,b\in\mathbf{C}^n$，则存在单位向量 u，使得 $H(u)a=b$ 的充要条件是

$$\|a\|_2=\|b\|_2\quad 和\quad a^Hb=b^Ha, \tag{1-29}$$

且在式(1-29)的条件下，使得 $H(u)a=b$ 成立的单位向量 u 可取为

$$u=e^{i\theta}(a-b)/\|a-b\|_2, \tag{1-30}$$

其中，θ 为任一实数.

事实上，因 $u^Hu=1$，$H(u)a=b$，则由性质 1 即得 $H(u)b=a$.又因当 $x,y\in\mathbf{C}^n$时，有

$$\begin{aligned}(H(u)x,H(u)y)&=(x-2uu^Hx,y-2uu^Hy)\\&=(x^H-2x^Huu^H)(y-2uu^Hy)\\&=x^Hy=(x,y),\end{aligned} \tag{1-31}$$

从而有

$$(b,b)=(H(u)a,H(u)a)=a^Ha,$$
$$(a,b)=(H(u)b,H(u)a)=b^Ha,$$

即

$$\|b\|_2=\|a\|_2,a^Hb=b^Ha,$$

故必要性成立.以下证明其充分性.

取一个与 $a-b$ 共线的单位向量 u,如式(1-30)所示.这时有

$$H(u)a=\left(E_n-2\frac{(a-b)(a-b)^H}{\|a-b\|_2^2}\right)a$$
$$=a-\frac{2(a^Ha-b^Ha)(a-b)}{a^Ha+b^Hb-a^Hb-b^Ha},$$

利用条件(1-29)即可得到 $H(u)a=b$.

注 1 由 $H(u)$ 的性质 4 可知,对于

$$a=(a_1,\cdots,a_n)^{\mathrm{T}}\neq 0,$$

如果令

$$p=\begin{cases}\|a\|_2 & \text{当 } a_1=0 \text{ 时}\\ e^{i\arg a_1}\|a\|_2 & \text{当 } a_1\neq 0 \text{ 时},\end{cases}$$

并取

$$u=(a-p\varepsilon_1)/\|a-p\varepsilon_1\|_2,$$

则有 $H(u)a=p\varepsilon_1$.

注 2 任一旋转必可分解为两个 Householder 镜象变换的乘积.事实上,有

$$\begin{pmatrix}\cos\theta & \sin\theta\\ -\sin\theta & \cos\theta\end{pmatrix}$$
$$=\left[E_2-2\begin{pmatrix}0\\1\end{pmatrix}(0,1)\right]\left[E_2-2\begin{pmatrix}\sin\frac{\theta}{2}\\ -\cos\frac{\theta}{2}\end{pmatrix}\left(\sin\frac{\theta}{2},-\cos\frac{\theta}{2}\right)\right].$$

四、酉变换与酉矩阵

定义 4 若线性空间 $V_n(\mathbf{C})$ 的变换 T 满足:

$$(T(x),T(y))=(x,y),\quad \forall x,y\in V_n(\mathbf{C}),\tag{1-32}$$

则称 T 为 $V_n(\mathbf{C})$ 的酉变换.

性质 1 $V_n(\mathbf{C})$ 的酉变换是线性变换.

定理 1 设 T 是 $V_n(\mathbf{C})$ 的线性变换,则下列命题等价:

(1) T 是酉变换;

(2) $\| T(x) \| = \| x \|, \forall x \in V_n(\mathbf{C})$;

(3) 设 $\varepsilon_1, \cdots, \varepsilon_n$ 是 $V_n(\mathbf{C})$ 的标准正交基,则 $T(\varepsilon_1), T(\varepsilon_2), \cdots, T(\varepsilon_n)$ 也是它的标准正交基;

(4) T 在任一标准正交基下的矩阵 A 是酉矩阵,即 $A^H A = AA^H = E_n$.

此定理说明,$V_n(\mathbf{C})$ 的酉变换与 $\mathbf{C}^{n\times n}$ 的酉矩阵相对应,故酉矩阵亦具有相应的性质.

定理 2 设 $A \in \mathbf{C}^{n\times n}$ 是酉矩阵,则

(1) $(Ax, Ay) = (x, y), \forall x, y \in \mathbf{C}^n$;

(2) $\| Ax \| = \| x \|, \forall x \in \mathbf{C}^n$;

(3) A^H 也是酉矩阵;

(4) 若 $B \in \mathbf{C}^{n\times n}$ 也是酉矩阵,则 AB, BA 也是酉矩阵;

(5) 酉矩阵的特征值的模为 1.

证 (1) $(Ax, Ay) = x^H A^H A y = x^H y = (x, y)$.

(2) 由(1)立即得证.

(3) 因 $(A^H)^H A^H = AA^H = E_n$.

(4) 因 $(AB)^H (AB) = B^H A^H AB = B^H B = E_n$,

$$(BA)^H (BA) = A^H B^H BA = A^H A = E_n.$$

(5) 设 $Ax = \lambda x$,则

$$\bar{\lambda} x^H x = (Ax, x) = x^H A^H x = x^H A^{-1} x = \frac{1}{\lambda} x^H x,$$

故 $\bar{\lambda}\lambda = 1$,即 $|\lambda| = 1$. 证毕

前面的 Householder 变换 $H(u) = E_n - 2uu^H$(其中,u 满足 $u^H u = 1$),由式(1-31)看出,$H(u)$ 是一个特殊酉阵,这就是当时称 $H(u)$ 为初等酉阵的原由.

§7 欧氏空间上的度量

借助“内积”概念,可把通常几何空间中向量的长度,角度,距离,两向量垂直等概念引入到线性空间,从而在线性空间中进一步导出几何和拓扑结构,使之更像通常的三维欧氏空间.其实,“内积”就是通常向量代数中向量的数量积(又称点积)概念的推广.

定义 1 在线性空间 $V_n(P)$ 上,若映射 (x, y):

$$V_n(P) \times V_n(P) \to P$$

满足

(1) $(x,x)\geqslant 0$；$(x,x)=0$ 当且仅当 $x=0$；

(2) $(x,y)=\overline{(y,x)}$，　$\forall x,y\in V_n(P)$；

(3) $(\lambda x,y)=\lambda(x,y)$，　$\forall \lambda\in P$，　$\forall x,y\in V_n(P)$；

(4) $(x+y,z)=(x,z)+(y,z)$，　$\forall x,y,z\in V_n(P)$；

则称 (x,y) 是 $V_n(P)$ 上的内积.定义了内积的线性空间称为内积空间.

当 $P=\mathbf{R}$ 时,实内积空间简称为欧氏空间；当 $P=\mathbf{C}$ 时,复内积空间简称为酉空间.它们显然都是内积空间的特例.下面讨论欧氏空间 $V_n(\mathbf{R})$ 上的度量.

定义 2　对任意 $x\in V_n(\mathbf{R})$,称

$$\|x\|=\sqrt{(x,x)}$$

为向量 x 的长度(也称为范数).

定理 1　若 (x,y) 是 $V_n(\mathbf{R})$ 上的内积,则

(1) $\|\lambda x\|=|\lambda|\,\|x\|$；

(2) $\|x-y\|^2+\|x+y\|^2=2\|x\|^2+2\|y\|^2$；

(3) $|(x,y)|\leqslant\|x\|\,\|y\|$　(Cauchy 不等式)；

(4) $\|x+y\|\leqslant\|x\|+\|y\|$　(三角不等式).

利用内积的定义和上述性质,还可定义夹角、正交、正交基、标准正交基等概念及性质.

定义 3　长度 $\|x-y\|$ 称为向量 x 和 y 的距离,记为 $d(x,y)$.

性质 1　$d(x,y)=d(y,x)$.

性质 2　$d(x,y)\geqslant 0$,当且仅当 $x=y$ 时等号成立.

性质 3　$d(x,z)\leqslant d(x,y)+d(y,z)$.

定义 4　如果向量 α 与 β 的内积为零,即 $(\alpha,\beta)=0$,则称 α 与 β 正交(或垂直),记 $\alpha\perp\beta$.

性质 1　若 $\alpha\perp\beta$ 则 $\|\alpha+\beta\|^2=\|\alpha\|^2+\|\beta\|^2$(勾股定理).

事实上,
$$\begin{aligned}\|\alpha+\beta\|^2&=(\alpha+\beta,\alpha+\beta)=(\alpha,\alpha+\beta)+(\beta,\alpha+\beta)\\&=\overline{(\alpha+\beta,\alpha)}+\overline{(\alpha+\beta,\beta)}\\&=\overline{(\alpha,\alpha)}+\overline{(\beta,\alpha)}+\overline{(\alpha,\beta)}+\overline{(\beta,\beta)}\\&=\|\alpha\|^2+\|\beta\|^2.\end{aligned}$$

一个点到一个平面(或一条直线)上所有点的距离以垂线最短.在欧氏空间 $V_n(\mathbf{R})$ 中也有类似结论.

如果 $V_n(\mathbf{R})$ 是 n 维欧氏空间,V_1 是它的子空间,$V_1^{\perp}$ 是 V_1 的正交补空间,则 $V_n(\mathbf{R})=V_1\oplus V_1^{\perp}$.所以 $\forall\alpha\in V_n(\mathbf{R})$ 可以唯一地表为 $\alpha=\beta+r$,其

中，$r\in V_1$ 叫做 α 在子空间 V_1 上的正交投影，而 $\beta\in V_1^{\perp}$ 叫做 α 关于 V_1 的正交分量．下面介绍对于 α 计算 β 与 r 的过程．

设 $\varepsilon_1,\varepsilon_2,\cdots,\varepsilon_k(k\leqslant n)$ 是 V_1 的标准正交基，因此 $r\in V_1\subseteq V_n(\mathbf{R})$ 可表为

$$r=c_1\varepsilon_1+c_2\varepsilon_2+\cdots+c_k\varepsilon_k,$$

与 ε_i 作内积，并注意到 $(\varepsilon_i,r)=(\varepsilon_i,\alpha)$，我们得到

$$c_i=(\varepsilon_i,\alpha)\ (i=1,2,\cdots,k),$$

故

$$r=\sum_{i=1}^{k}(\varepsilon_i,\alpha)\varepsilon_i, \tag{1-33}$$

只要令 $\beta=\alpha-r$ 即可计算正交分量 β.

定理 2 欧氏空间 $V_n(\mathbf{R})$ 中一个固定向量和一个子空间中各向量间的距离也是以“垂线最短”．

证 设子空间 $V_1=L(\alpha_1,\alpha_2,\cdots,\alpha_k)$．当一个向量 $\beta\perp V_1$，就是指 $(\beta,\alpha_i)=0\quad(i=1,2,\cdots,k)$．

现给定 α，如果存在 $r\in V_1$，使 $\alpha-r\perp V_1$，则对 $\forall\delta\in V_1$，有

$$\|\alpha-r\|\leqslant\|\alpha-\delta\|.$$

事实上，$\alpha-\delta=(\alpha-r)+(r-\delta)$．因 V_1 是子空间，$r\in V_1,\delta\in V_1$，则 $r-\delta\in V_1$，由勾股定理得

$$\|\alpha-r\|^2+\|r-\delta\|^2=\|\alpha-\delta\|^2,$$

故

$$\|\alpha-r\|\leqslant\|\alpha-\delta\|,$$

这就证明了向量到子空间各向量的距离以垂线最短． 证毕

所谓由向量 α 给定的点到线性流形 $P=\alpha_0+V_1$ 的距离，是指所给出的点到线性流形的点的距离 $\|\alpha-\xi\|$ 的最小值，其中，$\xi\in P$.

定理 3 向量 α 给出的点到线性流形 $P=\alpha_0+V_1$ 的距离等于向量 $\alpha-\alpha_0$ 关于子空间 V_1 的正交分量 β 的长度．

证 因 $\xi\in P,r\in V_1,r+\alpha_0\in P$．所以 $r+\alpha_0-\xi\in V_1$，又因 $\alpha-\alpha_0=r+\beta$，其中，$r\in V_1,\beta\in V_1^{\perp}$．故

$$(\alpha-\alpha_0)-r=\beta\in V_1^{\perp},$$

于是有

$$\begin{aligned}\|\alpha-\xi\|^2&=\|[(\alpha-\alpha_0)-r]+(r+\alpha_0-\xi)\|^2\\&=\|\beta\|^2+\|r+\alpha_0-\xi\|^2\geqslant\|\beta\|^2,\end{aligned}$$

所以最小距离为 $\|\beta\|$. 证毕

例 1 求点 $\alpha=(4,2,-5,1)^{\mathrm{T}}$ 到方程组

$$\begin{cases}2x_1-2x_2+x_3+2x_4=9\\ 2x_1-4x_2+2x_3+3x_4=12\end{cases}$$

所给出的线性流形的距离.

解 设线性流形为 $P=\alpha_0+V_1$,其中 V_1 为导出组的解空间,α_0 是非齐次方程组的一个特解.令 $x_3=x_4=0$,求得 $\alpha_0=(3,-3/2,0,0)^{\mathrm{T}}$.

不难求得 V_1 的一组基为 $\alpha_1=(0\ 1\ 2\ 0)^{\mathrm{T}},\alpha_2=(-1,1,0,2)^{\mathrm{T}}.V_1^{\perp}$ 的一组基为 $\alpha_3=(-2,2,1,0)^{\mathrm{T}},\alpha_4=(2\ 0\ 0\ 1)^{\mathrm{T}}$.于是得方程组为

$$\alpha-\alpha_0=\begin{pmatrix}1\\ \dfrac{7}{2}\\ -5\\ 1\end{pmatrix}=\sum_{i=1}^{4}k_i\alpha_i,$$

解得 $k_1=-2/3,k_2=1,k_3=-2,k_4=1$.于是 $\beta=k_3\alpha_3+k_4\alpha_4=(2,4,-2,1)^{\mathrm{T}}$,故有

$$\|\beta\|=\sqrt{(\beta,\beta)}=\sqrt{25}=5,$$

所以点 α 到线性流形 P 的距离等于 5.

定义 5 n 维欧氏空间 V 中向量 $\alpha_1,\alpha_2,\cdots,\alpha_k$ 的 Gram 行列式是指

$$G(\alpha_1,\alpha_2,\cdots,\alpha_k)=\begin{vmatrix}(\alpha_1,\alpha_1)&(\alpha_1,\alpha_2)&\cdots&(\alpha_1,\alpha_k)\\ (\alpha_2,\alpha_1)&(\alpha_2,\alpha_2)&\cdots&(\alpha_2,\alpha_k)\\ \vdots&&&\vdots\\ (\alpha_k,\alpha_1)&(\alpha_k,\alpha_2)&\cdots&(\alpha_k,\alpha_k)\end{vmatrix}.\quad(1-34)$$

定理 4 n 维欧氏空间 V 的向量组 $\alpha_1,\alpha_2,\cdots,\alpha_k$ 线性相关的充要条件是 $G(\alpha_1,\alpha_2,\cdots,\alpha_k)=0$.

证 考虑向量方程

$$x_1\alpha_1+x_2\alpha_2+\cdots+x_k\alpha_k=0,\quad(1-35)$$

分别与 $\alpha_i(i=1,2,\cdots,k)$ 作内积后得方程

$$\begin{cases}(\alpha_1,\alpha_1)x_1+(\alpha_1,\alpha_2)x_2+\cdots+(\alpha_1,\alpha_k)x_k=0\\ (\alpha_2,\alpha_1)x_1+(\alpha_2,\alpha_2)x_2+\cdots+(\alpha_2,\alpha_k)x_k=0\\ \cdots\cdots\\ (\alpha_k,\alpha_1)x_1+(\alpha_k,\alpha_2)x_2+\cdots+(\alpha_k,\alpha_k)x_k=0.\end{cases}\quad(1-36)$$

因为 $\alpha_1,\alpha_2,\cdots,\alpha_k$ 线性相关,所以式(1-35)中 $x_i(i=1,\cdots,k)$ 不全为零,

故式(1-36)有非零解的充要条件是它的系数行列式

$$G(\alpha_1,\alpha_2,\cdots,\alpha_k)=0.$$ 证毕

定理 5 如果 n 维欧氏空间中的 $\alpha_1,\alpha_2,\cdots,\alpha_k$ 线性无关，则将向量 $\alpha_1,\cdots,\alpha_k$ 正交化后，它的 Gram 行列式不变，即

$$\begin{aligned}G(\alpha_1,\alpha_2,\cdots,\alpha_k)&=G(\beta_1,\beta_2,\cdots,\beta_k)\\&=(\beta_1,\beta_1)(\beta_2,\beta_2)\cdots(\beta_k,\beta_k)\\&=\|\beta_1\|^2\|\beta_2\|^2\cdots\|\beta_k\|^2.\end{aligned}\tag{1-37}$$

证 对向量 $\alpha_1,\alpha_2,\cdots,\alpha_k$ 施行正交化过程：先令 $\beta_1=\alpha_1$，再令 $\beta_2=\alpha_2+l_1\beta_1$ 与 β_1 正交.在行列式 $G(\alpha_1,\alpha_2,\cdots,\alpha_k)$ 中把向量 α_1 换成 β_1，再将 $G(\alpha_1,\cdots,\alpha_k)$ 的第一列乘以 l_1(把 l_1 乘以内积的第二个因子)并加到第二列上去，此后将行列式的第一行乘以 l_1(把 l_1 乘以内积的第一个因子)并加到第二行上去，便得

$$G(\alpha_1,\cdots,\alpha_k)=\begin{vmatrix}(\beta_1,\beta_1)&0&\cdots&(\beta_1,\alpha_k)\\0&(\beta_2,\beta_2)&\cdots&(\beta_2,\alpha_k)\\\vdots&&&\vdots\\(\alpha_k,\beta_1)&(\alpha_k,\beta_2)&\cdots&(\alpha_k,\alpha_k)\end{vmatrix},$$

这样，原行列式中所有 α_2 均换成了向量 β_2.

再令 $\beta_3=\alpha_2+b_1\beta_1+b_2\beta_2$ 与 β_1,β_2 正交：将第一列乘以 b_1，第二列乘以 b_2，再将结果加到第三列上去，然后对行施以同样的运算，其结果是把行列式中的所有 α_3 均换成了 β_3.继续这样做下去，一直到最后一列(这样运算并不改变行列式的值)，最后我们得到

$$\begin{aligned}G(\alpha_1,\cdots,\alpha_k)&=(\beta_1,\beta_1)(\beta_2,\beta_2)\cdots(\beta_k,\beta_k)\\&=\|\beta_1\|^2\|\beta_2\|^2\cdots\|\beta_k\|^2.\end{aligned}$$ 证毕

推论 1 若向量组 $\alpha_1,\alpha_2,\alpha_3$ 线性无关，则 $G(\alpha_1,\alpha_2)$ 表示由向量 α_1，α_2 所构成的平行四边形面积的平方；$G(\alpha_1,\alpha_2,\alpha_3)$ 表示由 $\alpha_1,\alpha_2,\alpha_3$ 构成的平行六面体体积的平方.

事实上，由正交化过程得正交组

$$\beta_1=\alpha_1,\beta_2=\alpha_2-\frac{(\alpha_2,\beta_1)}{\|\beta_1\|^2}\beta_1,$$

而 $(\alpha_2,\beta_1)=\|\alpha_2\|\,\|\beta_1\|\cos(\alpha_2,\beta_1)$，$\beta_1=\|\beta_1\|\beta_1^0$，则

$$\frac{(\alpha_2,\beta_1)}{\|\beta_1\|^2}\beta_1=\|\alpha_2\|\cos(\alpha_2,\beta_1)\beta_1^0,$$

即为向量 α_2 在 $\beta_1=\alpha_1$ 上的投影.所以 $\|\beta_2\|$ 就是以 $\|\beta_1\|$ 为底边，α_1,α_2

构成的平行四边形的高.故

$$G(\alpha_1,\alpha_2)=(\beta_1,\beta_1)(\beta_2,\beta_2)=\|\beta_1\|^2\|\beta_2\|^2$$

为 α_1,α_2 所构成的平行四边形面积的平方.关于 $G(\alpha_1,\alpha_2,\alpha_3)$ 的几何意义可依此类推.

为了讨论多维平行多面体的体积,我们发现定理 3 可用 Gram 行列式叙述如下:

定理 6 设 $\alpha_1,\alpha_2,\cdots,\alpha_k$ 是线性子空间 V_1 的基底,则向量 α 给出的点到线性流形 $P=\alpha_0+V_1$ 的距离 d 有

$$d^2=\frac{G(\alpha_1,\cdots,\alpha_k,\alpha-\alpha_0)}{G(\alpha_1,\cdots,\alpha_k)}. \tag{1-38}$$

证 由定理 3,可设 $\alpha-\alpha_0=r+\beta,r\in V_1,\beta\in V_1^{\perp},d=\|\beta\|$,所以 $d^2=(\beta,\beta)$.

因为 $\alpha_1,\alpha_2,\cdots,\alpha_k$ 是 V_1 的基,故有 $r=\sum_{i=1}^{k}b_i\alpha_i$,于是

$$G(\alpha_1,\cdots,\alpha_k,\alpha-\alpha_0)=\begin{vmatrix}(\alpha_1,\alpha_1) & \cdots & (\alpha_1,\beta)\\(\alpha_2,\alpha_1) & \cdots & (\alpha_2,\beta)\\\vdots & & \vdots\\(\alpha-\alpha_0,\alpha_1) & \cdots & (\alpha-\alpha_0,\beta)\end{vmatrix}+\begin{vmatrix}(\alpha_1,\alpha_1) & \cdots & (\alpha_1,r)\\(\alpha_2,\alpha_1) & \cdots & (\alpha_2,r)\\\vdots & & \vdots\\(\alpha-\alpha_0,\alpha_1) & \cdots & (\alpha-\alpha_0,r)\end{vmatrix},$$

右边第二个行列式的最后一列是前面 k 列的线性组合,故其值为 0.而第一个行列式中,由于 $\beta\in V_1^{\perp}$,便有 $(\alpha_i,\beta)=0(i=1,2,\cdots,k)$,按最后一列展开便有

$$\begin{aligned}G(\alpha_1,\cdots,\alpha_k,\alpha-\alpha_0)&=G(\alpha_1,\cdots,\alpha_k)(\alpha-\alpha_0,\beta)\\&=G(\alpha_1,\cdots,\alpha_k)[(r,\beta)+(\beta,\beta)]\\&=G(\alpha_1,\cdots,\alpha_k)(\beta,\beta),\end{aligned}$$

所以,我们得到

$$d^2=\frac{G(\alpha_1,\cdots,\alpha_k,\alpha-\alpha_0)}{G(\alpha_1,\cdots,\alpha_k)}.$$ 证毕

定义 6 我们归纳定义欧氏空间中线性无关向量组 $\alpha_1,\alpha_2,\cdots,\alpha_n$ 所构成的 n 维平行多面体的体积为

(1) $V(\alpha_1)=\|\alpha_1\|$;

(2) $V(\alpha_1,\alpha_2,\cdots,\alpha_n)=V(\alpha_1,\cdots,\alpha_{n-1})h_n$,

其中,h_n 是向量 α_n 关于向量 $\alpha_1,\cdots,\alpha_{n-1}$ 所生成的子空间的正交分量之长度.

定理 7 设 $\alpha_1,\alpha_2,\cdots,\alpha_n$ 线性无关,则

$$V(\alpha_1,\cdots,\alpha_n)=\sqrt{G(\alpha_1,\cdots,\alpha_n)}=|D|, \tag{1-39}$$

其中,D 是给定的向量组 $\alpha_1,\cdots,\alpha_n$ 所生成的 n 维空间 $L(\alpha_1,\cdots,\alpha_n)$ 中某组标准正交基下的坐标的行列式.

证 显然,根据归纳定义 5,我们有

$$\begin{aligned}V(\alpha_1,\cdots,\alpha_n)&=V(\alpha_1,\cdots,\alpha_{n-1})h_n\\&=V(\alpha_1,\cdots,\alpha_{n-2})h_{n-1}h_n\\&=\cdots=\|\alpha_1\|h_2h_3\cdots h_{n-1}h_n,\end{aligned}$$

把向量组 $\alpha_1,\cdots,\alpha_n$ 正交化为向量组 $\beta_1,\beta_2,\cdots,\beta_n$. 由正交化过程知,$\alpha_j$ 关于 $L(\alpha_1,\cdots,\alpha_{j-1})$ 的正交分量为 β_j. 故由 $h_j(j=2,3,\cdots,n)$ 的意义知 $\|\beta_j\|=h_j(j=2,3,\cdots,n)$. 所以

$$\begin{aligned}V(\alpha_1,\alpha_2,\cdots,\alpha_n)&=\|\beta_1\|\,\|\beta_2\|\cdots\|\beta_n\|\\&=\sqrt{G(\alpha_1,\alpha_2,\cdots,\alpha_n)},\end{aligned}$$

其次,设 $L(\alpha_1,\alpha_2,\cdots,\alpha_n)$ 的某一标准正交基底为 $\varepsilon_1,\varepsilon_2,\cdots,\varepsilon_n$,则 $\alpha_i(i=1,2,\cdots,n)$ 可表为 $\varepsilon_1,\cdots,\varepsilon_n$ 的线性组合:

$$\alpha_i=\sum_{j=1}^{n}\alpha_{ij}\varepsilon_j \quad (i=1,2,\cdots,n),$$

则由 $G(\alpha_1,\alpha_2,\cdots,\alpha_n)$ 的定义知

$$G(\alpha_1,\alpha_2,\cdots,\alpha_n)=D^2,$$

综上所述,便证明了

$$V(\alpha_1,\alpha_2,\cdots,\alpha_n)=\sqrt{G(\alpha_1,\cdots,\alpha_n)}=|D|.$$

证毕

定理 8 设 $\alpha_1,\alpha_2,\cdots,\alpha_k$ 是欧氏空间的 k 个向量,则有 $0\leqslant G(\alpha_1,\alpha_2,\cdots,\alpha_k)\leqslant\|\alpha_1\|^2\|\alpha_2\|^2\cdots\|\alpha_k\|^2$;且

$$G(\alpha_1,\cdots,\alpha_k)=\|\alpha_1\|^2\|\alpha_2\|^2\cdots\|\alpha_k\|^2$$

的充要条件是向量组 $\alpha_1,\alpha_2,\cdots,\alpha_k$ 两两正交或至少有一个零向量.

证 设 $\beta_1,\beta_2,\cdots,\beta_k$ 是由 $\alpha_1,\alpha_2,\cdots,\alpha_k$ 经正交化过程而得的正交组,故

$$\beta_1=\alpha_1;$$

$$\beta_i=\alpha_i-\sum_{j=1}^{i-1}\frac{(\alpha_i,\beta_j)}{\|\beta_j\|^2}\beta_j \quad (j=2,\cdots k),$$

即

$$\alpha_i=\beta_i+\sum_{j=1}^{i-1}\frac{(\alpha_i,\beta_j)}{\|\beta_j\|}\beta_j^0,$$

因 $\beta_1,\beta_2,\cdots,\beta_k$ 两两正交,由商高定理得

$$0\leqslant\|\beta_i\|^2=(\alpha_i,\alpha_i)-\sum_{j=1}^{i-1}\frac{(\alpha_i,\beta_j)^2}{\|\beta_j\|^2}\leqslant\|\alpha_i\|^2,$$

故由式(1-37)得 $0\leqslant G(\alpha_1,\cdots,\alpha_k)\leqslant\|\alpha_1\|^2\|\alpha_2\|^2\cdots\|\alpha_k\|^2$.

如果 $(\alpha_i,\alpha_j)=0$(即 $\alpha_1,\cdots,\alpha_k$ 两两正交),则 $\beta_i=\alpha_i$,$\|\beta_i\|=\|\alpha_i\|$ $(i=1,2,\cdots,k)$,所以

$$G(\alpha_1,\cdots,\alpha_k)=\|\beta_1\|^2\cdots\|\beta_k\|^2=\|\alpha_1\|^2\cdots\|\alpha_k\|^2,$$

反之,若 $G(\alpha_1,\cdots,\alpha_k)=\|\alpha_1\|^2\cdots\|\alpha_k\|^2$,则得 $\|\alpha_1\|^2\cdots\|\alpha_k\|^2=\|\beta_1\|^2\cdots\|\beta_k\|^2$,又由于 $\|\beta_i\|\leqslant\|\alpha_i\|$,则 $\|\alpha_i\|=\|\beta_i\|$ $(i=1,\cdots,k)$.再由正交化过程不难验证 $(\alpha_i,\alpha_j)=0$.

最后,如果 $\alpha_1,\cdots,\alpha_k$ 中有一个零向量,则它们线性相关,从而 $G(\alpha_1,\cdots,\alpha_k)=0=\|\alpha_1\|^2\cdots\|\alpha_k\|^2$,反之亦然. 证毕

这个称之为 Hadamard(阿达马)不等式的定理有明显的几何意义,即 n 维平行多面体的体积不超过通过同一个顶点的各条棱的长度的乘积,而且只在其各条棱两两垂直,即为长方多面体时才能等于这个乘积.

关于欧氏空间中向量的夹角问题,我们有

定理 9 给定的 α 与线性子空间 V_1 中一切向量的夹角以它与 α 在 V_1 上的正交投影 r 之间的夹角为最小.

证 设 α 为任意给定的向量,r 是 α 在线性子空间 V_1 中的正交投影,r'是 V_1 中任意向量,则 $\alpha=r+\beta$,其中 $\beta\in V_1^{\perp}$,即 $(r,\beta)=0,(r',\beta)=0$,于是

$$(\alpha,r')=(r,r'),$$

所以

$$\begin{aligned}\cos(\overset{\wedge}{\alpha,r'})&=\frac{(\alpha,r')}{\|\alpha\|\,\|r'\|}=\frac{(r,r')}{\|\alpha\|\,\|r'\|}\\&=\frac{\|r\|\,\|r'\|}{\|\alpha\|\,\|r'\|}\cos(\overset{\wedge}{r,r'})\leqslant\frac{\|r\|}{\|\alpha\|}\\&=\frac{(r,r)}{\|\alpha\|\,\|r\|}=\cos(\overset{\wedge}{\alpha,r}),\end{aligned}$$

由此可知

$$(\widehat{\alpha,r})\leqslant(\widehat{\alpha,r'}).$$ 证毕

例 2 证明 n 维欧氏空间 V 中一组两两夹角成钝角的向量必不能多于 $n+1$.

证 对维数 n 用归纳法.

当 $n=1$ 时,所有向量都是一个非零向量与某个实数的乘积,于是对于任意两个以上向量的集合,其中必有两个向量同向(零向量认为与任意向量同向),因此它们之间的夹角不是钝角.所以 $n=1$ 时,结论成立.

假设 $n-1$ 维欧氏空间都不可能有多于 n 个两两夹角成钝角的向量.

对于 n 维欧氏空间 V 用反证法来证明 V 中不可能有多于 $n+1$ 个两两夹角成钝角的向量.如若不然,V 中则有 $n+2$ 个向量 $\alpha_1,\alpha_2,\cdots,\alpha_{n+2}$ 满足

$$(\alpha_i,\alpha_j)<0 \quad i\neq j \quad j,i=1,2,\cdots,n+2,$$

取 $\varepsilon_1=\alpha_1/\|\alpha_1\|$,把它扩充为 V 的一组标准正交基 $\varepsilon_1,\varepsilon_2,\cdots,\varepsilon_n$,并设

$$\alpha_i=a_{i1}\varepsilon_1+a_{i2}\varepsilon_2+\cdots+a_{in}\varepsilon_n \quad (i=1,2,\cdots,n+2),$$

则

$$a_{i1}=(\alpha_i,\varepsilon_1)=\frac{1}{\|\alpha_1\|}(\alpha_i,\alpha_1)<0 \quad (i=2,3,\cdots,n+2), \qquad (1-40)$$

考虑下列 $n+1$ 个向量:

$$r_i=a_{i2}\varepsilon_2+a_{i3}\varepsilon_3+\cdots+a_{in}\varepsilon_n \quad (i=2,3,\cdots,n+2),$$

则由题设条件及式(1-40)有

$$\begin{aligned}0>(\alpha_i,\alpha_j)&=a_{i1}a_{j1}+(a_{i2}a_{j2}+\cdots+a_{in}a_{jn})\\&>a_{i2}a_{j2}+\cdots+a_{in}a_{jn}=(r_i,r_j)\\&\quad(i\neq j,\ i,j=2,3,\cdots,n+2),\end{aligned}$$

即 $n+1$ 个向量 $r_2,r_3,\cdots,r_{n+2}$ 两两夹角成钝角.但每个 $r_i(i=2,3,\cdots,n+2)$ 都属于同一个 $n-1$ 维线性空间 $V_1=L(\varepsilon_2,\varepsilon_3,\cdots,\varepsilon_n)$,这与归纳假设:$n-1$ 维线性空间 V_1 不可能含有多于 n 个两两夹角成钝角的向量相矛盾.

所谓线性流形 $P_1=\alpha_1+V_1$ 和 $P_2=\alpha_2+V_2$ 之间的距离是指 P_1 和 P_2 中任意两点间距离的最小值.而且我们有

定理 10 线性流形 $P_1=\alpha_1+V_1$ 和 $P_2=\alpha_2+V_2$ 之间的距离等于向量 $\alpha_1-\alpha_2$ 关于线性子空间 $V=V_1+V_2$ 的正交分量的长度.

证 设 $\xi\in P_1,\xi_2\in P_2$. 而 $\alpha_1-\alpha_2$ 在 V 上的正交投影为 r,则 $\alpha_1-\alpha_2=r+\beta,\beta\in V^{\perp}$.显然有

$$\beta=(\alpha_1-\alpha_2)-r\in V^{\perp},$$

又因 $r\in V=V_1+V_2$，故 $r=r_1+r_2$，其中 $r_i\in V_i(i=1,2)$，则 $r_1-\alpha_1+\xi_1\in V_1$，$r_2+\alpha_2-\xi_2\in V_2$. 于是

$$\begin{aligned}&r+(\xi_1-\alpha_1)-(\xi_2-\alpha_2)\\&=(r_1-\alpha_1)+\xi_1+(r_2+\alpha_2)-\xi_2\in V_1+V_2=V,\end{aligned}$$

故

$$[(\alpha_1-\alpha_2)-r]\perp[r+(\xi_1-\alpha_1)-(\xi_2-\alpha_2)],$$

因此有

$$\begin{aligned}\|\xi_1-\xi_2\|^2&=\|[(\alpha_1-\alpha_2)-r]+[r+(\xi_1-\alpha_1)-(\xi_2-\alpha_2)]\|^2\\&=\|(\alpha_1-\alpha_2)-r\|^2+\|r+(\xi_1-\alpha_1)-(\xi_2-\alpha_2)\|^2\\&\geqslant\|(\alpha_1-\alpha_2)+r\|^2=\|\beta\|^2,\end{aligned}$$

即线性流形 P_1 与 P_2 间的距离等于 $\alpha_1-\alpha_2$ 关于线性子空间 V_1+V_2 的正交分量 β 的长度 $\|\beta\|$. 证毕

§8 酉空间的分解与投影

一、不变子空间的直和与准对角矩阵

定义 1 设 T 是酉空间 $V_n(\mathbf{C})$ 上的线性变换，W 是 $V_n(\mathbf{C})$ 的子空间，如果对 $\forall\xi\in W$，有 $T(\xi)\in W$，即

$$T(W)\subseteq W,$$

则称 W 是 T 的不变子空间.

定理 1 线性变换 T 的矩阵为准对角矩阵的充要条件是 $V_n(\mathbf{C})$ 可分解为 T 的不变子空间的直和.

证 设 $V_1,V_2,\cdots,V_m$ 是 T 的不变子空间，且

$$V_n(\mathbf{C})=V_1\oplus V_2\oplus\cdots\oplus V_m,\tag{1-41}$$

在每个子空间 V_i 中取基 $\alpha_{i1},\cdots,\alpha_{in_i}$，$1\leqslant i\leqslant m$，$n_1+n_2+\cdots+n_m=n$. 由于 $T(\alpha_{ij})\in V_i$，$j=1,2,\cdots,n_i$，$1\leqslant i\leqslant m$，故线性变换 T 在该组基下的矩阵为准对角矩阵

$$A=\begin{pmatrix}A_{11}&&&\\&A_{22}&&\\&&\ddots&\\&&&A_{mm}\end{pmatrix},\tag{1-42}$$

其中,子矩阵 A_{ii} 对应 T 的不变子空间 V_i.

反之,如果线性变换 T 的矩阵是准对角矩阵式(1-42),则存在一组基 $\alpha_{i1},\alpha_{i2},\cdots,\alpha_{in_i},1\leqslant i\leqslant m,n_1+n_2+\cdots+n_m=n$,它们各自生成的子空间 $V_i=L(\alpha_{i1},\alpha_{i2},\cdots,\alpha_{in_i})$ 是 T 的不变子空间,且

$$V_n(\mathbf{C})=V_1\oplus V_2\oplus\cdots\oplus V_m.$$

推论 1 线性变换 T 的矩阵为对角矩阵的充要条件是 $V_n(\mathbf{C})$ 可分解为 T 的不变子空间 V_{λ_i} 的直和.其中 $V_{\lambda_i}=\{\xi\mid T\xi=\lambda_i\xi,\xi\in V_n(\mathbf{C})\}$ 就是 T 的属于特征值 λ_i 的特征子空间.

设 T 是酉空间 $V_n(\mathbf{C})$ 的一个线性变换,它的特征多项式 $f(\lambda)$ 在复数域上可分解成

$$f(\lambda)=(\lambda-\lambda_1)^{r_1}(\lambda-\lambda_2)^{r_2}\cdots(\lambda-\lambda_m)^{r_m},$$

则 $V_n(\mathbf{C})$ 中必有一组基底,使 T 在这组基下的矩阵是 Jordan 形矩阵.其原因是,$V_n(\mathbf{C})$ 可分解成 T 的不变子空间 V_i 的直和

$$V_n(\mathbf{C})=V_1\oplus V_2\oplus\cdots\oplus V_m,$$

其中,$V_i=\{\xi\mid(T-\lambda_iE)^{r_i}\xi=0,\xi\in V_n(\mathbf{C})\}$ 又称为 $(T-\lambda_iE)^{r_i}$ 的核子空间.

二、正交补子空间

下面我们给出酉空间的正交子空间之间的一个性质的论证,其他性质可类推.

定理 2 设 $A\in\mathbf{C}^{n\times m},B\in\mathbf{C}^{n\times s}$,则 $R(A)\perp R(B)$ 的充要条件是 $A^HB=0$(其中 $R(A),R(B)$ 分别表示 A,B 的值域).

证 设 $A=(\alpha_1,\alpha_2,\cdots,\alpha_m),B=(\beta_1,\beta_2,\cdots,\beta_s)$,而 $R(A)=L(\alpha_1,\alpha_2,\cdots,\alpha_m),R(B)=L(\beta_1,\beta_2,\cdots,\beta_s)$,其中,$\alpha_i,\beta_j\in\mathbf{C}^n(i=1,2,\cdots,m;j=1,2,\cdots,s)$,于是 $A^HB=0$ 等价于

$$(\alpha_i,\beta_i)=0\quad(i=1,2,\cdots,m;j=1,2,\cdots,s).\tag{1-43}$$

任取

$$x=(\alpha_1,\alpha_2,\cdots,\alpha_m)a\in R(A);$$

$$a=(a_1,a_2,\cdots,a_m)^{\mathrm{T}}\in\mathbf{C}^m;$$

$$y=(\beta_1,\beta_2,\cdots,\beta_s)b\in R(B);$$

$$b=(b_1,b_2,\cdots,b_s)^{\mathrm{T}}\in\mathbf{C}^s,$$

则式(1-43)等价于

$$(x,y)=\sum_{i=1}^{m}\sum_{j=1}^{s}\bar{a}_i b_j(\alpha_i,\beta_j)=0,$$

即 $R(A)\perp R(B)$.　　证毕

推论 1　设 $A\in\mathbf{C}^{m\times n}$,则

$$R(A)\perp N(A^H);\quad N(A)\perp R(A^H),\tag{1-44}$$

其中,$N(A)=\{x\mid Ax=0,x\in\mathbf{C}^n\}$ 称为 A 的核.

事实上,若 $x\in N(A^H)$,则 $A^Hx=0$;$y\in R(A)$,则存在 z,使 $y=Az$,因

$$(x,y)=x^Hy=x^HAz=(A^Hx)^Hz=0,$$

于是,$R(A)\perp N(A^H)$.而式(1-44)的第二等式是第一式用 A 代替 A^H 所得的结果.

推论 2　设 $A\in\mathbf{C}^{m\times n}$,则

$$\begin{cases}\dim R(A)+\dim N(A^H)=m\\ \dim R(A^H)+\dim N(A)=n,\end{cases}\tag{1-45}$$

$$\begin{cases}\mathbf{C}^m=R(A)\oplus N(A^H)\\ \mathbf{C}^n=R(A^H)\oplus N(A).\end{cases}\tag{1-46}$$

事实上,因 $R(A)=L(\alpha_1,\alpha_2,\cdots,\alpha_n)$,则 $\dim R(A)$ 等于 $\alpha_1,\alpha_2,\cdots,\alpha_n$ 的极大无关组的个数,即 $\dim R(A)=\operatorname{rank}A=r$,又因 $\operatorname{rank}A=\operatorname{rank}A^H$,故 $A^Hx=0$ 的解空间是 $m-r$ 维的,即 $\dim N(A^H)=m-r$.故 $\dim R(A)+\dim N(A^H)=m$.其他关系式类推.

定义 2　设酉空间 $V_n(\mathbf{C})$ 的两个子空间 V_1,V_2,有 $V_1\perp V_2$,且 $V_1+V_2=V_n(\mathbf{C})$,则称 V_2 为 V_1 的正交补子空间(或简称正交补),记为 $V_2=V_1^{\perp}$.

显然,如果 V_2 是 V_1 的正交补,则 V_1 也是 V_2 的正交补,且 V_1+V_2 是直和,即 $V_n(\mathbf{C})=V_1\oplus V_2$.

定理 3　酉空间 $V_n(\mathbf{C})$ 的每一个子空间 V_1 都有唯一的正交补.

证　如果 $V_1=\{0\}$,那么它的正交补就是 $V_n(\mathbf{C})$,唯一性显然.

如果 $V_1\neq\{0\}$,在 V_1 中取一组正交基 $\varepsilon_1,\varepsilon_2,\cdots,\varepsilon_m$,它可以扩充成 $V_n(\mathbf{C})$ 的一组正交基

$$\varepsilon_1,\cdots,\varepsilon_m,\varepsilon_{m+1},\cdots,\varepsilon_n,$$

显然,子空间 $L(\varepsilon_{m+1},\cdots,\varepsilon_n)$ 就是 V_1 的正交补.

再来证唯一性.设 V_2,V_3 都是 V_1 的正交补,则

$$V_n(\mathbf{C})=V_1\oplus V_2,\quad V_n(\mathbf{C})=V_1\oplus V_3,$$

令 $\alpha\in V_2$,由第二式即有 $\alpha=\alpha_1+\alpha_3$,其中 $\alpha_1\in V_1,\alpha_3\in V_3$.又因为 $\alpha\perp\alpha_1$,

所以

$$(\alpha,\alpha_1)=(\alpha_1+\alpha_3,\alpha_1)=(\alpha_1,\alpha_1)+(\alpha_3,\alpha_1)=(\alpha_1,\alpha_1)=0,$$

即 $\alpha_1=0$.由此得知 $\alpha\in V_3$,即 $V_2\subset V_3$.

同理可证 $V_3\subset V_2$,因此 $V_2=V_3$. 证毕

三、投影与幂等矩阵

考虑二维平面 $V_2(\mathbf{C})$,它有两个一维子空间 V_1 和 V_2,且 $V_2(\mathbf{C})=V_1\oplus V_2$,每一个向量 α 可唯一地表示为

$$\alpha=\alpha_1+\alpha_2 \quad \alpha_1\in V_1,\alpha_2\in V_2,$$

定义变换 $T:V_2(\mathbf{C})\to V_2(\mathbf{C})$,为

$$T(\alpha)=T(\alpha_1+\alpha_2)=\alpha_1,$$

显然是线性变换.几何上,T 把平面上的点沿着坐标轴 V_2 的方向投影到坐标轴 V_1 上,并把 V_1 上的点变为 V_1 上的同一点.因此,T 是限制在 V_1 上的一恒等变换,且 $T^2=T$.

定义 3 设 $V_n(\mathbf{C})$是线性空间,如果线性变换 $T:V_n(\mathbf{C})\to V_n(\mathbf{C})$ 具有 $T^2=T$ 的性质,则称 T 是 $V_n(\mathbf{C})$上的投影(也称投影算子或幂等算子).

定理 4 设 T 是线性空间 $V_n(\mathbf{C})$上的投影,则

$$V_n(\mathbf{C})=R(T)\oplus N(T), \tag{1-47}$$

即投影的值域和核互为直和补.

证 设 $\alpha\in V_n(\mathbf{C})$,令 $\alpha_1=T(\alpha)$ 和 $\alpha_2=\alpha-\alpha_1$,则有 $\alpha=\alpha_1+\alpha_2$,其中,$\alpha_1\in R(T)$.又由于 $T(\alpha_2)=T(\alpha)-T(\alpha_1)=T(\alpha)-T^2(\alpha)=0$,所以$\alpha_2\in N(T)$.即 $V_n(\mathbf{C})=R(T)+N(T)$.

再则,若 $\alpha\in R(T)\cap N(T)$,则因 $\alpha\in R(T)$,故存在 α_1,使 $\alpha=T(\alpha_1)$.从而,$T(\alpha)=T^2(\alpha_1)=T(\alpha_1)=\alpha$.但因 $\alpha\in N(T)$,所以 $T(\alpha)=0$.因此 $\alpha=0$,即 $R(T)\cap N(T)=\{0\}$. 证毕

上述定理的逆也是成立的,即

定理 5 设 $V_n(\mathbf{C})=V_1\oplus V_2$,则存在投影 T,使 $R(T)=V_1,N(T)=V_2$.

证 对 $\forall\alpha\in V_n(\mathbf{C})$,存在唯一的分解 $\alpha=\alpha_1+\alpha_2$,其中 $\alpha_1\in V_1,\alpha_2\in V_2$.定义 T 为 $T(\alpha)=\alpha_1$,T 即是投影.事实上,$T^2(\alpha)=T(\alpha_1)=\alpha_1=T(\alpha)$,由于 α 的任意性,故 $T^2=T$. 证毕

由线性代数知,在一组基底下线性变换 T 对应着唯一确定的矩阵 A,

反之亦然；而线性变换 T 对向量作用，对应着矩阵 A 对坐标向量的运算；线性变换的代数运算对应着矩阵的代数运算，等等.为此，若 T 是投影（即 $T^2=T$），且在某组基下的矩阵是 A.由于 $T^2=T$ 推出 $A^2=A$，则 A 也表示投影 T.下面给出投影的矩阵特性.

定理 6 若 $A\in \mathbf{C}^{n\times n}$ 是幂等矩阵，即 $A^2=A$，则有

（1）A^H 与 $(E-A)$ 也是幂等矩阵；

（2）A 的特征值非零即 1，且可对角化；

（3）$\operatorname{rank}(A)=\operatorname{tr}(A)$；

（4）$A(E-A)=(E-A)A=0$；

（5）$A\alpha=\alpha\Leftrightarrow\alpha\in R(A)$；

（6）$N(A)=R(E-A),R(A)=N(E-A)$.

证 下面只证(2)、(3)，其余留给读者自证.

令 $Ax=\lambda x,x\neq 0$，则 $A^2x=\lambda^2x$，即 $Ax=\lambda^2x$，从而 $\lambda x=\lambda^2x$，故 $\lambda=1$ 或 0.又因 A 是投影的矩阵，则对应着 $V_n(\mathbf{C})=R(T)\oplus N(T)$ 有 $\mathbf{C}^n=R(A)\oplus N(A)$；若称 T 是沿着 $N(T)$ 到 $R(T)$ 上的投影，对应的称 A 是沿着 $N(A)$ 到 $R(A)$ 上的投影.由此，对 $\forall x\in R(A)$，有 $Ax=1\cdot x$，即 $R(A)$ 是 $\lambda=1$ 的特征子空间；对 $\forall y\in N(A)$，有 $Ay=0\cdot y$，即 $N(A)$ 是 $\lambda=0$ 的特征子空间.令 $\dim R(A)=\operatorname{rank}A=r,\varepsilon_1,\varepsilon_2,\cdots,\varepsilon_r$ 是 $R(A)$ 的基，则有 $A\varepsilon_i=1\cdot\varepsilon_i,1\leqslant i\leqslant r$.令 $\varepsilon_{r+1},\cdots,\varepsilon_n$ 是 $N(A)$ 的基，则有 $A\varepsilon_j=0\cdot\varepsilon_j,r+1\leqslant j\leqslant n$.于是得

$$A(\varepsilon_1,\cdots,\varepsilon_r,\varepsilon_{r+1},\cdots,\varepsilon_n)=(\varepsilon_1,\cdots,\varepsilon_r,\varepsilon_{r+1},\cdots,\varepsilon_n)\begin{pmatrix}E_r & 0\\ 0 & 0\end{pmatrix},$$

即 A 与对角形矩阵相似

$$P^{-1}AP=\begin{pmatrix}E_r & 0\\ 0 & 0\end{pmatrix},\tag{1-48}$$

其中，$P=(\varepsilon_1,\cdots,\varepsilon_r,\varepsilon_{r+1},\cdots,\varepsilon_n)$.下面证明(3)成立.

因为由式(1-48)知，$\operatorname{rank}A=r$.而根据特征多项式的展开式知，$\operatorname{tr}(A)=\lambda_1+\lambda_2+\cdots+\lambda_n=r$.故 $\operatorname{rank}A=\operatorname{tr}(A)$，即(3)成立. 证毕

四、正交投影

定义 4 设 T 是 $V_n(\mathbf{C})$ 上的投影，$V_n(\mathbf{C})=R(T)\oplus N(T)$.如果 $R^{\perp}(T)=N(T)$，则称 T 是正交投影.

设 V_1 是 $V_n(\mathbf{C})$ 的任一子空间，则 $V_n(\mathbf{C})=V_1\oplus V_1^{\perp}$，且对 $\forall\alpha\in V_n(\mathbf{C})$，存在唯一的分解 $\alpha=\alpha_1+\alpha_2$，其中，$\alpha_1\in V_1,\alpha_2\in V_1^{\perp}$.若定义 $T(\alpha)=T(\alpha_1+\alpha_2)=$

α_1,则 T 是正交投影,且 $R(T)=V_1, N(T)=V_1^{\perp}$.

下面讨论正交投影的矩阵特性.设投影 T 的矩阵是 A,则 $A^2=A$.如果 A 还是 Hermite 的,即 $A=A^H$,则 T 是正交投影.事实上,由 $A^2=A$ 知,A 是沿 $N(A)$ 到 $R(A)$ 上的投影,且 $\mathbf{C}^n=R(A)\oplus N(A)$.现证明由 $A=A^H$ 推出 $R(A)$ 和 $N(A)$ 互为正交补.为此,设 $x\in N(A)$,$y\in R(A)$,则

$$(x,y)=(x,Ay)=(A^Hx,y)=(Ax,y)=(0,y)=0,$$

因此,$R^{\perp}(A)=N(A)$.

反之,如果 $A^2=A$,且 $R^{\perp}(A)=N(A)$.于是,对一切 $x\in V_n(\mathbf{C})$ 及 $y\in R^{\perp}(A)=N(A)$,有 $0=(y,Ax)=(A^Hy,x)$,即 $A^Hy=0$.从而得知 $y\in N(A^H)$,$A=A^H$.

综上讨论,得到

定理 7 设 $A\in\mathbf{C}^{n\times n}$,$A^2=A$,则下列命题等价:

(1) A 是 $\mathbf{C}^n$ 上的正交投影;

(2) $A=A^H$;

(3) $\mathbf{C}^n=R(A)\oplus N(A)$,$R^{\perp}(A)=N(A)$.

§9 Kronecker 乘积

矩阵之间的 Kronecker 积是一种新的矩阵运算,最初起源于群论,物理上用来研究粒子理论.现在,用它研究矩阵方程,有时表示起来十分简洁,研究矩阵微分运算时也要用到它.

一、基本概念

定义 1 设 $A=(a_{ij})\in P^{m\times n}$,$B=(b_{ij})\in P^{p\times q}$,则

$$A\otimes B=\begin{pmatrix} a_{11}B & a_{12}B & \cdots & a_{1n}B \\ a_{21}B & a_{22}B & \cdots & a_{2n}B \\ \vdots & & & \vdots \\ a_{m1}B & a_{m2}B & \cdots & a_{mn}B \end{pmatrix}$$

称为矩阵 A 与 B 的 Kronecker 积(或直积,张量积).

定理 1 设 $A\in P^{m\times n}$,$B\in P^{p\times q}$,$C\in P^{r\times s}$,$D\in P^{k\times h}$,则

(1) 单位矩阵之积 $E_m\otimes E_n=E_{mn}$;

(2) 纯量积 $\lambda(A\otimes B)=(\lambda A)\otimes B=A\otimes(\lambda B)\quad\forall\lambda\in P$;

(3) 分配律 $(A+B)\otimes C=(A\otimes C)+(B\otimes C)$,

$$C\otimes(A+B)=(C\otimes A)+(C\otimes B);$$

(4) 结合律 $A\otimes(B\otimes C)=(A\otimes B)\otimes C$;

(5) 转置及共轭 $(A\otimes B)^{\mathrm{T}}=A^{\mathrm{T}}\otimes B^{\mathrm{T}}$, $\overline{(A\otimes B)}=\bar{A}\otimes\bar{B}$,

$(A\otimes B)^{H}=A^{H}\otimes B^{H}$;

(6) 混合积 当$n=r,q=k$时,有

$$(A\otimes B)(C\otimes D)=(AC)\otimes BD;$$

(7) 逆 当 $m=n,p=q$ 时,且 A^{-1},B^{-1}存在,则

$$(A\otimes B)^{-1}=A^{-1}\otimes B^{-1};$$

(8) 迹 当 $m=n,p=q$ 时,有 $\mathrm{tr}(A\otimes B)=\mathrm{tr}\,A\cdot\mathrm{tr}\,B$;

(9) 秩 $\mathrm{rank}(A\otimes B)=\mathrm{rank}\,A\cdot\mathrm{rank}\,B$;

(10) 行列式 当 $m=n,p=q$ 时,有

$$\det(A\otimes B)=(\det A)^{p}(\det B)^{m}.$$

证 由定义容易证明(1)—(5),下面我们只证(6)—(10).

(6)
$$\begin{aligned}(A\otimes B)(C\otimes B)&=(a_{ij}B)(c_{jt}D)\\&=\left(\sum_{j=1}^{n}a_{ij}c_{jt}BD\right)\\&=((AC)_{it}BD)\\&=(AC)\otimes(BD).\end{aligned}$$

(7)由(6)得

$$(A\otimes B)(A^{-1}\otimes B^{-1})=(AA^{-1})\otimes(BB^{-1})=E_m\otimes E_p=E_{mp}$$

同理$(A^{-1}\otimes B^{-1})(A\otimes B)=E_{mp}$,故$(A\otimes B)^{-1}=A^{-1}\otimes B^{-1}$.

(8) $\mathrm{tr}(A\otimes B)=\sum\limits_{i=1}^{n}a_{ii}\sum\limits_{j=1}^{p}b_{jj}=\mathrm{tr}\,A\cdot\mathrm{tr}\,B.$

(9) 设 $\mathrm{rank}\,A=r,\mathrm{rank}\,B=s$,则存在可逆矩阵 $M\in P^{m\times m},N\in P^{n\times n},G\in P^{p\times p},Q\in P^{q\times q}$,使

$$A=M\begin{pmatrix}E_r&0\\0&0\end{pmatrix}N=MA_1N,$$

$$B=G\begin{pmatrix}E_s&0\\0&0\end{pmatrix}Q=GB_1Q,$$

则反复利用(6),得

$$\begin{aligned}A\otimes B&=(MA_1N)\otimes(GB_1Q)\\&=(M\otimes G)(A_1\otimes B_1)(N\otimes Q),\end{aligned}$$

据(7)知,$M\otimes G$ 与 $N\otimes Q$ 皆满秩,所以

$$\mathrm{rank}(A\otimes B)=\mathrm{rank}(A_1\otimes B_1),$$

而

$$A_1 \otimes B_1 = \begin{pmatrix} E_s & & & 0 \\ & \ddots & & \\ & & E_s & \\ 0 & & & 0 \end{pmatrix},$$

上面矩阵的右边,共有 r 个 E_s.因此有

$$\operatorname{rank}(A \otimes B) = \operatorname{rank} A \cdot \operatorname{rank} B.$$

(10) 因为 A,B 存在可逆矩阵 P 和 Q 有

$$A = P^{-1} \begin{pmatrix} \lambda_1 & & & * \\ & \lambda_2 & & \\ & & \ddots & \\ 0 & & & \lambda_m \end{pmatrix} P = P^{-1} J_1 P,$$

$$B = Q^{-1} \begin{pmatrix} \mu_1 & & & * \\ & \mu_2 & & \\ & & \ddots & \\ 0 & & & \mu_p \end{pmatrix} Q = Q^{-1} J_2 Q,$$

其中,J_1,J_2 均为约当标准形,λ_i 是 A 的特征值,μ_j 是 B 的特征值.反复利用(6),则得

$$\begin{aligned} A \otimes B &= (P^{-1} J_1 P) \otimes (Q^{-1} J_2 Q) \\ &= (P^{-1} \otimes Q^{-1})(J_1 \otimes J_2)(P \otimes Q) \\ &= (P \otimes Q)^{-1}(J_1 \otimes J_2)(P \otimes Q). \end{aligned}$$

由于 J_1,J_2 均为上三角矩阵,则 $J_1 \otimes J_2$ 也是上三角矩阵,而其对角线上的元素为 $\lambda_i,\mu_j (i=1,2,\cdots,m; j=1,2,\cdots,p)$.上式两边取行列式,得

$$\begin{aligned} \det(A \otimes B) &= \det(J_1 \otimes J_2) \\ &= \left(\prod_{j=1}^{p} \lambda_1 \mu_j\right)\left(\prod_{j=1}^{p} \lambda_2 \mu_j\right) \cdots \left(\prod_{j=1}^{p} \lambda_m \mu_j\right) \\ &= \left(\prod_{i=1}^{m} \lambda_i\right)^p \left(\prod_{j=1}^{p} \mu_j\right)^m \\ &= (\det A)^p (\det B)^m. \end{aligned}$$

证毕

利用定义 1 和定理 1,容易验证下述定理成立.

定理 2 (1) 当 $A=A^{\mathrm{T}}, B=B^{\mathrm{T}}$ 时,$A \otimes B$ 也是对称矩阵;当 $A=A^H, B=B^H$ 时,$A \otimes B$ 也是 Hermite 矩阵;

（2）$\bar{U}\in P^{n\times n}$，$\bar{V}\in P^{m\times m}$ 均为酉（正交）矩阵时，$\bar{U}\otimes\bar{V}$ 也是酉（正交）矩阵；

（3）若令 $A^{[0]}=1$（纯数），$A^{[1]}=A$，$A^{[k]}=\overbrace{A\otimes A\otimes\cdots\otimes A}^{k\text{个}}$，则 $(AB)^{[k]}=A^{[k]}B^{[k]}$.

例 1　设 H 是以 1 或 −1 为元素的 m 阶矩阵，它有

$$HH^{\mathrm{T}}=mE_m,$$

则称 H 为 m 阶 Hadamard 矩阵．设 H_m，H_n 分别为 m，n 阶 Hadamard 矩阵，则 $H_m\otimes H_n$ 是 mn 阶 Hadamard 矩阵.

证　由定理 1，有

$$\begin{aligned}(H_m\otimes H_n)(H_m\otimes H_n)^{\mathrm{T}}&=(H_m\otimes H_n)(H_m^{\mathrm{T}}\otimes H_n^{\mathrm{T}})\\&=H_mH_m^{\mathrm{T}}\otimes H_nH_n^{\mathrm{T}}=mE_m\otimes nE_n\\&=mn(E_m\otimes E_n)=mnE_{mn},\end{aligned}$$

所以，$H_m\otimes H_n$ 是 mn 阶 Hadamard 矩阵.

例 2　设有两个线性变换为

$$Az=x,\quad Bw=y,$$

其中，$A\in P^{m\times n}$，$B\in P^{p\times q}$．令 $u=x\otimes y$，$v=z\otimes w$，求 u 和 v 之间的线性变换.

解　应用定理 1(6)，得

$$x\otimes y=Az\otimes Bw=(A\otimes B)(z\otimes w),$$

于是 u 和 v 之间的线性变换是

$$(A\otimes B)v=u.$$

二、Kronecker 积的特征值

设有二元多项式：$P(x,y)=\sum_{i,j=1}^{k}c_{ij}x^iy^j$．若 $A\in\mathbf{C}^{m\times m}$，$B\in\mathbf{C}^{n\times n}$，则记

$$P(A,B)=\sum_{i,j=1}^{k}c_{ij}A^i\otimes B^j\in\mathbf{C}^{mn\times mn},$$

下面给出了 $P(A,B)$ 的特征值与 A、B 的特征值的关系.

定理 3（Stephanos）　设 $A\in\mathbf{C}^{m\times m}$ 的特征值是 $\lambda_r(r=1,2,\cdots,m)$，$B\in\mathbf{C}^{n\times n}$ 的特征值是 $\mu_k(k=1,2,\cdots,n)$，则 $P(A,B)$ 的特征值是 $P(\lambda_r,\mu_k)$，$1\leqslant r\leqslant m$，$1\leqslant k\leqslant n$.

证　设 $R^{-1}AR=J_1$，$Q^{-1}BQ=J_2$，J_1 和 J_2 是 Jordan 标准型；J_1^i 是以 λ_1^i，

$\cdots,\lambda_m^i$ 为对角线元的上三角阵；J_2^j 是以 $\mu_1^j,\cdots,\mu_n^j$ 为对角线元的上三角阵；从而 $J_1^i\otimes J_2^j$ 也是上三角阵，而其对角线元必是 $\lambda_r^i,\mu_k^j,1\leqslant r\leqslant m,1\leqslant k\leqslant n$. 因此，矩阵 $P(J_1,J_2)$ 是上三角阵且有对角线元 $P(\lambda_r,\mu_k)$，从而 $P(\lambda_r,\mu_k)$ 是 $P(J_1,J_2)$ 的特征值.

下面再证 $P(J_1,J_2)$ 和 $P(A,B)$ 有相同的特征值. 由定理 1(6) 得到

$$\begin{aligned}J_1^i\otimes J_2^j&=(R^{-1}A^iR)\otimes(Q^{-1}B^jQ)\\&=(R^{-1}\otimes Q^{-1})(A^i\otimes B^j)(R\otimes Q)\\&=(R\otimes Q)^{-1}(A^i\otimes B^j)(R\otimes Q),\end{aligned}$$

所以

$$P(J_1,J_2)=(R\otimes Q)^{-1}P(A,B)(R\otimes Q),$$

就证明了 $P(J_1,J_2)$ 和 $P(A,B)$ 相似，故二者有相同的特征值. 证毕

推论 1 设 $\lambda_r(r=1,2,\cdots,m)$ 是 $A\in\mathbf{C}^{m\times m}$ 的特征值，$x_r(r=1,\cdots,m)$ 是相应的特征向量；$\mu_k(k=1,\cdots,n)$ 是 $B\in\mathbf{C}^{n\times n}$ 的特征值，$y_k(k=1,\cdots,n)$ 是相应的特征向量，则 $A\otimes B$ 的 mn 个特征值是 $\lambda_r\mu_k$，对应的特征向量是 $x_r\otimes y_k,1\leqslant r\leqslant m,1\leqslant k\leqslant n$.

证 设 $Ax_r=\lambda_r x_r,By_k=\mu_k y_k$，其中，特征向量 x_r 和 y_k 都是列矩阵. 由定理 1(6)，

$$\begin{aligned}(A\otimes B)(x_r\otimes y_k)&=Ax_r\otimes By_k=\lambda_r x_r\otimes\mu_k y_k\\&=\lambda_r\mu_k(x_r\otimes y_k).\end{aligned}$$

故得证. 证毕

定义 2 设 $A\in\mathbf{C}^{m\times m},B\in\mathbf{C}^{n\times n}$，$A$ 与 B 的 Kronecker 和为

$$A\oplus_k B=A\otimes E_n+E_m\otimes B,$$

简称为 k 和.

定理 4 设 $\lambda_r(r=1,\cdots,m)$ 是 $A\in\mathbf{C}^{m\times m}$ 的特征值，$x_r(r=1,\cdots,m)$ 是相应的特征向量；$\mu_k(k=1,\cdots,n)$ 是 $B\in\mathbf{C}^{n\times n}$ 的特征值，$y_k(k=1,\cdots,n)$ 是相应的特征向量，则 $\lambda_r+\mu_k$ 是 $A\oplus_k B$ 的特征值，$x_r\otimes y_k$ 是对应的特征向量，$1\leqslant r\leqslant m,1\leqslant k\leqslant n$.

证 事实上

$$\begin{aligned}(A\oplus_k B)(x_r\otimes y_k)&=(A\otimes E_n)(x_r\otimes y_k)+(E_m\otimes B)(x_r\otimes y_k)\\&=(Ax_r\otimes y_k)+(x_r\otimes By_k)\\&=(\lambda_r+\mu_k)(x_r\otimes y_k).\end{aligned}$$

证毕

设 $m\times n$ 阶矩阵为

$$A=\begin{pmatrix} a_{11} & a_{12} & \cdots & a_{1n} \\ a_{21} & a_{22} & \cdots & a_{2n} \\ \vdots & & & \vdots \\ a_{m1} & a_{m2} & \cdots & a_{mn} \end{pmatrix},$$

记 A 的列为 $A_{c1},A_{c2},\cdots,A_{cn}$，记 A 的行的转置所成的列向量为 $A_{1r},A_{2r},\cdots,A_{mr}$.即

$$A_{cj}=\begin{pmatrix} a_{1j} \\ a_{2j} \\ \vdots \\ a_{mj} \end{pmatrix} \quad (j=1,2,\cdots,n),$$

$$A_{ir}=\begin{pmatrix} a_{i1} \\ a_{i2} \\ \vdots \\ a_{in} \end{pmatrix} \quad (i=1,2,\cdots,m),$$

于是有
$$A=(A_{c1}A_{c2}\cdots A_{cn})=(A_{1r}A_{2r}\cdots A_{mr})^{\mathrm{T}}. \tag{1-49}$$

定义 3 设 $m\times n$ 阶矩阵 $A=(A_{c1}A_{c2}\cdots A_{cn})$，

$$\operatorname{Vec} A=\begin{pmatrix} A_{c1} \\ A_{c2} \\ \vdots \\ A_{cn} \end{pmatrix},$$

则称 Vec 为向量化算符.

显然，Vec A 是 mn 维列向量，Vec 算符作用在 A 上，就是把 A 的列向量 A_{cj} 按照在 A 中排列的次序排成列向量.Vec 算符有下列性质：

性质 1 $\operatorname{Vec}(k_1A_1+k_2A_2)=k_1\operatorname{Vec} A_1+k_2\operatorname{Vec} A_2$.

性质 2 矩阵 $A_1,A_2,\cdots,A_k\in \mathbf{C}^{m\times n}$ 为线性无关的充要条件是 $\operatorname{Vec} A_1,\cdots,\operatorname{Vec} A_k$ 在 $\mathbf{C}^{m\times n}$ 中线性无关.

Vec 算符与 Kronecker 积之间的关系如下.

定理 5 设 $A\in\mathbf{C}^{m\times n},X\in\mathbf{C}^{n\times r},B\in\mathbf{C}^{r\times s}$，则
$$\operatorname{Vec}(AXB)=(B^{\mathrm{T}}\otimes A)\operatorname{Vec} X. \tag{1-50}$$

证 我们仅就 $A,X,B\in\mathbf{C}^{n\times n}$ 来证明，对于一般情形可以类似证明.

对 $j=1,2,\cdots,n$，列向量 $(AXB)_{cj}$ 能表示为

$$(AXB)_{cj}=\sum_{k=1}^{n} b_{kj}(AX)_{ck}=\sum_{k=1}^{n}(b_{kj}A)X_{ck},$$

因此

$$\begin{aligned}(AXB)_{cj} &= (b_{1j}Ab_{2j}A\cdots b_{nj}A)\,\mathrm{Vec}\ X\\ &= ((B_{cj})^{\mathrm T}\otimes A)\,\mathrm{Vec}\ X\\ &= ((B^{\mathrm T})_{jr}\otimes A)\,\mathrm{Vec}\ X.\end{aligned}$$

证毕

推论 1　设 $A\in\mathbf{C}^{m\times m}$，$B\in\mathbf{C}^{n\times n}$，$X\in\mathbf{C}^{m\times n}$，则

(1) $\mathrm{Vec}(AX)=(E_n\otimes A)\,\mathrm{Vec}\ X$；

(2) $\mathrm{Vec}(XB)=(B^{\mathrm T}\otimes E_m)\,\mathrm{Vec}\ X$；

(3) $\mathrm{Vec}(AX+XB)=((E_n\otimes A)+(B^{\mathrm T}\otimes E_m))\,\mathrm{Vec}\ X$.

例 3　已知矩阵方程

$$\begin{pmatrix}a_{11} & a_{12}\\ a_{21} & a_{22}\end{pmatrix}\begin{pmatrix}X_1 & X_3\\ X_2 & X_4\end{pmatrix}=\begin{pmatrix}C_{11} & C_{12}\\ C_{21} & C_{22}\end{pmatrix},$$

它可写成

$$AXE=C,$$

因

$$\mathrm{Vec}(AXE)=(E\otimes A)\,\mathrm{Vec}\ X=\mathrm{Vec}\ C,$$

故原方程可变成

$$\begin{pmatrix}a_{11} & a_{12} & 0 & 0\\ a_{21} & a_{22} & 0 & 0\\ 0 & 0 & a_{11} & a_{12}\\ 0 & 0 & a_{21} & a_{22}\end{pmatrix}\begin{pmatrix}X_1\\ X_2\\ X_3\\ X_4\end{pmatrix}=\begin{pmatrix}C_{11}\\ C_{21}\\ C_{12}\\ C_{22}\end{pmatrix},$$

即矩阵方程就变成了方程组.

一般，$A\otimes B\neq B\otimes A$. 由定理 3 和推论知，$A\otimes B$ 与 $B\otimes A$ 有相同的特征值，所以有相同的特征多项式. 除此，还有所谓"拟交换性".

定理 6（K 积的拟交换性）　设 $A\in\mathbf{C}^{m\times n}$，$B\in\mathbf{C}^{r\times s}$，则存在置换矩阵 $U_1\in\mathbf{C}^{mr\times mr}$ 和 $U_2\in\mathbf{C}^{ns\times ns}$，使得

$$A\otimes B=U_1(B\otimes A)U_2. \tag{1-51}$$

证　设 $X=(x_{ij})\in\mathbf{C}^{m\times n}$，$E_{ij}$ 是 $m\times n$ 型的矩阵，其 (i,j) 位置上是 1 而其他元皆为 0. 于是

$$X=\sum_{i,j}x_{ij}E_{ij},\quad X^{\mathrm T}=\sum_{i,j}x_{ij}E_{ij}^{\mathrm T},$$

$$\mathrm{Vec}\ X^{\mathrm T}=\sum_{i,j}x_{ij}\mathrm{Vec}\ E_{ij}^{\mathrm T}$$

$$=(\mathrm{Vec}\ E_{11}^{\mathrm{T}}\mathrm{Vec}\ E_{21}^{\mathrm{T}}\cdots\mathrm{Vec}\ E_{m1}^{\mathrm{T}}\cdots\mathrm{Vec}\ E_{mn}^{\mathrm{T}})\begin{pmatrix}x_{11}\\x_{21}\\\vdots\\x_{m1}\\\vdots\\x_{mn}\end{pmatrix}$$

$$=(\mathrm{Vec}\ E_{11}^{\mathrm{T}}\mathrm{Vec}\ E_{21}^{\mathrm{T}}\cdots\mathrm{Vec}\ E_{m1}^{\mathrm{T}}\cdots\mathrm{Vec}\ E_{mn}^{\mathrm{T}})\mathrm{Vec}\ X,$$

令置换矩阵为

$$U=(\mathrm{Vec}\ E_{11}^{\mathrm{T}}\mathrm{Vec}\ E_{21}^{\mathrm{T}}\cdots\mathrm{Vec}\ E_{m1}^{\mathrm{T}}\cdots\mathrm{Vec}\ E_{mn}^{\mathrm{T}}),$$

则

$$\mathrm{Vec}\ X^{\mathrm{T}}=U\mathrm{Vec}\ X,$$

再令 $AXB^{\mathrm{T}}=Y$,转置后得 $BX^{\mathrm{T}}A^{\mathrm{T}}=Y^{\mathrm{T}}$,从而由定理 5 推出

$$\mathrm{Vec}\ Y=(B\otimes A)\mathrm{Vec}\ X, \tag{1-52}$$

$$\mathrm{Vec}\ Y^{\mathrm{T}}=(A\otimes B)\mathrm{Vec}\ X^{\mathrm{T}}, \tag{1-53}$$

由前一段的证明知,存在 mr 阶置换矩阵 U_1 和 ns 阶置换矩阵 U_2,使

$$\mathrm{Vec}\ Y^{\mathrm{T}}=U_1\mathrm{Vec}\ Y, \tag{1-54}$$

$$\mathrm{Vec}\ X^{\mathrm{T}}=U_2\mathrm{Vec}\ X, \tag{1-55}$$

将式(1-54)、式(1-55)代入式(1-52)、式(1-53),得到

$$U_1(B\otimes A)\mathrm{Vec}\ X=(A\otimes B)U_2\mathrm{Vec}\ X,$$

由于 X 是任意矩阵,所以

$$A\otimes B=U_1(B\otimes A)U_2.$$

证毕

注意:U_1 和 U_2 只取决于 A 与 B 的行数和列数,U_1 和 U_2 的阶数分别是 $A\otimes B$ 的行数(mr)和列数(ns).

例 4 设

$$A=\begin{pmatrix}a_{11}&a_{12}&a_{13}\\a_{21}&a_{22}&a_{23}\end{pmatrix},\quad B=\begin{pmatrix}b_{11}&b_{12}\\b_{21}&b_{22}\end{pmatrix},$$

求 U_1 和 U_2,使式(1-51)成立.

解 $A\otimes B$ 是 4×6 型矩阵,故 $U_1\in\mathbf{C}^{4\times4}$,$U_2\in\mathbf{C}^{6\times6}$.由定理知

$$U_1=(\mathrm{Vec}\ E_{11}^{\mathrm{T}}\mathrm{Vec}\ E_{21}^{\mathrm{T}}\mathrm{Vec}\ E_{12}^{\mathrm{T}}\mathrm{Vec}\ E_{22}^{\mathrm{T}})$$

$$=\begin{pmatrix}1&0&0&0\\0&0&1&0\\0&1&0&0\\0&0&0&1\end{pmatrix},$$

$$U_2=(\mathrm{Vec}\ E_{11}^{\mathrm{T}}\mathrm{Vec}\ E_{21}^{\mathrm{T}}\mathrm{Vec}\ E_{12}^{\mathrm{T}}\mathrm{Vec}\ E_{22}^{\mathrm{T}}\mathrm{Vec}\ E_{13}^{\mathrm{T}}\mathrm{Vec}\ E_{23}^{\mathrm{T}})$$

$$=\begin{pmatrix}1&0&0&0&0&0\\0&0&1&0&0&0\\0&0&0&0&1&0\\0&1&0&0&0&0\\0&0&0&1&0&0\\0&0&0&0&0&1\end{pmatrix}.$$

三、Kronecker 积的应用

例 5 设 $A\in\mathbf{C}^{m\times m}$, $B\in\mathbf{C}^{n\times n}$, $D\in\mathbf{C}^{m\times n}$,解矩阵方程

$$AX+XB=D. \tag{1-56}$$

解 利用定理 5 及其推论,方程(1-56)化为

$$(E_n\otimes A+B^{\mathrm{T}}\otimes E_m)\operatorname{Vec}X=\operatorname{Vec}D,$$

或写为

$$(B^{\mathrm{T}}\oplus_k A)\operatorname{Vec}X=\operatorname{Vec}D,$$

令 $G=B^{\mathrm{T}}\oplus_k A$, $y=\operatorname{Vec}X$, $b=\operatorname{Vec}D$,则式(1-56)化为如下的标准形式

$$Gy=b, \tag{1-57}$$

方程(1-57)或方程(1-56),有唯一解的充要条件是 G 为满秩,即 G 的所有特征值不为零.根据定理 4,G 的特征值是 $\lambda_r+\mu_k$,其中,λ_r 和 μ_k 分别是 A 和 B 的特征值.因此式(1-56)有唯一解的充要条件是 $\lambda_r+\mu_k\neq 0$,即 A 和 $(-B)$ 没有公共的特征值.

若 A 和 $(-B)$ 有公共的特征值,则方程(1-56)有解的充要条件是 $\operatorname{rank}(G)=\operatorname{rank}(Gb)$.

例 6 设 A、$X\in\mathbf{C}^{n\times n}$,$\mu$ 是常数,解矩阵方程

$$AX-XA=\mu X. \tag{1-58}$$

利用定理 5 及推论,方程(1-58)可化为

$$Hy=\mu y, \tag{1-59}$$

其中,$H=E_n\otimes A-A^{\mathrm{T}}\times E_n$, $y=\operatorname{Vec}X$.齐次方程(1-59)有非零解 $y\neq 0$ 的充要条件是 $\det(\mu E-H)=0$,即 μ 是 H 的特征值.而 H 的特征值是$\lambda_r-\lambda_s$,其中,λ_r 和 λ_s 是 A 的特征值.所以方程(1-58)有非零解 X 的充要条件是 $\mu=\lambda_r-\lambda_s$, $1\leqslant r,s\leqslant n$.

例 7 设 A、B、D、$X\in\mathbf{C}^{n\times n}$,解矩阵方程

$$AXB=D. \tag{1-60}$$

利用定理 5,把方程化为

$$Hy=b, \tag{1-61}$$

其中，$H=B^{\mathrm{T}}\otimes A, y=\mathrm{Vec}\ X, b=\mathrm{Vec}\ D$.因此，可用例 5 的方法求解(1-61).

更一般的矩阵方程是

$$A_1XB_1+A_2XB_2+\cdots+A_sXB_s=D, \tag{1-62}$$

两边施以 Vec 运算后化为

$$Hy=b, \tag{1-63}$$

其中，$H=B_1^{\mathrm{T}}\otimes A_1+B_2^{\mathrm{T}}\otimes A_2+\cdots+B_s^{\mathrm{T}}\otimes A_s, y=\mathrm{Vec}\ X, b=\mathrm{Vec}\ D$.

习 题 一

1. 设 $a_1,a_2,\cdots,a_n$ 是互不相同的 n 个数，且

$$f_i=(x-a_1)\cdots(x-a_{i-1})(x-a_{i+1})\cdots(x-a_n)$$
$$(i=1,2,\cdots,n),$$

(1) 证明 $f_i(i=1,2,\cdots,n)$ 是 $P[x]_n$ 的一组基底；

(2) 取 $a_1,a_2,\cdots,a_n$ 是全体 n 次单位根，求由基底 $1,x,\cdots,x^{n-1}$ 到 $f_1,f_2,\cdots,f_n$ 的过渡矩阵.

2. 设 V_1,V_2 是线性空间 V 的两个非平凡子空间，证明：在 V 中存在 α 使 $\alpha\in V_1$，$\alpha\in V_2$同时成立.

3. 设 $f(x_1,x_2,\cdots,x_n)$ 是一个秩为 n 的二次型，证明：有 $\mathbf{R}^n$ 的一个 $\frac{1}{2}(n-|s|)$ 维子空间 V_1 存在(其中，s 为符号差数)，使对任何一个 $(x_1,x_2,\cdots,x_n)\in V_1$，有 $f(x_1,x_2,\cdots,x_n)=0$.

4. 设 $\varepsilon_1,\varepsilon_2,\cdots,\varepsilon_n$ 是线性空间 V 的一组基，T 是 V 上的线性变换.证明：T 可逆的充要条件是 $T\varepsilon_1,T\varepsilon_2,\cdots,T\varepsilon_n$ 线性无关.

5. 设 T 是线性空间 V 上的线性变换，如果 $T^{k-1}(\xi)\neq 0$，但 $T^k(\xi)=0$.求证，ξ，$T(\xi),\cdots,T^{k-1}(\xi)$ $(k>0)$线性无关.

6. (1) 设 λ_1,λ_2 是线性变换 T 的两个不同的特征值，ε_1、ε_2 是分别属于 λ_1、λ_2 的特征向量，证明：$\varepsilon_1+\varepsilon_2$ 不是 T 的特征向量；

(2) 证明：如果线性空间 V 中每一个非零向量都是线性变换 T 的特征向量，则 T 是数乘变换.

7. 设 V 是复数域上的 n 维线性空间，T_1,T_2 是 V 上的线性变换，且 $T_1T_2=T_2T_1$，证明：

(1) 如果 λ_0 是 T_1 的特征值，则 V_{λ_0}是 T_2 的不变子空间；

(2) T_1,T_2 至少有一个公共的特征向量.

8. 设 V 是复线性空间，而线性变换 T 在基底 $\varepsilon_1,\varepsilon_2,\cdots,\varepsilon_n$ 下的矩阵是一 Jordan

块.证明:

(1) V 中包含 ε_n 的不变子空间只有 V 本身;

(2) V 中任一不变子空间都包含 ε_1;

(3) V 不能分解成两个非平凡的不变子空间的直和.

9. 设 T 是线性空间 V 上的线性变换,证明:T 的行列式为零的充要条件是 T 以零作为一个特征值.

10. 如果 $T_1,T_2,\cdots,T_s$ 是线性空间 V 的 s 个两两不同的线性变换,则 V 中必存在向量 α,使 $T_1\alpha,T_2\alpha,\cdots,T_s\alpha$ 也两两不同.

11. 证明:反对称实矩阵的特征值是零或纯虚数.

12. 设 η 是欧氏空间中一单位向量,定义

$$T(\alpha)=\alpha-2(\eta,\alpha)\eta,$$

证明:(1) T 是正交变换,这样的正交变换称为镜面反射;

(2) T 是第二类的(即行列式为-1);

(3) 如果 n 维欧氏空间中,正交变换 T 以 1 作为一个特征值,且属于特征值 1 的特征子空间 V_1 的维数是 $n-1$,则 T 是镜面反射.

13. 设 A 是 n 阶实对称矩阵.证明:A 正定的充要条件是 A 的特征值全大于零.

14. 设 A 是 n 阶实矩阵.证明:存在正交矩阵及使 $Q^{-1}AQ$ 为三角矩阵的充要条件是 A 的特征值全是实数.

15. 设 A,B 都是实对称矩阵.证明:存在正交矩阵 Q 使 $Q^{-1}AQ=B$ 的充要条件是 A,B 的特征值全相同.

16. 证明:如果 T 是正交变换,则 T 的不变子空间的正交补也是 T 的不变子空间.

17. 设 A 是 n 阶实对称矩阵,且 $A^2=E$.证明:存在正交矩阵 Q,使得

$$Q^{-1}AQ=\begin{pmatrix} E_r & 0 \\ 0 & -E_{n-r} \end{pmatrix}.$$

18. 设 $f(x_1,\cdots,x_n)=X^HAX$ 是一实二次型,$\lambda_1,\lambda_2,\cdots,\lambda_n$ 是 A 的特征值,且 $\lambda_1\leqslant\lambda_2\leqslant\cdots\leqslant\lambda_n$.证明:对 $\forall X\in\mathbf{R}^n$,有

$$\lambda_1X^{\mathrm{T}}X\leqslant X^{\mathrm{T}}AX\leqslant\lambda_nX^{\mathrm{T}}X.$$

19. 设二次型 $f(x_1,\cdots,x_n)$ 的矩阵为 A,λ 是 A 的特征值.证明:存在 $\mathbf{R}^n$ 中的非零向量 $(\tilde{x}_1,\tilde{x}_2,\cdots,\tilde{x}_n)$,使

$$f(\tilde{x}_1,\tilde{x}_2,\cdots,\tilde{x}_n)=\lambda(\tilde{x}_1^2+\tilde{x}_2^2+\cdots+\tilde{x}_n^2).$$

20. 设 α,β 是欧氏空间中两个不同的单位向量.证明:存在一镜面反射 T,使 $T(\alpha)=\beta$.

21. 证明:n 维欧氏空间中任一正交变换都可以表成一系列镜面反射的乘积.

22. 设 A,B 是两个 n 阶实对称矩阵,且 B 是正定矩阵.证明:存在 n 阶实可逆矩阵 P,使

$$P^{\mathrm{T}}AP \quad 与 \quad P^{\mathrm{T}}BP$$

同时为对角形矩阵.

23. 设 $A\in \mathbf{C}^{n\times n}$, $x, y\in \mathbf{C}^{n}$, $(x,y)=x^{H}y$, 则

$$(Ax,y)=(x,A^{H}y).$$

24. 设 $A\in \mathbf{C}^{m\times n}$, 则

(1) $N(A)=N(A^{H}A)$, $N(A^{H})=N(AA^{H})$;

(2) $R(A)=R(AA^{H})$, $R(A^{H})=R(A^{H}A)$;

(3) $\operatorname{rank} A=\operatorname{rank} A^{H}A=\operatorname{rank} AA^{H}$.

25. 求证:方程 $A^{H}Ax=A^{H}b$, $\forall A\in \mathbf{C}^{m\times n}$, $\forall b\in \mathbf{C}^{m}$ 一定有解.

26. 设 $A\in \mathbf{C}^{n\times n}$ 是正交投影,则 A 的特征值非 0 即 1.

27. 若 $A=A^{H}=A^{2}\in \mathbf{C}^{n\times n}$, $\operatorname{rank} A=r$, 则存在酉阵 $U\in \mathbf{C}^{n\times n}$, 使得

$$U^{H}AU=\begin{pmatrix} E_r & 0 \\ 0 & 0 \end{pmatrix}.$$

第二章　向量与矩阵的范数

在线性代数计算方法中，为了描述迭代法的收敛性，需引进向量与矩阵的极限概念.当可逆矩阵的元素有微小误差时，如何估计其逆矩阵的误差，解决这些问题都需要对向量及矩阵的“大小”引进某种度量概念，而这种用来描述向量及矩阵“大小”的概念就称为向量或矩阵的范数，它们在理论与应用中都占有重要的地位.

本章将介绍向量与矩阵的范数及其性质，也将讨论算子范数和矩阵的测度，从而得到具体的线性赋范空间.

§1　向量的范数

向量范数是用来刻画向量大小的一种度量.实数的绝对值，复数的模，三维空间向量的长度，都是抽象范数概念的原型.上述的三个对象统一记为 x，衡量它们大小的量记为 $\|x\|$，显然它们都具有以下三条性质：

（1）正定性　$\|x\|\geqslant 0$，当且仅当 $x=0$ 时 $\|x\|=0$；

（2）齐次性　$\|\lambda x\|=|\lambda|\,\|x\|$，$\lambda$ 是标量；

（3）三角不等式　$\|x+y\|\leqslant\|x\|+\|y\|$.

事实上，有关向量长度的某些其他性质也可以从上述三条推导出来.在线性代数的内积空间中，就是把这三条性质作为公理来定义内积，从而用内积来定义向量的长度的.既然向量的范数是在更一般的意义上表示向量长度的量，所以数学上也把这三条性质作为公理来定义抽象向量的范数.

定义 1　设映射 $\|\cdot\|:\mathbf{C}^n\to\mathbf{R}$ 满足：

（1）正定条件　$\|x\|\geqslant 0$，当且仅当 $x=0$ 时 $\|x\|=0$；

（2）齐次条件　$\|\lambda x\|=|\lambda|\,\|x\|$，$\lambda\in\mathbf{C}$，$x\in\mathbf{C}^n$；

（3）三角不等式　$\|x+y\|\leqslant\|x\|+\|y\|$，$\forall\, x,y\in\mathbf{C}^n$，

则称映射 $\|\cdot\|$ 为 $\mathbf{C}^n$ 上向量 x 的范数.定义了范数的 $\mathbf{C}^n$ 又叫做一个线性赋范空间.

从定义 1 立刻推出向量范数的下列性质：

（1）零向量的范数是 0；

（2）$x\neq 0$ 时，$\left\|\frac{1}{\|x\|}x\right\|=1$；

（3）对任意 $x\in\mathbf{C}^n$，有 $\|-x\|=\|x\|$；

（4）对任意 $x,y\in\mathbf{C}^n$，有 $|\,\|x\|-\|y\|\,|\leqslant\|x-y\|$.

事实上有

$$\|0\|=\|0\cdot x\|=0\cdot\|x\|=0,$$

$$\left\|\frac{1}{\|x\|}x\right\|=\frac{1}{\|x\|}\|x\|=1,$$

$$\|-x\|=|-1|\cdot\|x\|=\|x\|,$$

$$\|x\|=\|x-y+y\|\leqslant\|x-y\|+\|y\|,$$

从而

$$\|x-y\|\geqslant\|x\|-\|y\|,$$

又

$$\|x-y\|=\|y-x\|\geqslant\|y\|-\|x\|,$$

那么

$$\|x\|-\|y\|\geqslant-\|x-y\|,$$

于是

$$|\,\|x\|-\|y\|\,|\leqslant\|x-y\|.$$

例 1 设 $x=(x_1,x_2,\cdots,x_n)^{\mathrm{T}}\in\mathbf{C}^n$，则

$$\|x\|_1=\sum_{i=1}^{n}|x_i|,$$

$$\|x\|_2=\left(\sum_{i=1}^{n}|x_i|^2\right)^{1/2},$$

$$\|x\|_\infty=\max_{1\leqslant i\leqslant n}|x_i|,$$

都是 $\mathbf{C}^n$ 上的向量范数.

证 易证 $\|x\|_1$，$\|x\|_\infty$ 是向量范数（证明留给读者），下面证明 $\|x\|_2$ 是向量范数.

事实上，对任意 $x=(x_1,x_2,\cdots,x_n)^{\mathrm{T}}$，$y=(y_1,y_2,\cdots,y_n)^{\mathrm{T}}$，由 Cauchy 不等式有

$$\begin{aligned}|x^Hy|^2&=|\bar{x}_1y_1+\bar{x}_2y_2+\cdots+\bar{x}_ny_n|^2\\&\leqslant(|x_1|^2+|x_2|^2+\cdots+|x_n|^2)\\&\quad(|y_1|^2+|y_2|^2+\cdots+|y_n|^2)\\&=\|x\|_2^2\|y\|_2^2,\end{aligned}$$

从而

$$\|x+y\|_2^2=\sum_{i=1}^{n}|x_i+y_i|^2=(x+y)^H(x+y)$$
$$=x^Hx+x^Hy+y^Hx+y^Hy$$
$$\leqslant|x^Hx|+|x^Hy|+|y^Hx|+|y^Hy|$$
$$\leqslant\|x\|_2^2+2\|x\|_2\|y\|_2+\|y\|_2^2$$
$$=(\|x\|_2+\|y\|_2)^2,$$

或

$$\|x+y\|_2\leqslant\|x\|_2+\|y\|_2,$$

即三角不等式成立,又 $\|x\|_2$ 满足正定条件、齐次条件是显然的,故 $\|x\|_2$ 是向量范数.

上述三种范数,可以看作下述 Hölder 范数(或 p 范数)

$$\|x\|_p=\left(\sum_{i=1}^{n}|x_i|^p\right)^{\frac{1}{p}},1\leqslant p<\infty$$

的特殊情形.为了证明 $\|x\|_p$ 是 $\mathbf{C}^n$ 上的向量范数,先做一些准备工作.

引理 1 若 u 和 v 是非负实数,p 和 q 是正实数,且满足条件 $p>1$ 和 $\frac{1}{p}+\frac{1}{q}=1$,则恒有不等式

$$uv\leqslant\frac{1}{p}u^p+\frac{1}{q}v^q. \tag{2-1}$$

证 因为矩形面积 uv 不超过两块曲边梯形面积 $\int_0^u u^{p-1}\mathrm{d}u$ 与 $\int_0^v v^{1/(p-1)}\mathrm{d}v$ 之和(如图 2-1 所示),即

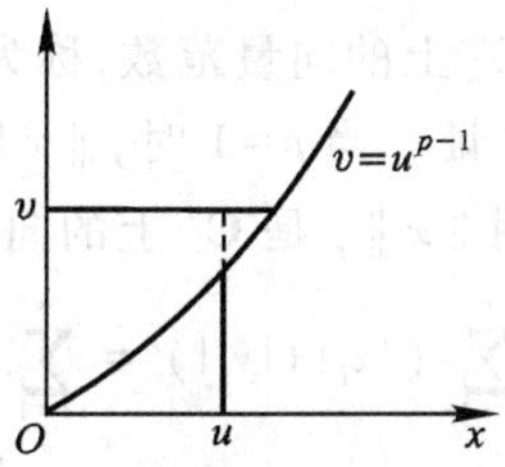

图 2-1

$$uv\leqslant\int_0^u u^{p-1}\mathrm{d}u+\int_0^v v^{1/(p-1)}\mathrm{d}v$$
$$=\frac{1}{p}u^p+\int_0^v v^{q/p}\mathrm{d}v$$
$$=\frac{1}{p}u^p+\left(\frac{q}{p}+1\right)^{-1}v^{(q/p)+1}$$
$$=\frac{1}{p}u^p+\frac{1}{q}v^q.$$

证毕

定理 1 (Hölder 不等式)若 $p,q>1$,且 $\frac{1}{p}+\frac{1}{q}=1$,则对 $\mathbf{C}^n$ 中任意向量 $x=(x_1,x_2,\cdots,x_n)^{\mathrm{T}},y=(y_1,y_2,\cdots,y_n)^{\mathrm{T}}$ 都有

$$\sum_{i=1}^{n}|x_i||y_i|\leqslant\left(\sum_{i=1}^{n}|x_i|^p\right)^{1/p}\left(\sum_{i=1}^{n}|y_i|^q\right)^{1/q}. \tag{2-2}$$

证 显然当 x,y 中至少有一个是零向量时,定理成立,故只就 x,y 都

不是零向量的情形证明本定理.令

$$u=\frac{|x_i|}{\|x\|_p},\quad v=\frac{|y_i|}{\|y\|_q},$$

从不等式(2-1)推出

$$\frac{|x_i||y_i|}{\|x\|_p\|y\|_q}\leqslant\frac{|x_i|^p}{p\|x\|_p^p}+\frac{|y_i|^q}{q\|y\|_q^q}\quad 1\leqslant i\leqslant n,$$

因此

$$\sum_{i=1}^n\frac{|x_i||y_i|}{\|x\|_p\|y\|_q}\leqslant\frac{1}{p\|x\|_p^p}\sum_{i=1}^n|x_i|^p+\frac{1}{q\|y\|_q^q}\sum_{i=1}^n|y_i|^q$$

$$=\frac{1}{p}+\frac{1}{q}=1,$$

即

$$\sum_{i=1}^n|x_i||y_i|\leqslant\|x\|_p\|y\|_q$$

$$=\left(\sum_{i=1}^n|x_i|^p\right)^{1/p}\left(\sum_{i=1}^n|y_i|^q\right)^{1/q}.$$

证毕

例 2　设 $x=(x_1,x_2,\cdots,x_n)^{\mathrm{T}}$,则

$$\|x\|_p=\left(\sum_{i=1}^n|x_i|^p\right)^{1/p},1\leqslant p<\infty$$

是 $\mathbf{C}^n$ 上的向量范数,称为 Hölder 范数.

证　当 $p=1$ 时,$\|x\|_p$ 是向量范数在例 1 中已说明.下面就 $1<p<\infty$ 证明 $\|x\|_p$ 是 $\mathbf{C}^n$ 上的向量范数.由 Hölder 不等式(2-2),有

$$\sum_{i=1}^n(|x_i|+|y_i|)^p=\sum_{i=1}^n|x_i|(|x_i|+|y_i|)^{p-1}$$

$$+\sum_{i=1}^n|y_i|(|x_i|+|y_i|)^{p-1}$$

$$\leqslant\left(\sum_{i=1}^n|x_i|^p\right)^{1/p}\left[\sum_{i=1}^n(|x_i|+|y_i|)^{(p-1)q}\right]^{1/q}$$

$$+\left(\sum_{i=1}^n|y_i|^p\right)^{1/p}\left[\sum_{i=1}^n(|x_i|+|y_i|)^{(p-1)q}\right]^{1/q}$$

$$=\left[\left(\sum_{i=1}^n|x_i|^p\right)^{1/p}+\left(\sum_{i=1}^n|y_i|^p\right)^{1/p}\right]\left[\sum_{i=1}^n(|x_i|+|y_i|)^{(p-1)q}\right]^{1/q},$$

由于 $(p-1)q=p$,故上面的不等式为

$$\left[\sum_{i=1}^n(|x_i|+|y_i|)^p\right]^{1/p}\leqslant\left(\sum_{i=1}^n|x_i|^p\right)^{1/p}+\left(\sum_{i=1}^n|y_i|^p\right)^{1/p},$$

又因

$$\left[\sum_{i=1}^{n}|x_i+y_i|^p\right]^{1/p}\leqslant\left[\sum_{i=1}^{n}(|x_i|+|y_i|)^p\right]^{1/p},$$

故

$$\|x+y\|_p\leqslant\|x\|_p+\|y\|_p,$$

即 $\|x\|_p$ 满足三角不等式,易证 $\|x\|_p$ 满足正定条件和齐次条件,所以 $\|x\|_p$ 是 $\mathbf{C}^n$ 上的向量范数.

不难看出:当 $p=1$ 时,$\|x\|_p$ 即 $\|x\|_1$;当 $p=2$ 时,$\|x\|_p$ 即 $\|x\|_2$;又易知

$$\begin{aligned}(\|x\|_\infty)^p&=(\max_i|x_i|)^p\leqslant\sum_{i=1}^{n}|x_i|^p\\&\leqslant n\max_i|x_i|^p=n\|x\|_\infty^p,\end{aligned}$$

从而得

$$\|x\|_\infty\leqslant\|x\|_p\leqslant n^{1/p}\|x\|_\infty\quad p\geqslant1,$$

于是有

$$\lim_{p\to+\infty}\|x\|_p=\|x\|_\infty,$$

这说明例 1 中的三种向量范数均是 Hölder 范数的特殊情形.并且 p 范数又表明,在 $\mathbf{C}^n$ 上的向量范数不唯一,随 p 的不同有无限多种向量范数.

例 3 在 $\mathbf{R}^n$(或 $\mathbf{C}^n$)中,若 $x=(x_1,x_2,\cdots,x_n)^{\mathrm{T}}$,

$$\|x\|_p=\left(\sum_{i=1}^{n}|x_i|^p\right)^{1/p}\quad 0<p<1,$$

由于它不满足定义 1 中的(3),故它不是 $\mathbf{R}^n$(或 $\mathbf{C}^n$)上的向量范数.如在 $\mathbf{R}^2$ 中,取 $x=(1,0)^{\mathrm{T}},y=(0,1)^{\mathrm{T}}$,则

$$\|x+y\|_{1/2}=4,\quad\|x\|_{1/2}=1,\quad\|y\|_{1/2}=1,$$

故 $\|\cdot\|_{1/2}$ 不是 $\mathbf{R}^2$ 上的向量范数.

例 4 设 $x\in\mathbf{R}^1$,若令 $\|x\|=x^2$,虽然它满足定义 1 中的(1),但不满足定义 1 中的(2),故它不是 $\mathbf{R}^1$ 中的范数.

下述定理指出,可以利用已知的范数去构造新的范数.

定理 2 设 $\|\cdot\|$ 是 $\mathbf{C}^m$ 上的范数,$A\in\mathbf{C}_n^{m\times n}$,则 $\|A\cdot\|$ 是 $\mathbf{C}^n$ 上的范数.

证 只需验证 $\|A\cdot\|$ 满足定义 1 中的(1),(2)与(3).

(1) $x\neq0\Rightarrow Ax\neq0\Rightarrow\|Ax\|>0$;

(2) $\|A(\lambda x)\|=\|\lambda Ax\|=|\lambda|\|Ax\|$;

(3) $\|A(x+y)\|=\|Ax+Ay\|\leqslant\|Ax\|+\|Ay\|$. 证毕

例 5 设 $A\in\mathbf{C}^{n\times n}$ 为 Hermite 正定矩阵,则

$$\| x \| = \sqrt{x^H A x}$$

是 $\mathbf{C}^n$ 上的向量范数.

证 根据 Hermite 正定阵的三角分解(第三章 §1 推论 3),$A = R^H R$,R 是正线上三角复矩阵.于是

$$\| x \| = \sqrt{x^H R^H R x} = \sqrt{(Rx)^H (Rx)}$$

$$= \sqrt{\| Rx \|_2^2} = \| Rx \|_2.$$

由定理 2 知 $\| x \| = \sqrt{x^H A x}$ 是 $\mathbf{C}^n$ 上的向量范数.

利用 n 维向量空间 $\mathbf{C}^n$ 与抽象的 n 维线性空间 $V_n(\mathbf{C})$ 的同构关系,设 $\varepsilon_1, \varepsilon_2, \cdots, \varepsilon_n$ 为 $V_n(\mathbf{C})$ 的标准正交基,$\alpha = (\varepsilon_1, \varepsilon_2, \cdots, \varepsilon_n) x \in V_n(\mathbf{C})$,$x = (x_1, x_2, \cdots, x_n)^{\mathrm{T}} \in \mathbf{C}^n$,则可定义 $\alpha \in V_n(\mathbf{C})$ 的 p 范数为

$$\| \alpha \|_p = \left(\sum_{i=1}^{n} | x_i |^p \right)^{1/p}, 1 \leqslant p \leqslant +\infty .$$

在 $V_n(\mathbf{C})$ 中引进的范数虽然也有无穷多种,且同一向量按不同规定算出的范数一般是不等的,但在不同的范数间仍然存在着重要的关系,为此先引入两个引理.

引理 2 设 $\varepsilon_1, \varepsilon_2, \cdots, \varepsilon_n$ 为数域 P 上的 n 维线性空间 $V_n(P)$ 的一组标准正交基,$x = (\varepsilon_1, \varepsilon_2, \cdots, \varepsilon_n) \tilde{x}$,$\tilde{x} = (x_1, x_2, \cdots, x_n)^{\mathrm{T}} \in P^n$,则 $V_n(P)$ 上的向量范数 $\| x \|$ 在闭球

$$S = \{ x \mid (\tilde{x}, \tilde{x})^{1/2} \leqslant 1 \}$$

上有界.

证 当 $x = (\varepsilon_1, \varepsilon_2, \cdots, \varepsilon_n) \tilde{x} \in S$ 时,则

$$(\tilde{x}, \tilde{x}) = \sum_{i=1}^{n} |x_i|^2 \leqslant 1,$$

所以,$|x_i| \leqslant 1 (i = 1, 2, \cdots, n)$,于是,若记 $\sum_{i=1}^{n} \| \varepsilon_i \| = M > 0$,则

$$\| x \| = \| \sum_{i=1}^{n} x_i \varepsilon_i \| \leqslant \sum_{i=1}^{n} |x_i| \, \| \varepsilon_i \| \leqslant \sum_{i=1}^{n} \| \varepsilon_i \| = M,$$

即 $\| x \|$ 在 S 上有界. 证毕

引理 3 设 $\| x \|$ 是 $V_n(P)$ 上的向量范数,则 $\| x \|$ 是关于 $\| x \|_2$ 的连续函数.

证 设 $\Delta \tilde{x} = (\Delta x_1, \Delta x_2, \cdots, \Delta x_n)^{\mathrm{T}} \in P^n$,且

$$\Delta x = (\varepsilon_1, \varepsilon_2, \cdots, \varepsilon_n) \Delta \tilde{x} \in V_n(P),$$

则由向量范数的性质(4)有

$$|\|x+\Delta x\|-\|x\||\leqslant\|\Delta x\|=\|\Delta x\|_2\left\|\frac{\Delta x}{\|\Delta x\|_2}\right\|,$$

由于$\frac{\Delta x}{\|\Delta x\|_2}\in S$,则知$\left\|\frac{\Delta x}{\|\Delta x\|_2}\right\|$有界(引理 2),又

$$\lim_{\Delta x\to\theta}\|\Delta x\|_2=0,$$

所以

$$\lim_{\Delta x\to\theta}|\|x+\Delta x\|-\|x\||=0,$$

故$\|x\|$是关于$\|x\|_2$的连续函数. 证毕

定义 2 设在$V_n(P)$上定义了$\|\cdot\|_a$,$\|\cdot\|_b$两种向量范数,若存在常数$C_1>0,C_2>0$,使得

$$\|x\|_a\leqslant C_1\|x\|_b,\quad \|x\|_b\leqslant C_2\|x\|_a,\quad \forall x\in V_n(P),\tag{2-3}$$

则称$V_n(P)$上的两个向量范数$\|\cdot\|_a$与$\|\cdot\|_b$等价.

显然,向量范数等价定义中的不等式(2-3),也可改写为存在正常数$0<m<M$,使

$$m\|x\|_a\leqslant\|x\|_b\leqslant M\|x\|_a.\tag{2-4}$$

定理 3 $V_n(P)$上的任意两个向量范数均等价.

证 设$\|\cdot\|_a$,$\|\cdot\|_b$为$V_n(P)$上的任两个向量范数,由引理 3 知,$\|\cdot\|_a$与$\|\cdot\|_b$均是$\|\cdot\|_2$的连续函数,则据连续函数的性质,对任意$\theta\neq x\in V_n(P)$,映射

$$\varphi(x)=\frac{\|x\|_a}{\|x\|_b}$$

是$S=\{x\mid(\tilde{x},\tilde{x})=1\}$上关于$\|x\|_2$的连续函数,又由于$S$是有界闭集,故$\varphi(x)$在$S$上有界,即存在常数$k_1>0$,使得

$$\varphi(x)\leqslant k_1,$$

即

$$\|x\|_a\leqslant k_1\|x\|_b$$

同理可证,存在常数$k_2>0$,使得

$$\|x\|_b\leqslant k_2\|x\|_a$$

因此,$V_n(P)$上的任意两个向量范数等价. 证毕

最后,作为应用,我们用向量范数来研究向量序列的收敛性.设$x^{(k)}=(x_1^{(k)},x_2^{(k)},\cdots,x_n^{(k)})^{\mathrm{T}}\in\mathbf{C}^n$,$k=1,2,\cdots$.如果

$$\lim_{k\to\infty}x_i^{(k)}=a_i\quad(i=1,2,\cdots,n),$$

则称向量序列$\{x^{(k)}\}$有极限 $a=(a_1,a_2,\cdots,a_n)^{\mathrm{T}}$，或称 $x^{(k)}$ 收敛于 a，即 $\lim\limits_{k\to\infty}x^{(k)}=a$，当且仅当$\lim\limits_{k\to\infty}x_i^{(k)}=a_i(i=1,2,\cdots,n)$.

我们也可以用向量范数定义向量序列的收敛性：

$$\lim_{k\to\infty}x^{(k)}=a\Leftrightarrow\lim_{k\to\infty}\|x^{(k)}-a\|=0.$$

下面的定理 4 将证明上述两种极限定义是等价的.在更抽象的领域中，用范数定义序列的极限往往更方便，至少它以研究一个数列$\{\|x^{(k)}-a\|\}$的极限代替了研究 n 个数列$\{x_i^{(k)}\}$的极限.

定理 4 设$\|\cdot\|$是 $\mathbf{C}^n$ 上的任一向量范数，a、$x^{(k)}\in\mathbf{C}^n$，则

$$\lim_{k\to\infty}x^{(k)}=a\Leftrightarrow\lim_{k\to\infty}\|x^{(k)}-a\|=0. \tag{2-5}$$

证 因为

$$\begin{aligned}\lim_{k\to\infty}x^{(k)}=a &\Leftrightarrow\lim_{k\to\infty}x_i^{(k)}=a_i,\quad 1\leqslant i\leqslant n\\ &\Leftrightarrow\lim_{k\to\infty}|x_i^{(k)}-a_i|=0,\quad 1\leqslant i\leqslant n\\ &\Leftrightarrow\lim_{k\to\infty}\max_{1\leqslant i\leqslant n}\{|x_i^{(k)}-a_i|\}=0\\ &\Leftrightarrow\lim_{k\to\infty}\|x^{(k)}-a\|_\infty=0,\end{aligned}$$

其次，由向量范数等价性定理 3 得到

$$m\|x^{(k)}-a\|_\infty\leqslant\|x^{(k)}-a\|\leqslant M\|x^{(k)}-a\|_\infty,$$

因此，当 $k\to\infty$ 时，$\lim\limits_{k\to\infty}\|x^{(k)}-a\|=\lim\limits_{k\to\infty}M\|x^{(k)}-a\|_\infty=0.$ 证毕

例 6 设 $a=(1,1,\cdots,1)^{\mathrm{T}}\in\mathbf{R}^n$，且

$$x^{(k)}=\left(1+\frac{1}{2^k},1+\frac{1}{3^k},\cdots,1+\frac{1}{(n+1)^k}\right)^{\mathrm{T}},$$

则

$$\lim_{k\to\infty}x^{(k)}=a.$$

证 由于

$$\begin{aligned}\lim_{k\to\infty}\|x^{(k)}-a\|_\infty&=\lim_{k\to\infty}\max_{1\leqslant i\leqslant n}\{|x_i^{(k)}-a_i|\}\\ &=\lim_{k\to\infty}\max_{1\leqslant i\leqslant n}\left\{\frac{1}{(i+1)^k}\right\}\\ &=\lim_{k\to\infty}\frac{1}{2^k}=0,\end{aligned}$$

由向量范数的等价关系可知，在$\|\cdot\|_\infty$意义下收敛，在其他任意向量范数意义下也一定收敛，所以有

$$\lim_{k\to\infty}x^{(k)}=a.$$

§2 矩阵的范数

把 P^n 上的范数推广到 $P^{m\times n}$ 上，便是 $P^{m\times n}$ 上的矩阵范数.

定义 1 设 $A\in P^{m\times n}$，若映射 $\|\cdot\|:P^{m\times n}\to\mathbf{R}$，且满足

(1) $\|A\|>0,\ \forall\, 0\neq A\in P^{m\times n}$；

(2) $\|\lambda A\|=|\lambda|\,\|A\|,\ \forall\,\lambda\in P,\ \forall\, A\in P^{m\times n}$；

(3) $\|A+B\|\leqslant\|A\|+\|B\|,\ \forall\, A,B\in P^{m\times n}$，

则称映射 $\|\cdot\|$ 为 $P^{m\times n}$ 上的矩阵范数.

同样矩阵范数有下列性质：

(1) 零矩阵的范数是 0；

(2) $A\neq 0$ 时，$\left\|\dfrac{1}{\|A\|}A\right\|=1$；

(3) 对 $\forall\, A\in P$，有 $\|-A\|=\|A\|$；

(4) 对 $\forall\, A,B\in P^{m\times n}$，有 $|\,\|A\|-\|B\|\,|\leqslant\|A-B\|$.

例 1 设 $A\in P^{m\times n}$，则

$$\|A\|_{m_1}=\sum_{j=1}^{n}\sum_{i=1}^{m}|a_{ij}|,$$

$$\|A\|_{m_2}=\Big(\sum_{j=1}^{n}\sum_{i=1}^{m}|a_{ij}|^2\Big)^{1/2},$$

$$\|A\|_{m_\infty}=\max_{i,j}\{|a_{ij}|\},\ 1\leqslant i\leqslant m,\ 1\leqslant j\leqslant n,$$

都是矩阵范数（范数 $\|\cdot\|$ 的下标 m 表示矩阵（matrix）的意思），且是向量范数 $\|\cdot\|_1,\|\cdot\|_2,\|\cdot\|_\infty$ 的自然推广.

注意到，如果把 $A\in P^{m\times n}$ 看作 P^{mn} 中的一个向量，则 $P^{m\times n}$ 上的任一矩阵范数，可以视为 P^{mn} 上的一个向量范数，因此上节有关向量范数的性质对矩阵范数也都成立，证明方法类似，并有：

定理 1 $P^{m\times n}$ 上的任意两个矩阵范数均等价.

对任何可乘的矩阵 A 和 B，如果矩阵范数 $\|\cdot\|$ 恒有不等式：

$$\|AB\|\leqslant\|A\|\,\|B\|, \tag{2-6}$$

则称该矩阵范数是相容的.

例 2 矩阵范数 $\|\cdot\|_{m_1}$ 和 $\|\cdot\|_{m_2}$ 均是相容的.

证 设 $A\in P^{m\times l},B\in P^{l\times n}$，则

$$\|AB\|_{m_1}=\sum_{j=1}^{n}\sum_{i=1}^{m}\Big|\sum_{k=1}^{l}a_{ik}b_{kj}\Big|$$

$$\leqslant \sum_{j=1}^{n}\sum_{i=1}^{m}\sum_{k=1}^{l}|a_{ik}||b_{kj}|$$

$$=\sum_{k=1}^{l}\left(\sum_{i=1}^{m}|a_{ik}|\sum_{j=1}^{n}|b_{kj}|\right)$$

$$\leqslant\left(\sum_{k=1}^{l}\sum_{i=1}^{m}|a_{ik}|\right)\left(\sum_{k=1}^{l}\sum_{j=1}^{n}|b_{kj}|\right)$$

$$=\|A\|_{m_1}\|B\|_{m_1},$$

$$\|AB\|_{m_2}=\left(\sum_{j=1}^{n}\sum_{i=1}^{m}\left|\sum_{k=1}^{l}a_{ik}b_{kj}\right|^2\right)^{1/2}$$

$$\leqslant\left[\sum_{j=1}^{n}\sum_{i=1}^{m}\left(\sum_{k=1}^{l}|a_{ik}||b_{kj}|\right)^2\right]^{1/2}$$

$$\leqslant\left[\sum_{j=1}^{n}\sum_{i=1}^{m}\left(\sum_{k=1}^{l}|a_{ik}|^2\right)\left(\sum_{k=1}^{l}|b_{kj}|^2\right)\right]^{1/2}$$

$$=\left(\sum_{i=1}^{m}\sum_{k=1}^{l}|a_{ik}|^2\right)^{1/2}\left(\sum_{k=1}^{l}\sum_{j=1}^{n}|b_{kj}|^2\right)^{1/2}$$

$$=\|A\|_{m_2}\|B\|_{m_2}.$$

例 3　对于 $A\in P^{n\times n}$,则

$$\|A\|_a=n\max_{i,j}\{|a_{ij}|\}\quad 1\leqslant i,j\leqslant n$$

是相容的矩阵范数.

证　$\|\cdot\|_a$ 是矩阵范数很显然,下面只证它的相容性.设 A、$B\in P^{n\times n}$,则

$$\|AB\|_a=n\max_{i,j}\left|\sum_{k=1}^{n}a_{ik}b_{kj}\right|$$

$$\leqslant n\max_{i,j}\left(\sum_{k=1}^{n}|a_{ik}||b_{kj}|\right)$$

$$\leqslant n\max_{i,j}n\max_{k}|a_{ik}||b_{kj}|$$

$$\leqslant n\max_{i,k}|a_{ik}|n\max_{k,j}|b_{kj}|$$

$$=\|A\|_a\|B\|_a,$$

当然,也有不相容的矩阵范数.

例 4　设 $A\in P^{m\times n}$,则矩阵范数

$$\|A\|_{m_\infty}=\max_{i,j}\{|a_{ij}|\}\quad 1\leqslant i\leqslant m\quad 1\leqslant j\leqslant n$$

是不相容的.

事实上,若

$$A=B=\begin{pmatrix}0&1\\1&1\end{pmatrix},$$

则

$$AB=\begin{pmatrix}0&1\\1&1\end{pmatrix}^2=\begin{pmatrix}1&1\\1&2\end{pmatrix},$$

故

$$\|AB\|_{m_\infty}=2,\quad \|A\|_{m_\infty}\|B\|_{m_\infty}=1,$$

不等式(2-6)不成立,所以 $\|\cdot\|_{m_\infty}$ 是不相容的.

例 5 设 $A\in P^{m\times n}$,则矩阵范数

$$\|A\|_b=\frac{1}{n}\sum_{j=1}^{n}\sum_{i=1}^{m}|a_{ij}|$$

是向量范数 $\|\cdot\|_1$ 的另一个推广,但不相容.

因为,若

$$A=\begin{pmatrix}1&1\\0&1\end{pmatrix},\quad B=\begin{pmatrix}1&0\\1&1\end{pmatrix},$$

则

$$AB=\begin{pmatrix}1&1\\0&1\end{pmatrix}\begin{pmatrix}1&0\\1&1\end{pmatrix}=\begin{pmatrix}2&1\\1&1\end{pmatrix},$$

故

$$\|AB\|_b=\frac{5}{2},\quad \|A\|_b\|B\|_b=\frac{3}{2}\times\frac{3}{2}=\frac{9}{4},$$

即

$$\|AB\|_b=\frac{5}{2}>\|A\|_b\|B\|_b.$$

具备相容性条件的范数在使用上是特别方便的.因此,特别地给出严格的一般定义.

定义 2 设 $\|\cdot\|_a:P^{m\times l}\to\mathbf{R}$,$\|\cdot\|_b:P^{l\times n}\to\mathbf{R}$ 和 $\|\cdot\|_c:P^{m\times n}\to\mathbf{R}$ 是矩阵范数.如果

$$\|AB\|_c\leqslant\|A\|_a\|B\|_b,\ \forall A\in P^{m\times l},\ \forall B\in P^{l\times n},\tag{2-7}$$

则称 $\|\cdot\|_a$,$\|\cdot\|_b$ 和 $\|\cdot\|_c$ 是相容的.特别地,如果

$$\|AB\|\leqslant\|A\|\,\|B\|,$$

则称 $\|\cdot\|$ 是自相容的矩阵范数,或简称 $\|\cdot\|$ 是相容的矩阵范数.以后不特别声明,均是指相容的矩阵范数.

在矩阵范数中,Frobenius 范数 $\|\cdot\|_{m_2}$ 用途最多,它具有下述性质.

定理 2 设 $A\in P^{n\times n}$,

(1) 若 $A=(\alpha_1,\alpha_2,\cdots,\alpha_n)$,则

$$\|A\|_F^2=\|A\|_{m_2}^2=\sum_{i=1}^{n}\|\alpha_i\|_2^2,$$

其中，$\|\alpha_i\|_2^2=\alpha_i^H\alpha_i$ 是 P^n 中的向量范数.

(2) $\|A\|_{m_2}^2=\mathrm{tr}(A^HA)=\sum\limits_{i=1}^{n}\lambda_i(A^HA).$

(3) 对任意的酉矩阵 U、$V\in P^{n\times n}$，有

$$\|A\|_{m_2}=\|U^HAV\|_{m_2}=\|UAV^H\|_{m_2}.$$

证 (1)、(2)显然；而

$$\begin{aligned}\|A\|_{m_2}^2&=\mathrm{tr}(A^HA)=\mathrm{tr}(AA^H)\\&=\mathrm{tr}(AVV^HA^H)=\mathrm{tr}[AV(AV)^H]\\&=\mathrm{tr}[V^HA^HAV]=\mathrm{tr}[V^HA^HUU^HAV]\\&=\|U^HAV\|_{m_2}^2,\end{aligned}$$

同理可证

$$\|A\|_{m_2}=\|UAV^H\|_{m_2}.$$ 证毕

推论 1 设 $A\in P^{n\times n}$，对任意酉矩阵 U、$V\in P^{n\times n}$，有

$$\|A\|_{m_2}=\|UA\|_{m_2}=\|AV\|_{m_2}=\|UAV\|_{m_2}$$

事实上，由定理 2 的(2)有

$$\|UA\|_{m_2}^2=\mathrm{tr}(A^HU^HUA)=\mathrm{tr}(A^HA)=\|A\|_{m_2}^2,$$

$$\|AV\|_{m_2}^2=\mathrm{tr}(AVV^HA^H)=\mathrm{tr}(AA^H)=\|A\|_{m_2}^2,$$

$$\begin{aligned}\|UAV\|_{m_2}^2&=\mathrm{tr}(V^HA^HU^HUAV)=\mathrm{tr}(V^HA^HAV)\\&=\mathrm{tr}(AVV^HA^H)=\mathrm{tr}(AA^H)=\|A\|_{m_2}^2.\end{aligned}$$

§3 算子范数

在矩阵理论中，矩阵 $A\in P^{m\times n}$ 除了可作为线性空间中的向量外，还可将它视为线性映射(或线性算子)$A:P^n\to P^m$，即

$$Ax\in P^m \qquad \forall x\in P^n,$$

若将向量 x 视为列矩阵，且矩阵范数 $\|\cdot\|_m$ 恒有不等式：

$$\|Ax\|_m\leqslant\|A\|_m\|x\|_m, \tag{2-8}$$

则如同 §2，我们称矩阵范数 $\|\cdot\|_m$ 是相容的，但矩阵范数与向量范数还是有差异的，若对不等式(2-8)中的 x 仍看作向量，而不等式(2-8)右边的 x 的范数也视为向量范数(记为 $\|x\|$)，则矩阵和向量各自取的范

数仍能使这个不等式成立吗？

一、算子范数

定义 1 设 $\|\cdot\|_a$ 是 P^n 上的向量范数，$\|\cdot\|_m$ 是 $P^{n\times n}$ 上的矩阵范数，且

$$\|Ax\|_a \leqslant \|A\|_m \|x\|_a, A\in P^{n\times n}, x\in P^n, \tag{2-9}$$

则称 $\|\cdot\|_m$ 为与向量范数 $\|\cdot\|_a$ 相容的矩阵范数.

例 1 设 $x\in P^n, A\in P^{n\times n}$，则

$$\|A\|_{m_1}=\sum_{j=1}^{n}\sum_{i=1}^{n}|a_{ij}|$$

是与向量范数 $\|\cdot\|_1$ 相容的矩阵范数.

证 已知 $\|A\|_{m_1}$ 是矩阵范数，故只需证它与 $\|\cdot\|_1$ 满足不等式 (2-9) 即可.

$$\begin{aligned}\|Ax\|_1 &= \sum_{i=1}^{n}\left|\sum_{k=1}^{n}a_{ik}x_k\right| \\ &\leqslant \sum_{i=1}^{n}\sum_{k=1}^{n}|a_{ik}||x_k| \leqslant \left(\sum_{i=1}^{n}\sum_{k=1}^{n}|a_{ik}|\right)\sum_{k=1}^{n}|x_k| \\ &= \|A\|_{m_1}\|x\|_1.\end{aligned}$$

例 2 设 $x\in P^n, A\in P^{n\times n}$，则 $\|A\|_{m_2}$ 是与 $\|x\|_2$ 相容的矩阵范数.

证 下面只证它与 $\|\cdot\|_2$ 满足不等式(2-9). 事实上，若令

$$A=\begin{pmatrix}A_1\\A_2\\\vdots\\A_n\end{pmatrix},$$

其中，A_i 为 A 的行向量，则

$$\begin{aligned}\|Ax\|_2^2 &= \sum_{i=1}^{n}|A_ix|^2=\sum_{i=1}^{n}|a_{i1}x_1+a_{i2}x_2+\cdots+a_{in}x_n|^2 \\ &\leqslant \sum_{i=1}^{n}\left(\sum_{j=1}^{n}|a_{ij}|^2\sum_{j=1}^{n}|x_j|^2\right) \\ &= \left(\sum_{i=1}^{n}\sum_{j=1}^{n}|a_{ij}|^2\right)\sum_{j=1}^{n}|x_j|^2 \\ &= \|A\|_{m_2}^2\|x\|_2^2,\end{aligned}$$

故

$$\| Ax \|_2 \leqslant \| A \|_{m_2} \| x \|_2.$$

对于任一向量范数,是否也存在与该向量范数相容的矩阵范数呢?下述定理给出了肯定的回答.

定理 1 设 $\| x \|_a$ 是 P^n 上的向量范数,$A \in P^{n\times n}$,则

$$\| A \|_a = \max_{x\neq\theta} \frac{\| Ax \|_a}{\| x \|_a} \left(= \max_{\| u \|_a = 1} \| Au \|_a \right) \tag{2-10}$$

是与向量范数 $\| x \|_a$ 相容的矩阵范数.称此矩阵范数为从属于向量范数 $\| x \|$ 的算子范数.

证 由 $\| A \|_a = \max\limits_{x\neq\theta} \frac{\| Ax \|_a}{\| x \|_a}$,知 $\| A \|_a \geqslant \frac{\| Ax \|_a}{\| x \|_a}$,故不等式(2-9)成立.下面证明 $\| A \|_a$ 的确是矩阵范数.

(1) 设 $A\neq 0$,则存在 $\theta\neq x_0 \in P^n$,使 $Ax_0 \neq 0$,由向量范数的定义知 $\| Ax_0 \|_a>0$, $\| x_0 \|_a>0$,于是

$$\| A \|_a \geqslant \frac{\| Ax_0 \|_a}{\| x_0 \|_a} > 0.$$

(2)
$$\| \lambda A \|_a = \max_{x\neq\theta} \frac{\| \lambda Ax \|_a}{\| x \|_a} = \max_{x\neq\theta} \frac{|\lambda| \| Ax \|_a}{\| x \|_a} = |\lambda| \max_{x\neq\theta} \frac{\| Ax \|_a}{\| x \|_a} = |\lambda| \| A \|_a.$$

(3)
$$\begin{aligned} \| A+B \|_a &= \max_{x\neq\theta} \frac{\| (A+B)x \|_a}{\| x \|_a} \\ &\leqslant \max_{x\neq\theta} \frac{\| Ax \|_a + \| Bx \|_a}{\| x \|_a} \\ &\leqslant \max_{x\neq\theta} \frac{\| Ax \|_a}{\| x \|_a} + \max_{x\neq\theta} \frac{\| Bx \|_a}{\| x \|_a} \\ &= \| A \|_a + \| B \|_a. \end{aligned}$$

证毕

推论 1 设 $\| x \|_a$ 是 P^n 上的向量范数,$A,B \in P^{n\times n}$, $\| A \|_a$ 是从属于 $\| x \|_a$ 的算子范数,则它是相容的矩阵范数,即

$$\| AB \|_a \leqslant \| A \|_a \| B \|_a.$$

事实上,因为

$$\begin{aligned} \| AB \|_a &= \max_{x\neq\theta} \frac{\| ABx \|_a}{\| x \|_a} \\ &\leqslant \max_{x\neq\theta} \frac{\| A \|_a \| Bx \|_a}{\| x \|_a} \\ &\leqslant \| A \|_a \max_{x\neq\theta} \frac{\| Bx \|_a}{\| x \|_a} \end{aligned}$$

$$= \| A \|_a \| B \|_a.$$

对于一个给定的向量范数 $\| x \|_a$，与之相容的所有矩阵范数 $\| A \|$ 都满足不等式

$$\| Ax \|_a \leqslant \| A \| \, \| x \|_a, \quad \forall x \in P^n,$$

所以

$$\frac{\| Ax \|_a}{\| x \|_a} \leqslant \| A \|, \quad \forall \theta \neq x \in P^n,$$

即

$$\| A \|_a = \max_{x \neq \theta} \frac{\| Ax \|_a}{\| x \|_a} \leqslant \| A \|,$$

故算子范数 $\| A \|_a$ 是所有与 $\| x \|_a$ 相容的矩阵范数中最小的一个.

以上讨论了当给定向量范数和矩阵时，就能由定理 1 确定与给定的向量范数相容的矩阵范数，反之，当给定矩阵范数时，能否找到与其相容的向量范数？下面的定理作出了肯定的回答.

定理 2 设 $\| \cdot \|_m$ 是相容的矩阵范数，则存在向量范数 $\| x \|$，使

$$\| Ax \| \leqslant \| A \|_m \| x \|.$$

证 任给 $\theta \neq a \in P^n$，定义

$$\| x \| = \| x a^H \|_m, \quad \forall x \in P^n,$$

由于 $a \neq \theta$，故只要 $x \neq \theta$，就有 $x a^H \neq 0$，从而

$$\| x \| > 0, \quad \forall x \neq \theta.$$

其次，$\forall \lambda \in P$，则

$$\| \lambda x \| = \| \lambda x a^H \|_m = |\lambda| \, \| x a^H \|_m = |\lambda| \, \| x \|,$$

如果再设 $y \in P^n$，则

$$\begin{aligned} \| x+y \| &= \| (x+y) a^H \|_m = \| x a^H + y a^H \|_m \\ &\leqslant \| x a^H \|_m + \| y a^H \|_m = \| x \| + \| y \|, \end{aligned}$$

故 $\| x \|$ 确是向量范数. 下面证明 $\| x \|$ 与 $\| A \|_m$ 相容.

因为

$$\| Ax \| = \| A x a^H \|_m \leqslant \| A \|_m \| x a^H \|_m = \| A \|_m \| x \|,$$

故 $\| x \| = \| x a^H \|_m$ 与 $\| \cdot \|_m$ 相容. 证毕

例 3 取 $a = \varepsilon_1 = (1, 0, \cdots, 0)^{\mathrm{T}}$，$x = (x_1, x_2, \cdots, x_n)^{\mathrm{T}} \in P^n$，则

$$\| x \| = \| x a^H \|_{m_2} = \left\| \begin{pmatrix} x_1 & 0 & 0 & \cdots & 0 \\ x_2 & 0 & 0 & \cdots & 0 \\ \vdots & & & & \vdots \\ x_n & 0 & 0 & \cdots & 0 \end{pmatrix} \right\|_{m_2}$$

$$=\left(\sum_{i=1}^{n}|x_i|^2\right)^{1/2}=\|x\|_2,$$

就是与 $\|A\|_{m_2}$ 相容的向量范数.

相容的矩阵范数还有一个重要的性质,即

定理 3 如果 $\|\cdot\|_m:\mathbf{C}^{n\times n}\to\mathbf{R}$ 是一相容的矩阵范数,则对任一 $A\in\mathbf{C}^{n\times n}$,有

$$|\lambda_i|\leqslant\|A\|_m, \tag{2-11}$$

其中,λ_i 是 A 的特征值.

证 由定理 2,在 $\mathbf{C}^n$ 上存在与 $\|\cdot\|_m$ 相容的向量范数 $\|x\|$.若设 x 是 A 属于 λ_i 的特征向量,即 $Ax=\lambda_i x(x\in\mathbf{C}^n$ 且 $x\neq 0)$,则由

$$|\lambda_i|\,\|x\|=\|\lambda_i x\|=\|Ax\|\leqslant\|A\|_m\|x\|$$

和 $\|x\|>0$ 立即推出定理之结论. 证毕

二、算子范数的计算

算子范数的计算归结为求函数的约束极值.当向量的范数选得适当,是有可能计算出来的.一般情况下,从分析的角度来看一定存在(定理 1),但计算不是很容易的.下面给出几个特殊情况的算例.

例 4 从属于向量范数 $\|x\|_1=\sum\limits_{i=1}^{n}|x_i|$ 的算子范数为

$$\|A\|_1=\max_j\sum_{i=1}^{n}|a_{ij}|, \tag{2-12}$$

又称为列和范数.

证

$$\begin{aligned}\|Ax\|_1&=\sum_{i=1}^{n}\left|\sum_{j=1}^{n}a_{ij}x_j\right|\\&\leqslant\sum_{i=1}^{n}\sum_{j=1}^{n}|a_{ij}||x_j|=\sum_{j=1}^{n}\left(\sum_{i=1}^{n}|a_{ij}|\right)|x_j|\\&\leqslant\max_j\sum_{i=1}^{n}|a_{ij}|\sum_{j=1}^{n}|x_j|\\&=\|A\|_1\|x\|_1,\end{aligned}$$

故 $\|A\|_1$ 与 $\|x\|_1$ 相容.若令

$$\lambda=\sum_{i=1}^{n}|a_{is}|=\max_j\sum_{i=1}^{n}|a_{ij}|\quad 1\leqslant s\leqslant n,$$

记 $A=(\alpha_1,\alpha_2,\cdots,\alpha_n)$,则 $\lambda=\|\alpha_s\|_1$,又取

$$\varepsilon_s=(0,\cdots,0,1,0,\cdots,0)^{\mathrm{T}}\quad 1\leqslant s\leqslant n,$$

于是

$$\|A\boldsymbol{\varepsilon}_s\|_1=\|\boldsymbol{\alpha}_s\|_1=\lambda\|\boldsymbol{\varepsilon}_s\|_1,$$

故

$$\lambda=\max_{x\neq\theta}\frac{\|Ax\|_1}{\|x\|_1}=\max_j\sum_{i=1}^n|a_{ij}|=\|A\|_1,$$

因此，$\|A\|_1$ 为从属于 $\|x\|_1$ 的算子范数.

例 5 从属于 $\|x\|_\infty=\max_i|x_i|$ 的算子范数为

$$\|A\|_\infty=\max_i\sum_{j=1}^n|a_{ij}|, \tag{2-13}$$

又称为行和范数.

证

$$\begin{aligned}\|Ax\|_\infty&=\max_i\left|\sum_{k=1}^n a_{ik}x_k\right|\\&\leqslant\max_i\sum_{k=1}^n|a_{ik}||x_k|\\&\leqslant\left(\max_i\sum_{k=1}^n|a_{ik}|\right)\left(\max_k|x_k|\right)\\&=\|A\|_\infty\|x\|_\infty,\end{aligned}$$

即 $\|A\|_\infty$ 与 $\|x\|_\infty$ 相容.若令

$$\mu=\sum_{j=1}^n|a_{sj}|=\max_i\sum_{j=1}^n|a_{ij}|,1\leqslant s\leqslant n,$$

记 $a_{sj}=|a_{sj}|\mathrm{e}^{\mathrm{i}\theta_j}$，其中，$\theta_j\in R$，$j=1,2,\cdots,n$，$\mathrm{i}=\sqrt{-1}$，则令 $Z=(\mathrm{e}^{-\mathrm{i}\theta_1},\mathrm{e}^{-\mathrm{i}\theta_2},\cdots,\mathrm{e}^{-\mathrm{i}\theta_n})^{\mathrm{T}}$，有 $\|Z\|_\infty=1$，但

$$\|AZ\|_\infty\geqslant\left|\sum_{j=1}^n a_{sj}\mathrm{e}^{-\mathrm{i}\theta_j}\right|=\sum_{j=1}^n|a_{sj}|=\mu=\mu\|Z\|_\infty,$$

因此，$\|A\|_\infty$ 为从属于 $\|x\|_\infty$ 的算子范数.

定义 2 设 $A\in\mathbf{C}^{n\times n}$，则 $r(A)=\max_i|\lambda_i|$ 称为方阵 A 的谱半径.

例 6 设 $A\in P^{m\times n}$，则从属于 $\|x\|_2$ 的算子范数(又称为谱范数)为

$$\|A\|_2=\sqrt{r(A^HA)}. \tag{2-14}$$

证 因 A^HA 是 n 阶 Hermite 矩阵，故二次型

$$f(X)=X^H(A^HA)X=(AX)^H(AX)\geqslant0$$

是正定或半正定的.因此它的 n 个特征值都大于或等于 0，不妨设这 n 个特征值为

$$\lambda_1\geqslant\lambda_2\geqslant\cdots\geqslant\lambda_n\geqslant0,$$

且 X_i 是属于 $\lambda_i(i=1,2,\cdots,n)$ 的单位正交特征向量，则对于任意的 $u\in P^n$，且 $\|u\|_2=1$，u 可表示为

$$u=a_1X_1+a_2X_2+\cdots+a_nX_n,$$

所以

$$\|u\|_2^2=u^Hu=|a_1|^2+|a_2|^2+\cdots+|a_n|^2=1,$$
$$A^HAu=a_1\lambda_1X_1+a_2\lambda_2X_2+\cdots+a_n\lambda_nX_n,$$

即

$$\begin{aligned}\|Au\|_2^2&=(Au)^H(Au)=u^H(A^HAu)\\&=\lambda_1|a_1|^2+\lambda_2|a_2|^2+\cdots+\lambda_n|a_n|^2\\&\leqslant\lambda_1(|a_1|^2+|a_2|^2+\cdots+|a_n|^2)\\&=\lambda_1,\end{aligned}$$

故

$$\max_{\|u\|_2=1}\|Au\|_2\leqslant\sqrt{\lambda_1},$$

而对于 $u=X_1$，因为 $\|X_1\|_2=1$，则有

$$\|AX_1\|_2^2=X_1^HA^HAX_1=X_1^H\lambda_1X_1=\lambda_1,$$

或

$$\|AX_1\|_2=\sqrt{\lambda_1},$$

从而

$$\|A\|_2=\max_{\|u\|_2=1}\|Au\|_2=\sqrt{\lambda_1}=\sqrt{r(A^HA)},$$

即 $\|A\|_2$ 是从属于 $\|x\|_2$ 的算子范数.

三、谱范数

矩阵的谱范数 $\|A\|_2$ 不便计算，但它有许多很好的性质，在理论研究中经常用到，下述定理列举了它的若干性质.

定理 4　设 $A\in\mathbf{C}^{n\times n}$，则

(1) $\|A\|_2=\|A^H\|_2=\|A^{\mathrm{T}}\|_2=\|\bar{A}\|_2$.　　(2-15)

(2) $\|A^HA\|_2=\|AA^H\|_2=\|A\|_2^2$.　　(2-16)

(3) 对任何 n 阶酉阵 U 及 V 都有

$$\|UA\|_2=\|AV\|_2=\|UAV\|_2=\|A\|_2.\tag{2-17}$$

证　(1) 设 λ 是 A^HA 的特征值，且 $x\neq0$ 满足

$$A^HAx=\lambda x.$$

若 $\lambda=0$，则 A^HA 非满秩，从而 AA^H 也非满秩，所以 $\lambda=0$ 也是 AA^H 的特征值.

若 $\lambda\neq0$，则

$$A^H Ax=\lambda x,$$

从而

$$y=Ax\neq 0,$$

故

$$AA^H y=AA^H Ax=A(\lambda x)=\lambda Ax=\lambda y,$$

因此，λ 也是 AA^H 的特征值.

同理可证 AA^H 的任一特征值也是 $A^H A$ 的特征值，显然有

$$\|A\|_2=\sqrt{r(A^H A)}=\sqrt{r(AA^H)}=\|A^H\|_2,$$

此外由

$$|\lambda E-(A^{\mathrm{T}})^H A^{\mathrm{T}}|=|\lambda E-(AA^H)^{\mathrm{T}}|=|\lambda E-AA^H|,$$

立即得

$$\|A\|_2=\|A^H\|_2=\|A^{\mathrm{T}}\|_2,$$

则

$$\|A\|_2=\|A^H\|_2=\|(A^H)^{\mathrm{T}}\|_2=\|\bar{A}\|_2.$$

（2）由

$$\begin{aligned}\|A^H A\|_2^2&=r[(A^H A)^H(A^H A)]\\&=r[(A^H A)^2]=[r(A^H A)]^2,\end{aligned}$$

立即有

$$\|A^H A\|_2=r(A^H A)=\|A\|_2^2.$$

（3）由于

$$\begin{aligned}\|UA\|_2^2&=r[(UA)^H(UA)]=r(A^H U^H UA)\\&=r(A^H A)=\|A\|_2^2,\\ \|AV\|_2^2&=r[(AV)^H(AV)]=r(V^H A^H AV)\\&=r(V^{-1}A^H AV)=r(A^H A)=\|A\|_2^2,\end{aligned}$$

所以

$$\|UA\|_2=\|AV\|_2=\|A\|_2,$$

从而

$$\|UAV\|_2=\|AV\|_2=\|A\|_2.$$

证毕

定理 5 设 $A\in\mathbf{C}^{n\times n}$，则

$$\|A\|_2=\max_{\|x\|_2=\|y\|_2=1}|y^H Ax|,\tag{2-18}$$

$$\|A\|_2^2\leqslant\|A\|_1\|A\|_\infty.\tag{2-19}$$

证 （1）由于 Cauchy 不等式，有

$$|y^H Ax|\leqslant\|y\|_2\|Ax\|_2$$

$$\leqslant \|A\|_2\|x\|_2\|y\|_2=\|A\|_2,$$

故 $\|A\|_2$ 为 $\|Ax\|_2$ 的最大值,因此存在 $x_0\neq\theta$, $\|x_0\|_2=1$,使得

$$\|Ax_0\|_2=\|A\|_2>0,$$

取

$$y_0=\frac{Ax_0}{\|Ax_0\|_2},$$

则

$$|y_0^HAx_0|=\left|\frac{(Ax_0)^H}{\|Ax_0\|_2}Ax_0\right|=\|Ax_0\|_2=\|A\|_2,$$

所以得

$$\|A\|_2=\max_{\|x\|_2=\|y\|_2=1}|y^HAx|.$$

(2) 利用公式(2-14),有

$$\|A\|_2^2=r(A^HA),$$

由于算子范数是相容的矩阵范数(推论 1),因此由定理 3 可得

$$\|A\|_2^2=r(A^HA)\leqslant\|A^HA\|_1\leqslant\|A^H\|_1\|A\|_1,$$

由式(2-12)、式(2-13),立即可得

$$\|A\|_2^2=r(A^HA)\leqslant\|A^HA\|_1\leqslant\|A^H\|_1\|A\|_1$$
$$=\|A\|_\infty\|A\|_1.$$

证毕

四、广义算子范数

在定义 1 和定理 1 中,向量的范数 $\|x\|_a$ 与 $\|Ax\|_a$ 都是相同的.如果取不同的向量范数,就得到广义算子范数,为此,先引入以下定义.

定义 3 设 $\|\cdot\|_a$, $\|\cdot\|_b$ 均是 P^n 上的向量范数, $\|\cdot\|_{a,b}$是 $P^{n\times n}$ 上的矩阵范数,且

$$\|Ax\|_a\leqslant\|A\|_{a,b}\|x\|_b\qquad\forall A\in P^{n\times n}\quad\forall x\in P^n,$$

则称 $\|\cdot\|_{a,b}$是与向量范数 $\|\cdot\|_a$, $\|\cdot\|_b$ 相容的矩阵范数.

对于任一对向量范数,与它们相容的矩阵范数总是存在的,这就是下述定理.

定理 6 设 $\|\cdot\|_a$, $\|\cdot\|_b$ 均是 P^n 上的向量范数,且 $A\in P^{n\times n}$,则

$$\|A\|_{a,b}=\max_{x\neq\theta}\frac{\|Ax\|_a}{\|x\|_b}\left(=\max_{\|u\|_b=1}\|Au\|_a\right)\tag{2-20}$$

是与向量范数 $\|\cdot\|_a$, $\|\cdot\|_b$ 相容的矩阵范数.叫做 $P^{n\times n}$ 上的广义算子范数(或从属于 $\|\cdot\|_a$, $\|\cdot\|_b$ 的算子范数).

证 由式(2-20)立即得

$$\| Ax \|_a \leqslant \| A \|_{a,b} \| x \|_b \quad \forall A \in P^{n\times n} \quad \forall x \in P^n, \tag{2-21}$$

下面证明 $\| \cdot \|_{a,b}$ 满足矩阵范数的三个条件.

(1) 正定性

设 $A \neq 0$,必有 $x_0 \neq \theta$,使 $Ax_0 \neq \theta$,于是由上面不等式(2-21)知

$$0 < \| Ax_0 \|_a \leqslant \| A \|_{a,b} \| x_0 \|_b \Rightarrow \| A \|_{a,b} > 0.$$

(2) 齐次性

$\forall \lambda \in P$,有

$$\| \lambda A \|_{a,b} = \max_{\| u \|_b = 1} \| \lambda Au \|_a = \max_{\| u \|_b = 1} |\lambda| \| Au \|_a$$
$$= |\lambda| \| A \|_{a,b}.$$

(3) 三角不等式

$\forall A、B \in P^{n\times n}$, 设 u 满足 $\| u \|_b = 1$, 并且 $\| (A+B)u \|_a = \| A+B \|_{a,b}$则由式(2-21)知

$$\| A+B \|_{a,b} = \| (A+B)u \|_a \leqslant \| Au \|_a + \| Bu \|_a$$
$$\leqslant \| A \|_{a,b} \| u \|_b + \| B \|_{a,b} \| u \|_b$$
$$= \| A \|_{a,b} + \| B \|_{a,b}.$$

证毕

关于广义算子范数的相容性,有下述结果.

定理 7 设 $\| \cdot \|_a$, $\| \cdot \|_b$ 与 $\| \cdot \|_c$ 是 P^n 上的向量范数.如果按式(2-20)分别定义 $P^{n\times n}$ 上的算子范数 $\| \cdot \|_{a,b}$, $\| \cdot \|_{b,c}$, $\| \cdot \|_{a,c}$则有

$$\| AB \|_{a,c} \leqslant \| A \|_{a,b} \| B \|_{b,c}, \forall A,B \in P^{n\times n}.$$

证 设 $u \in P^n$, $\| u \|_c = 1$ 并且 $\| ABu \|_a = \| AB \|_{a,c}$,则由不等式(2-21)得出

$$\| AB \|_{a,c} = \| ABu \|_a = \| A(Bu) \|_a \leqslant \| A \|_{a,b} \| Bu \|_b$$
$$\leqslant \| A \|_{a,b} \| B \|_{b,c} \| u \|_c = \| A \|_{a,b} \| B \|_{b,c}.$$

证毕

当 $\| \cdot \|_a$, $\| \cdot \|_b$ 和 $\| \cdot \|_c$ 是 P^n 上的同一个向量范数,从定理 7 立即得到定理 1 的推论 1.

§4 酉不变范数

以下用 U_n 表示全体 $n\times n$ 酉阵的集合.

定义 1 设 $A \in \mathbf{C}^{m\times n}$,若映射 $\| \cdot \|: \mathbf{C}^{m\times n} \to \mathbf{R}$,且满足

(1) $A \neq 0 \Rightarrow \| A \| > 0$;

(2) $\| \lambda A \| = |\lambda| \| A \|, \forall \lambda \in \mathbf{C}$;

(3) $\|A+B\| \leqslant \|A\|+\|B\|, \forall A、B \in \mathbf{C}^{m \times n}$;

(4) $\|UAV\| = \|A\|, \forall U \in U_m, \forall V \in U_n$;

(5) $\|A\| = \|A\|_2, \forall A$ 满足 $\operatorname{rank} A=1$,

则称映射 $\|\cdot\|$ 为 $\mathbf{C}^{m \times n}$ 上的酉不变范数.

注意:定义 1 中的条件(5),等价于下述条件

(5)′ 若 $A=xy^H, x \in \mathbf{C}^m, y \in \mathbf{C}^n, x \neq 0, y \neq 0$,则

$$\|A\| = \|x\|_2 \|y\|_2,$$

其等价性证明如下:

(5)⇒(5)′.若 $\operatorname{rank} A=1$,则 A 的列向量只有一个是独立的,其余均是它的线性组合,即有 $A=xy^H$,其中,$x \in \mathbf{C}^m, y \in \mathbf{C}^n$,且 $x \neq 0, y \neq 0$.再由式(2-14),

$$\begin{aligned}\|A\|_2^2 &= r(A^H A) = \lambda_{\max}(A^H A) \\ &= \lambda_{\max}(yx^H xy^H) \\ &= \|x\|_2^2 \lambda_{\max}(yy^H) \\ &= \|x\|_2^2 \|y\|_2^2 \lambda_{\max}(u_1 u_1^H),\end{aligned}$$

其中,$u_1=(y^H y)^{-1/2} y$ 为 y 的单位向量.易知 $\lambda_{\max}(u_1 u_1^H)=1$,因而

$$\|x\|_2 \|y\|_2 = \|A\|_2, \tag{2-22}$$

故由(5)得

$$\|A\| = \|A\|_2 = \|x\|_2 \|y\|_2,$$

于是由(5)导出了(5)′.

(5)′⇒(5).若 $A=xy^H$,且 $x \neq 0, y \neq 0$,则

$$\operatorname{rank} A=1,$$

根据(5′)及式(2-22),立即推得(5)成立.

例 1 矩阵的谱范数 $\|\cdot\|_2$ 和 Frobenius 范数 $\|\cdot\|_{m_2}$ 是酉不变范数.

证 本节的定理 4,易知 $\|\cdot\|_2$ 是酉不变范数.由 §2 的推论 1,易知 $\|\cdot\|_{m_2}$ 满足定义 1 的(1)→(4),下面只证它也满足条件(5)(或(5)′).

事实上,当 $\operatorname{rank} A=1$ 时,由 $A=xy^H$ 得

$$\begin{aligned}\|A\|_{m_2}^2 &= \sum_{i=1}^m \sum_{j=1}^n |x_i \bar{y}_j|^2 \\ &= \sum_{i=1}^m \left[|x_i|^2 \sum_{j=1}^n |\bar{y}_j|^2\right] \\ &= \left(\sum_{i=1}^n |y_i|^2\right)\left(\sum_{i=1}^m |x_i|^2\right)\end{aligned}$$

$$= \|y\|_2^2 \|x\|_2^2,$$

故由式(2-22)知，当 rank $A=1$ 时，

$$\|A\|_{m_2} = \|A\|_2,$$

即 $\|\cdot\|_{m_2}$ 是酉不变范数.

例 2 $\|\cdot\|_1$ 与 $\|\cdot\|_\infty$ 不是酉不变范数.

证 取

$$A = \begin{pmatrix} 1 & 1 & 0 & \cdots & 0 \\ 0 & 0 & 0 & \cdots & 0 \\ \vdots & & & & \vdots \\ 0 & 0 & 0 & \cdots & 0 \end{pmatrix}_{m\times n},$$

由式(2-12)、式(2-14)得

$$\|A\|_1 = \max_j \sum_{i=1}^m |a_{ij}| = 1, \quad \|A\|_2 = \sqrt{r(A^H A)} = \sqrt{2},$$

即 $\|\cdot\|_1$ 不满足定义 1(5)，故 $\|\cdot\|_1$ 不是酉不变范数.

同理，取

$$A = \begin{pmatrix} 1 & 0 & 0 & \cdots & 0 \\ 1 & 0 & 0 & \cdots & 0 \\ 0 & 0 & 0 & \cdots & 0 \\ \vdots & & & & \vdots \\ 0 & 0 & 0 & \cdots & 0 \end{pmatrix}_{m\times n},$$

则由式(2-13)、式(2-14)得

$$\|A\|_\infty = \max_i \sum_{j=1}^n |a_{ij}| = 1, \quad \|A\|_2 = \sqrt{r(A^H A)} = \sqrt{2},$$

即 $\|\cdot\|_\infty$ 不满足定义 1(5)，故 $\|\cdot\|_\infty$ 不是酉不变范数.

定理 1 设 $A \in \mathbf{C}_r^{m\times n}$ 的正奇异值为 $\sigma_1, \sigma_2, \cdots, \sigma_r$，则

$$\|A\|_2 = \max_i \sigma_i, \quad \|A\|_{m_2} = \left(\sum_{i=1}^r \sigma_i^2\right)^{1/2}. \tag{2-23}$$

证 下一章即将证明，存在 m 阶酉矩阵 U 及 n 阶酉矩阵 V，使得奇异值分解为

$$A = U\begin{pmatrix} D_1 & 0 \\ 0 & 0 \end{pmatrix} V = UDV, \tag{2-24}$$

其中，$D_1 = \operatorname{diag}(\sigma_1, \sigma_2, \cdots, \sigma_r)$，$r = \operatorname{rank} A \leqslant \min(m,n)$，而 σ_i 是 A 的正奇异值，则对于 $\mathbf{C}^{m\times n}$ 上的任一酉不变范数 $\|\cdot\|$，由定义 1 的条件(4)，有

$$\|A\| = \|D\|.$$

根据例 1, $\|\cdot\|_2$ 和 $\|\cdot\|_{m_2}$ 均是酉不变范数,则由定义 1(4) 和公式(2-24)得

$$\|A\|_2=\|D\|_2=\sqrt{r(D^HD)}=\max_i\sigma_i,$$

$$\|A\|_{m_2}=\|D\|_{m_2}=\left(\sum_{i=1}^r\sigma_i^2\right)^{1/2}.$$ 证毕

可见,酉不变范数必是奇异值的函数.因此启发了一个问题:如何利用奇异值的一个函数类,去刻划矩阵的酉不变范数? Von Neumann 回答了这个问题.下面,我们不加证明的列出一些酉不变范数的重要性质.

定理 2 设 $A,B\in\mathbf{C}^{m\times n}$,它们的奇异值分别为 $\sigma_1\geqslant\sigma_2\geqslant\cdots\geqslant\sigma_n\geqslant 0$ 和 $\tau_1\geqslant\tau_2\geqslant\cdots\geqslant\tau_n\geqslant 0$.如果 $\sigma_i\leqslant\tau_i(i=1,2,\cdots,n)$,则在 $\mathbf{C}^{m\times n}$ 上的任一酉不变范数 $\|\cdot\|$.必有 $\|A\|\leqslant\|B\|$.

定理 3 设 $\|\cdot\|$ 为 $\mathbf{C}^{m\times n}$ 上的酉不变范数,则有

$$\|AB\|\leqslant\|A\|_2\|B\|,\quad\forall A\in\mathbf{C}^{m\times m},\forall B\in\mathbf{C}^{m\times n},$$

$$\|AB\|\leqslant\|A\|\ \|B\|_2,\quad\forall A\in\mathbf{C}^{m\times n},\forall B\in\mathbf{C}^{n\times n}.$$

定理 4 设 $\|\cdot\|$ 为 $\mathbf{C}^{m\times n}$ 上的酉不变范数,则

$$\|Ax\|_2\leqslant\|A\|\ \|x\|_2,\quad\forall A\in\mathbf{C}^{m\times n},\forall x\in\mathbf{C}^n,$$

$$\|A\|_2\leqslant\|A\|\leqslant r\|A\|_2,\quad\forall A\in\mathbf{C}^{m\times n},r=\min(m,n).$$

由定理 3、定理 4 立即得到

推论 1 如果 $\|\cdot\|$ 是 $\mathbf{C}^{n\times n}$ 上的酉不变范数,则它是相容矩阵范数,即

$$\|AB\|\leqslant\|A\|\ \|B\|,\quad\forall A,B\in\mathbf{C}^{n\times n}.$$

§5 矩阵的测度

与矩阵范数一样,在系统理论中,还有一个经常用到的量,称为矩阵的测度(measure).由于其定义与范数密切相关,所以在讨论微分方程解的稳定性,大范围平衡点的存在性和网络数值解误差的评价等方面,利用测度比利用范数将会得到更明显的结果.

定义 1 设 $A\in P^{n\times n}$, $\|\cdot\|$ 是给定的算子范数,若

$$\mu(A)=\lim_{h\to 0+}\frac{\|E_n+hA\|-1}{h}\tag{2-25}$$

存在,则称 $\mu(A)$ 为对应于 $\|\cdot\|$ 的 A 的测度.

由于 $\|E_n\|=1$,因此,式(2-25)可视为 $\|\cdot\|$ 在 E_n 点沿 A 方向的方向导数.其次,即使是同一矩阵 A,由于所给算子范数不同,测度 $\mu(A)$

的值亦可能不同,即$\mu(A)$是与一确定的$\|\cdot\|$相对应的.

例 1 算子范数$\|\cdot\|_1$与$\|\cdot\|_\infty$对应的矩阵测度分别为

$$\mu_1(A)=\max_j\left[\mathrm{Re}\ a_{jj}+\sum_{\substack{i=1\\i\neq j}}^{n}|a_{ij}|\right], \tag{2-26}$$

$$\mu_\infty(A)=\max_i\left[\mathrm{Re}\ a_{ii}+\sum_{\substack{j=1\\j\neq i}}^{n}|a_{ij}|\right]. \tag{2-27}$$

证 由定义

$$\begin{aligned}\mu_1(A)&=\lim_{h\to 0+}\frac{\|E_n+hA\|_1-1}{h}\\&=\lim_{h\to 0+}\frac{\max\limits_j\left[\sum\limits_{i=1}^{n}|\delta_{ij}+ha_{ij}|\right]-1}{h}\\&=\lim_{h\to 0+}\frac{\max\limits_j\left[|1+ha_{jj}|+h\sum\limits_{\substack{i=1\\i\neq j}}^{n}|a_{ij}|\right]-1}{h}\\&=\lim_{h\to 0+}\frac{\max\limits_j\left[1+h\mathrm{Re}\ a_{jj}+o(h)+h\sum\limits_{\substack{i=1\\i\neq j}}^{n}|a_{ij}|\right]-1}{h}\\&=\max_j\left[\mathrm{Re}\ a_{jj}+\sum_{\substack{i=1\\i\neq j}}^{n}|a_{ij}|\right],\end{aligned}$$

同理可证式(2-27)成立.

例 2 算子范数$\|A\|_2=\sqrt{r(A^HA)}$对应的矩阵测度为

$$\mu_2(A)=\max_i\lambda_i\left(\frac{A^H+A}{2}\right). \tag{2-28}$$

证 由定义

$$\begin{aligned}\mu_2(A)&=\lim_{h\to 0+}\frac{\|E_n+hA\|_2-1}{h}\\&=\lim_{h\to 0+}\frac{\sqrt{r[(E_n+hA^H)(E_n+hA)]}-1}{h}\\&=\lim_{h\to 0+}\frac{\sqrt{r\left[E_n+2h\dfrac{A^H+A}{2}+h^2A^HA\right]}-1}{h}\\&=\lim_{h\to 0+}\frac{\max\limits_i\left[1+h\lambda_i\left(\dfrac{A^H+A}{2}\right)+o(h)\right]-1}{h}\end{aligned}$$

$$=\max_i \lambda_i\left(\frac{A^H+A}{2}\right).$$

例 3 若 $A=A^H\in \mathbf{C}^{n\times n}$,则

$$\| A \|_2=\max_i|\lambda_i(A)|, \tag{2-29}$$

$$\mu_2(A)=\max_i \lambda_i(A), \tag{2-30}$$

$$-\mu_2(-A)=\min_i \lambda_i(A). \tag{2-31}$$

证 $\| A \|_2=\sqrt{r(A^HA)}=\sqrt{r(A^2)}=\max_i|\lambda_i(A)|$,

$$\mu_2(A)=\max_i \lambda_i\left(\frac{A^H+A}{2}\right)=\max_i \lambda_i(A),$$

$$\begin{aligned}-\mu_2(-A)&=-\max_i \lambda_i(-A)=-\max_i[-\lambda_i(A)]\\&=-[-\min_i \lambda_i(A)]=\min_i \lambda_i(A).\end{aligned}$$

矩阵的测度有下列性质:

定理 1 设 $A\in P^{n\times n}$,$\|\cdot\|$ 为算子范数,则

(1) $\mu(E_n)=1, u(-E_n)=-1, \mu(O)=0$;

(2) $\mu(aA)=a\mu(A), 0\leqslant a\in P$;

(3) $\mu(A+aE_n)=\mu(A)+a, \forall a\in P$;

(4) $\mu(A+B)\leqslant\mu(A)+\mu(B), \forall A,B\in P^{n\times n}$;

(5) $-\| A \|\leqslant-\mu(-A)\leqslant\mu(A)\leqslant\| A \|$;

(6) $-\mu(-A)\leqslant \mathrm{Re}\,\lambda_i(A)\leqslant\mu(A), 1\leqslant i\leqslant n$;

(7) $\| Ax \|\geqslant\max\{-\mu(-A),-\mu(A)\}\| x \|, \forall x\in P^n$.

证 (1),(2)由矩阵测度的定义显然成立;

(3) $$\begin{aligned}\mu(A+aE_n)&=\lim_{h\to0+}\frac{\| E_n+h(A+aE_n) \|-1}{h}\\&=\lim_{h\to0+}\frac{\left\| E_n+\dfrac{h}{1+ah}A \right\|-1+\left(1-\dfrac{1}{1+ah}\right)}{\dfrac{h}{1+ah}}\\&=\mu(A)+a.\end{aligned}$$

(4) $$\begin{aligned}\mu(A+B)&=\lim_{h\to0+}\frac{\| E_n+h(A+B) \|-1}{h}\\&=\lim_{h\to0+}\frac{\| (E_n+2hA)+(E_n+2hB) \|-2}{2h}\\&\leqslant\lim_{h\to0+}\left[\frac{\| E_n+2hA \|-1}{2h}+\frac{\| E_n+2hB \|-1}{2h}\right]\\&=\mu(A)+\mu(B).\end{aligned}$$

(5) 因为

$$\frac{\|E_n+hA\|-1}{h}+\frac{\|E_n-hA\|-1}{h}\geqslant\frac{2\|E_n\|-2}{h}=0,$$

所以

$$-\|A\|=\frac{-h\|A\|+1-1}{h}\leqslant-\frac{\|E_n-hA\|-1}{h}$$

$$\leqslant\frac{\|E_n+hA\|-1}{h}\leqslant\frac{\|E_n\|+h\|A\|-1}{h}=\|A\|,$$

因此定理 1(5) 成立.

(6) 设 $\varepsilon\in P^n$, $\|\varepsilon\|=1$ 且 $A\varepsilon=\lambda\varepsilon$, 则

$$\frac{\|E_n+hA\|-1}{h}=\frac{\|E_n+hA\|\ \|\varepsilon\|-1}{h}$$

$$\geqslant\frac{\|\varepsilon+hA\varepsilon\|-1}{h}=\frac{\|(1+h\lambda)\varepsilon\|-1}{h}$$

$$=\frac{|1+h\lambda|-1}{h}=\frac{1+h\mathrm{Re}\lambda(A)+o(h)-1}{h}$$

$$=\mathrm{Re}\ \lambda(A)+\frac{o(h)}{h},$$

于是由定义 1 得

$$\mu(A)\geqslant\mathrm{Re}\ \lambda(A),$$

并由此可知

$$-\mu(-A)\leqslant\mathrm{Re}\ \lambda(A).$$

(7) 因为

$$\|Ax\|=\frac{\|(E_n-hA)x-x\|}{h}$$

$$\geqslant\frac{\|x\|-\|(E_n-hA)x\|}{h}$$

$$\geqslant\frac{\|x\|-\|E_n-hA\|\ \|x\|}{h}$$

$$=-\frac{(\|E_n-hA\|-1)\|x\|}{h},$$

所以

$$\|Ax\|\geqslant-\mu(-A)\|x\|,$$

又由此可得

$$\|Ax\|=\|-Ax\|\geqslant-\mu(A)\|x\|,$$

故定理 1(7) 成立. 证毕

§6 范数的应用

一、矩阵逆的摄动

在实际问题的计算中,数字一般都带有某种误差,数字矩阵 $A=(a_{ij})$ 的每个元素 a_{ij} 通常也带有误差,即准确矩阵可写为

$$A+\delta A,$$

其中,δA 称为 A 的摄动矩阵,现在讨论下述问题:

(1) 若 A 可逆时,A 与 δA 满足什么条件时 $A+\delta A$ 也可逆.

(2) 当 $A+\delta A$ 也可逆时,A^{-1} 与 $(A+\delta A)^{-1}$ 的近似程度如何估计.

定义 1 设 A 是可逆矩阵,称

$$K_p(A)=\|A\|_p\|A^{-1}\|_p \tag{2-32}$$

是矩阵 A 相对矩阵范数 $\|\cdot\|_p$ 的条件数.

为书写方便,有时略去下标 p.我们将会看到,条件数 $K_p(A)$ 给出了由于摄动而引起结果的变化的灵敏度的度量.

定理 1 设 $A\in\mathbf{C}^{n\times n}$,$\|A\|_a$ 是从属于向量范数 $\|x\|_a$ 的算子范数,则当 $\|A\|_a<1$ 时,$E-A$ 是可逆的,且

$$\|(E-A)^{-1}\|_a\leqslant(1-\|A\|_a)^{-1}. \tag{2-33}$$

证 设 $x\in\mathbf{C}^n$ 为任一非零向量,则有

$$\begin{aligned}\|(E-A)x\|_a&=\|x-Ax\|_a\\&\geqslant\|x\|_a-\|Ax\|_a\\&\geqslant\|x\|_a-\|A\|_a\|x\|_a\\&=\|x\|_a(1-\|A\|_a)>0,\end{aligned}$$

故对 $\forall x\neq0$ 有 $(E-A)x\neq0$,即方程组

$$(E-A)x=0$$

无非零解,所以 $(E-A)$ 必可逆.又

$$(E-A)(E-A)^{-1}=E,$$

所以

$$(E-A)^{-1}=E+A(E-A)^{-1},$$

$$\begin{aligned}\|(E-A)^{-1}\|_a&=\|E+A(E-A)^{-1}\|_a\\&\leqslant\|E\|_a+\|A\|_a\|(E-A)^{-1}\|_a,\end{aligned}$$

由于 $\|E\|_a=1$,从而有

$$(1-\|A\|_a)\|(E-A)^{-1}\|_a\leqslant\|E\|_a=1,$$

或

$$\|(E-A)^{-1}\|_a \leqslant (1-\|A\|_a)^{-1}.$$ 证毕

定理 2 设 A 可逆，δA 为摄动矩阵，且 $\|A^{-1}\delta A\|_a<1$，则

(1) $A+\delta A$ 为可逆矩阵；

(2) $(A+\delta A)^{-1}=(E+F)A^{-1}$，其中，$\|F\|_a \leqslant \dfrac{\|A^{-1}\delta A\|_a}{1-\|A^{-1}\delta A\|_a}$；

(3) $$\frac{\|A^{-1}-(A+\delta A)^{-1}\|_a}{\|A^{-1}\|_a} \leqslant \frac{\|A^{-1}\delta A\|_a}{1-\|A^{-1}\delta A\|_a}. \tag{2-34}$$

证 (1) 因为

$$A+\delta A=A(E+A^{-1}\delta A),\quad \|A^{-1}\delta A\|_a<1,$$

根据定理 1，$E+A^{-1}\delta A$ 和 $A+\delta A$ 均为可逆矩阵.

(2) 因为

$$\begin{aligned}(A+\delta A)^{-1}&=(E+A^{-1}\delta A)^{-1}A^{-1}\\&=[E+(E+A^{-1}\delta A)^{-1}-E]A^{-1}\\&=(E+F)A^{-1},\end{aligned}$$

其中，$F=(E+A^{-1}\delta A)^{-1}-E$. 再由式(2-34)及定理 1，有

$$\begin{aligned}\|F\|_a&=\|(E+A^{-1}\delta A)^{-1}-E\|_a\\&=\|E-A^{-1}\delta A(E+A^{-1}\delta A)^{-1}-E\|_a\\&=\|A^{-1}\delta A(E+A^{-1}\delta A)^{-1}\|_a\\&\leqslant\|A^{-1}\delta A\|_a\|(E+A^{-1}\delta A)^{-1}\|_a\\&\leqslant\frac{\|A^{-1}\delta A\|_a}{1-\|A^{-1}\delta A\|_a}.\end{aligned}$$

(3) 由于

$$(A+\delta A)^{-1}=(E+F)A^{-1},$$

所以

$$\begin{aligned}A^{-1}-(A+\delta A)^{-1}&=-FA^{-1},\\ \|A^{-1}-(A+\delta A)^{-1}\|_a&=\|FA^{-1}\|_a\\&\leqslant\|F\|_a\|A^{-1}\|_a\\&\leqslant\frac{\|A^{-1}\|_a\|A^{-1}\delta A\|_a}{1-\|A^{-1}\delta A\|_a},\end{aligned}$$

从而

$$\frac{\|A^{-1}-(A+\delta A)^{-1}\|_a}{\|A^{-1}\|_a}\leqslant\frac{\|A^{-1}\delta A\|_a}{1-\|A^{-1}\delta A\|_a}.$$ 证毕

推论 1 设 $K(A)=\|A\|_a\|A^{-1}\|_a$ 是条件数，若

$\| A^{-1} \|_a \| \delta A \|_a<1$，则

$$\| F \|_a \leqslant \frac{K(A)\frac{\| \delta A \|_a}{\| A \|_a}}{1-K(A)\frac{\| \delta A \|_a}{\| A \|_a}},$$

$$\frac{\| A^{-1}-(A+\delta A)^{-1} \|_a}{\| A^{-1} \|_a} \leqslant \frac{K(A)\frac{\| \delta A \|_a}{\| A \|_a}}{1-K(A)\frac{\| \delta A \|_a}{\| A \|_a}}. \tag{2-35}$$

证 因为

$$\| A^{-1}\delta A \|_a \leqslant \| A^{-1} \|_a \| \delta A \|_a = K(A)\frac{\| \delta A \|_a}{\| A \|_a},$$

则有

$$\| F \|_a \leqslant \frac{\| A^{-1}\delta A \|_a}{1-\| A^{-1}\delta A \|_a} \leqslant \frac{K(A)\frac{\| \delta A \|_a}{\| A \|_a}}{1-K(A)\frac{\| \delta A \|_a}{\| A \|_a}},$$

$$\frac{\| A^{-1}-(A+\delta A)^{-1} \|_a}{\| A^{-1} \|_a} \leqslant \frac{\| A^{-1}\delta A \|_a}{1-\| A^{-1}\delta A \|_a} \leqslant \frac{K(A)\frac{\| \delta A \|_a}{\| A \|_a}}{1-K(A)\frac{\| \delta A \|_a}{\| A \|_a}}.$$

由推论 1 可以看出，若 $K(A) = \| A \|_a \| A^{-1} \|_a$ 的值愈大，则 $(A+\delta A)^{-1}$ 与 A^{-1} 的相对误差

$$\frac{\| A^{-1}-(A+\delta A)^{-1} \|_a}{\| A^{-1} \|_a}$$

就愈大，即 A 的很小摄动，也可能引起 A^{-1} 的很大偏差. $K(A)$ 较大的方阵 A 称为病态的，$K(A)$ 较小的矩阵 A 称为良态的.

例 1 设

$$A=\begin{pmatrix} 2 & 6 \\ 2 & 6.000\ 01 \end{pmatrix}, \quad \delta A=\begin{pmatrix} 0 & 0 \\ 0 & -0.000\ 02 \end{pmatrix},$$

计算可知

$$A^{-1}=\begin{pmatrix} 300\ 000.5 & -300\ 000 \\ -100\ 000 & 100\ 000 \end{pmatrix},$$

$$(A+\delta A)^{-1}=\begin{pmatrix} -299\ 999.5 & -300\ 000 \\ 100\ 000 & -100\ 000 \end{pmatrix},$$

由此看出，尽管摄动 δA 很小，但 A^{-1} 的偏差却很大，这是因为条件数 $K(A)=\|A\|_2\|A^{-1}\|_2\approx 8.9443\times 123.56\approx 1105$ 很大的原因.

推论 2 若 A 是酉矩阵，且 $\|\delta A\|_2<1$，则有

$$\|F\|_2\leqslant\frac{\|\delta A\|_2}{1-\|\delta A\|_2},$$

$$\frac{\|A^{-1}-(A+\delta A)^{-1}\|_2}{\|A^{-1}\|_2}\leqslant\frac{\|\delta A\|_2}{1-\|\delta A\|_2}. \tag{2-36}$$

证 因为 $A^{-1}=A^H$，且

$$\|A^{-1}\|_2=\|A^H\|_2=\|A\|_2=\sqrt{r(A^HA)}=\sqrt{r(E)}=1,$$

故

$$\|A^{-1}\delta A\|_2\leqslant\|A^{-1}\|_2\|\delta A\|_2=\|\delta A\|_2,$$

由定理 2 即得

$$\|F\|_2\leqslant\frac{\|A^{-1}\delta A\|_2}{1-\|A^{-1}\delta A\|_2}\leqslant\frac{\|\delta A\|_2}{1-\|\delta A\|_2},$$

$$\begin{aligned}\frac{\|A^{-1}-(A+\delta A)^{-1}\|_2}{\|A^{-1}\|_2}&=\|A^{-1}-(A+\delta A)^{-1}\|_2\\&\leqslant\frac{\|A^{-1}\delta A\|_2}{1-\|A^{-1}\delta A\|_2}\\&\leqslant\frac{\|\delta A\|_2}{1-\|\delta A\|_2}.\end{aligned}$$

二、线性方程组的摄动

设 A 是可逆矩阵，方程组

$$Ax=b \tag{2-37}$$

的解是 $x=A^{-1}b$. 由于解大型方程组时，消元过程中积累的舍入误差可能会严重影响解的精度，因此需要研究摄动方程组

$$(A+\delta A)(x+\delta x)=(b+\delta b) \tag{2-38}$$

的解，其中，δA，δx 和 δb 分别是 A，x 和 b 的摄动，并分析最终误差 δx 与摄动 δA 和 δb 之间的关系. 不特别申明，本节均设 $\|A\|_a$ 是与向量范数 $\|x\|_a$ 相容的算子范数.

定理 3 在方程组 $Ax=b$ 中，A 固定且可逆，令 $b\neq 0$ 且有小摄动，则解方程组

$$A(x+\delta x)=b+\delta b, \tag{2-39}$$

得

$$\frac{\|\delta x\|_a}{\|x\|_a}\leqslant K(A)\frac{\|\delta b\|_a}{\|b\|_a}, \tag{2-40}$$

其中，$K(A)=\|A\|_a\|A^{-1}\|_a$.

证　因为式(2-39)减 $Ax=b$ 得

$$\delta x=A^{-1}\delta b,$$

即

$$\|\delta x\|_a\leqslant\|A^{-1}\|_a\|\delta b\|_a,$$

又因 $\|b\|_a\leqslant\|A\|_a\|x\|_a$，则

$$\frac{1}{\|x\|_a}\leqslant\frac{\|A\|_a}{\|b\|_a},$$

上两式相乘得

$$\frac{\|\delta x\|_a}{\|x\|_a}\leqslant\|A\|_a\|A^{-1}\|_a\frac{\|\delta b\|_a}{\|b\|_a}=K(A)\frac{\|\delta b\|_a}{\|b\|_a}.$$ 证毕

由式(2-40)看出，当 $K(A)$ 很大时，解的相对误差对小摄动 δb 很灵敏，这时 A 是病态的.

例 2　方程组

$$\begin{pmatrix}0.505 & 0.495\\ 1 & 1\end{pmatrix}\begin{pmatrix}x_1\\ x_2\end{pmatrix}=\begin{pmatrix}1\\ 2\end{pmatrix}$$

的解 $x=(1,1)^{\mathrm T}$.设 $b=(1,2)^{\mathrm T}$ 有小摄动 $\delta b=(0,\varepsilon)^{\mathrm T}$，则方程组

$$\begin{pmatrix}0.505 & 0.495\\ 1 & 1\end{pmatrix}\begin{pmatrix}x_1\\ x_2\end{pmatrix}=\begin{pmatrix}1\\ 2\end{pmatrix}+\begin{pmatrix}0\\ \varepsilon\end{pmatrix}$$

的解是 $x=(1-49.5\varepsilon,1+50.5\varepsilon)^{\mathrm T}$.通过计算可得

$$A^{-1}=\begin{pmatrix}100 & -49.5\\ -100 & 50.5\end{pmatrix},$$

$$K(A)=301,\quad \frac{\|\delta x\|_1}{\|x\|_1}=50\varepsilon,\quad \frac{\|\delta b\|_1}{\|b\|_1}=\frac{\varepsilon}{3},$$

相对 $\frac{\|\delta b\|_1}{\|b\|_1}$ 而言，$K(A)$ 大得很多，所以 $\frac{\|\delta x\|_1}{\|x\|_1}$ 也很大，故方程组的解对 b 的小摄动 δb 是很灵敏的.

定理 4　在 $Ax=b$ 中，b 固定且非零，令可逆矩阵 A 有小摄动 δA，当 $\|A^{-1}\|_a\|\delta A\|_a<1$ 时，解方程

$$(A+\delta A)x=b, \tag{2-41}$$

得

$$\frac{\|\delta x\|_a}{\|x\|_a}\leqslant\frac{K(A)\dfrac{\|\delta A\|_a}{\|A\|_a}}{1-K(A)\dfrac{\|\delta A\|_a}{\|A\|_a}}. \tag{2-42}$$

证 由定理 2 知,当 $\|A^{-1}\delta A\|_a<1$ 时,$A+\delta A$ 可逆,故方程组

$$(A+\delta A)x=b$$

有唯一解,并记为 $x^*=x+\delta x$(其中,x 是 $Ax=b$ 的解).由定理 2 中 F 的定义及(2)的证明过程得

$$\begin{aligned}\delta x=x^*-x&=(A+\delta A)^{-1}b-A^{-1}b=(E+F)A^{-1}b-A^{-1}b\\&=(E+F-E)x=Fx,\\ \|\delta x\|_a&=\|Fx\|_a\leqslant\|F\|_a\|x\|_a.\end{aligned}$$

从而

$$\frac{\|\delta x\|_a}{\|x\|_a}\leqslant\|F\|_a\leqslant\frac{K(A)\dfrac{\|\delta A\|_a}{\|A\|_a}}{1-K(A)\dfrac{\|\delta A\|_a}{\|A\|_a}}.$$

证毕

例 3 设

$$A=\begin{pmatrix}2&6\\2&6.00001\end{pmatrix},\quad b=\begin{pmatrix}8\\8.00001\end{pmatrix},$$

则方程组 $Ax=b$ 的解为 $x=(1,1)^{\mathrm T}$.若 A,b 均有小摄动

$$\delta A=\begin{pmatrix}0&0\\0&-0.00002\end{pmatrix}\quad \delta b=\begin{pmatrix}0\\0.00001\end{pmatrix}$$

通过计算,方程组 $(A+\delta A)x^*=b+\delta b$ 的解 $x^*=(10,-2)^{\mathrm T}$.由此看出,A 和 b 虽然只有很小的摄动,但 $Ax=b$ 的解却产生了很大的偏差,因此有必要研究 δA 和 δb 同时对解的影响,即解的稳定性.

定理 5 设 A 可逆,$0\neq b\in\mathbf{C}^n$,$\|A^{-1}\|_a\|\delta A\|_a<1$,方程组 $Ax=b$ 的解是 x,则方程组 $(A+\delta A)(x+\delta x)=b+\delta b$ 有唯一解 $x+\delta x$,并且满足不等式

$$\frac{\|\delta x\|_a}{\|x\|_a}\leqslant\frac{K(A)}{r(A)}\left(\frac{\|\delta A\|_a}{\|A\|_a}+\frac{\|\delta b\|_a}{\|b\|_a}\right),\tag{2-43}$$

其中

$$K(A)=\|A\|_a\|A^{-1}\|_a,\quad r(A)=1-K(A)\frac{\|\delta A\|_a}{\|A\|_a}>0.$$

证 首先注意到

$$A+\delta A=A(E+A^{-1}\delta A),$$

其中,$\|A^{-1}\delta A\|_a\leqslant\|A^{-1}\|_a\|\delta A\|_a<1$,由定理 1 知,$E+A^{-1}\delta A$ 是可逆矩阵,从而 $A+\delta A$ 也是可逆矩阵.于是有

$$\|(A+\delta A)^{-1}\|_a=\|(E+A^{-1}\delta A)^{-1}A^{-1}\|_a$$

$$\leqslant \| (E+A^{-1}\delta A)^{-1} \|_a \| A^{-1} \|_a, \tag{2-44}$$

由$(E+A^{-1}\delta A)^{-1}=E-(E+A^{-1}\delta A)^{-1}A^{-1}\delta A$及$\| E \|_a=1$,得

$$\begin{aligned} \| (E+A^{-1}\delta A)^{-1} \|_a &\leqslant \| E \|_a+\| (E+A^{-1}\delta A)^{-1} \|_a \| A^{-1}\delta A \|_a \\ &\leqslant 1+\| (E+A^{-1}\delta A)^{-1} \|_a \| A^{-1} \|_a \| \delta A \|_a, \end{aligned}$$

即

$$\begin{aligned} \| (E+A^{-1}\delta A)^{-1} \|_a &\leqslant \frac{1}{1-\| A^{-1} \|_a \| \delta A \|_a} \\ &= \frac{1}{1-K(A)\dfrac{\| \delta A \|_a}{\| A \|_a}}=\frac{1}{r(A)}, \end{aligned} \tag{2-45}$$

故$r(A)>0$.又因$A+\delta A$可逆,因此方程组$(A+\delta A)(x+\delta x)=b+\delta b$有唯一解$x+\delta x$.为了证明估计式(2-43),令$B=A+\delta A$,则由$B(x+\delta x)=b+\delta b$,有

$$\begin{aligned} \delta x &= B^{-1}(b+\delta b)-x \\ &= B^{-1}b+B^{-1}\delta b-x \\ &= B^{-1}\delta b-x+A^{-1}[E-(A-B)A^{-1}]^{-1}b, \end{aligned}$$

利用恒等式$(E-M)^{-1}=E+(E-M)^{-1}M$,得到

$$\begin{aligned} \delta x &= B^{-1}\delta b-x+A^{-1}\{E+[E-(A-B)A^{-1}]^{-1}(A-B)A^{-1}\}b \\ &= B^{-1}\delta b-x+A^{-1}b+A^{-1}[E-(A-B)A^{-1}]^{-1}(A-B)A^{-1}b \\ &= B^{-1}\delta b+A^{-1}[E-(A-B)A^{-1}]^{-1}(A-B)x \\ &= [(B^{-1}-A^{-1})+A^{-1}]\delta b+A^{-1}[E-(A-B)A^{-1}]^{-1}(A-B)x, \end{aligned}$$

于是

$$\begin{aligned} \| \delta x \|_a \leqslant & (\| B^{-1}-A^{-1} \|_a+\| A^{-1} \|_a)\| \delta b \|_a \\ & +\| A^{-1} \|_a \| [E-(A-B)A^{-1}]^{-1} \|_a \| \delta A \|_a \| x \|_a, \end{aligned} \tag{2-46}$$

利用恒等式$B^{-1}-A^{-1}=A^{-1}(A-B)B^{-1}$

$$\begin{aligned} \| B^{-1}-A^{-1} \|_a &\leqslant \| A^{-1} \|_a \| A-B \|_a \| B^{-1} \|_a \\ &= \| A^{-1} \|_a \| \delta A \|_a \| (E+A^{-1}\delta A)^{-1}A^{-1} \|_a \\ &\leqslant \| A^{-1} \|_a^2 \| \delta A \|_a \| (E+A^{-1}\delta A)^{-1} \|_a \\ &\leqslant \frac{\| A^{-1} \|_a^2 \| \delta A \|_a}{1-\| A^{-1} \|_a \| \delta A \|_a}, \end{aligned} \tag{2-47}$$

又因

$$\begin{aligned} \| [E-(A-B)A^{-1}]^{-1} \|_a &= \| (BA^{-1})^{-1} \|_a \\ &= \| [(A+\delta A)A^{-1}]^{-1} \|_a \end{aligned}$$

$$
\begin{aligned}
&= \| [E+(\delta A)A^{-1}]^{-1} \|_a \\
&= \| \{E-[E+(\delta A)A^{-1}]^{-1}(\delta A)A^{-1}\} \|_a \\
&\leqslant \| E \|_a + \| [E+(\delta A)A^{-1}]^{-1} \|_a \cdot \| (\delta A)A^{-1} \|_a ,
\end{aligned}
$$

则有

$$
\begin{aligned}
&\| [E-(A-B)A^{-1}]^{-1} \|_a \\
\leqslant\, &1+ \| [E-(A-B)A^{-1}]^{-1} \|_a \| A^{-1} \|_a \| \delta A \|_a ,
\end{aligned}
$$

故

$$
\| [E-(A-B)A^{-1}]^{-1} \|_a \leqslant \frac{1}{1-\| A^{-1} \|_a \| \delta A \|_a} = \frac{1}{r(A)}. \tag{2-48}
$$

将式(2-47)和式(2-48)代入式(2-46)右端,导出

$$
\begin{aligned}
\| \delta x \|_a &\leqslant \frac{\| A^{-1} \|_a \| \delta b \|_a}{1-\| A^{-1} \|_a \| \delta A \|_a} + \frac{\| A^{-1} \|_a \| \delta A \|_a \| x \|_a}{r(A)} \\
&= \frac{\| A^{-1} \|_a}{r(A)} (\| \delta b \|_a + \| \delta A \|_a \| x \|_a).
\end{aligned}
$$

从而

$$
\begin{aligned}
\frac{\| \delta x \|_a}{\| x \|_a} &\leqslant \frac{\| A^{-1} \|_a}{r(A)} \left(\frac{\| \delta b \|_a}{\| x \|_a} + \| \delta A \|_a \right) \\
&= \frac{\| A \|_a \| A^{-1} \|_a}{r(A)} \left(\frac{\| \delta b \|_a}{\| A \|_a \| x \|_a} + \frac{\| \delta A \|_a}{\| A \|_a} \right) \\
&\leqslant \frac{K(A)}{r(A)} \left(\frac{\| \delta b \|_a}{\| b \|_a} + \frac{\| \delta A \|_a}{\| A \|_a} \right).
\end{aligned}
$$

证毕

因此,若矩阵 A 的条件数 $K(A)$ 很大,则求解过程中的舍入误差会对解的精度产生严重影响.故在方程组求解中,往往需要考虑如何通过相似变换,降低矩阵的条件数(即所谓“平衡”,或“预处理”).这是一个仍待进一步研究的问题.

习 题 二

1. 设 $a_1, a_2, \cdots, a_n$ 均为正数,$x \in \mathbf{C}^n$,且 $x=(x_1, x_2, \cdots, x_n)^{\mathrm{T}}$.证明函数

$$
f(x) = \left[\sum_{i=1}^{n} a_i |x_i|^2 \right]^{1/2}
$$

在 $\mathbf{C}^n$ 上定义了一个向量范数.

2. 证明:在 $\mathbf{R}^1$ 中任何向量范数 $\| x \|$,一定有

$$
\| x \| = \lambda |x| \qquad \lambda > 0.
$$

3. 设 $\| x \|$ 是 P^n 中的向量范数,$A \in P^{n\times n}$,则 $\| Ax \|$ 也是 P^n 中向量范数的充要条

件为 A 是可逆矩阵.

4. 证明

(1) $\| A \|_{m_2} = [\operatorname{tr}(A^H A)]^{1/2}$;

(2) $\| A \|_{m_2}$ 与 $\| x \|_2$ 是相容的;

(3) $\| A \|_a$ 与 $\| x \|_1$、$\| x \|_2$ 均相容;

(4) $\| AB \|_{m_2} \leqslant \min\{ \| A \|_2 \| B \|_{m_2}, \| A \|_{m_2}, \| B \|_{m_2} \}$.

5. 若 $A \in P^{m\times r}$,且 $A^H A = E_r$,则

$$\| A \|_2 = 1, \quad \| A \|_{m_2} = \sqrt{r}.$$

6. 设 x, Ax 的向量范数为 $\| \cdot \|_2$.证明:它对应的算子范数是

$$\| A \|_2 = \max_{\| x \|_2 = 1} \| Ax \|_2 = \max\{ \sigma_1, \sigma_2, \cdots, \sigma_n \}.$$

7. 若 $\| \cdot \|$ 是算子范数,则

(1) $\| E \| = 1$;

(2) $\| A^{-1} \| \geqslant \| A \|^{-1}$;

(3) $\| A^{-1} \|^{-1} = \min\limits_{x\neq\theta} \dfrac{\| Ax \|}{\| x \|}$.

8. 设 $\| A \|_\nu$, $\| A \|_\mu$ 是对应于两个向量范数 $\| x \|_\nu$, $\| x \|_\mu = \| Bx \|_\nu$ 的算子范数,B 可逆,则

$$\| A \|_\mu = \| BAB^{-1} \|_\nu.$$

9. 设 $\| x \|_a$, $\| x \|_b$ 是 $\mathbf{C}^n$ 上的两个向量范数,a_1, a_2 是两个正实数,证明

(1) $\max\{ \| x \|_a, \| x \|_b \} = \| x \|_c$

(2) $a_1 \| x \|_a + a_2 \| x \|_b = \| x \|_d$

都是 $\mathbf{C}^n$ 上的向量范数.

10. 证明

$$\frac{1}{\sqrt{n}} \| A \|_F \leqslant \| A \|_2 \leqslant \| A \|_F.$$

11. 设 $\| A \|_a$ 是 $\mathbf{C}^{n\times n}$ 上的相容矩阵范数,B, C 都是 n 阶可逆矩阵,且 $\| B^{-1} \|_a$ 及 $\| C^{-1} \|_a$ 都小于或等于 1,证明对任何 $A \in \mathbf{C}^{n\times n}$

$$\| A \|_b = \| BAC \|_a$$

定义了 $\mathbf{C}^{n\times n}$ 上的一个相容矩阵范数.

12. 设 $\| A \|_a$ 是 $\mathbf{C}^{n\times n}$ 上的矩阵范数,D 是 n 阶可逆矩阵,证明对任何 $A \in \mathbf{C}^{n\times n}$

$$\| A \|_b = \| D^{-1} AD \|_a$$

是 $\mathbf{C}^{n\times n}$ 上的一个矩阵范数.

第三章　矩阵的分解

矩阵分解是将一个矩阵分解为比较简单的或具有某种特性的若干矩阵的和或乘积，这是矩阵理论及其应用中常见的方法.由于矩阵的这些特殊的分解形式，一方面反映了原矩阵的某些数值特性，如矩阵的秩、特征值、奇异值等；另一方面矩阵分解方法与过程往往为某些有效的数值计算方法和理论分析提供了重要的依据，因而使其对分解矩阵的讨论和计算带来极大的方便.这在矩阵理论研究及其应用中都有非常重要的理论意义和应用价值.

本章将介绍矩阵的三角分解、谱分解、奇异值分解、满秩分解及特殊矩阵的分解等.

§1　矩阵的三角分解

矩阵的一种有效而应用广泛的分解法是矩阵的三角分解法，将一个矩阵分解为酉矩阵（或正交矩阵）与一个三角矩阵的乘积或三角矩阵与三角矩阵的乘积，这对讨论矩阵的特征、性质与应用必将带来极大的方便.首先我们从满秩方阵的三角分解入手，进而讨论任意矩阵的三角分解.

一、n 阶方阵的三角分解

在讨论 n 阶方阵的三角分解之前，先给出三角矩阵的一些定义.

定义 1　如果 $a_{ii}(i=1,2,\cdots,n)$ 均为正实数，$a_{ij}\in\mathbf{C}(\mathbf{R})\ (i<j,i=1,2,\cdots,n-1;j=i+1,i+2,\cdots,n)$，则上三角矩阵

$$R=\begin{pmatrix} a_{11} & a_{12} & \cdots & a_{1n} \\ 0 & a_{22} & \cdots & a_{2n} \\ \vdots & & & \vdots \\ 0 & 0 & \cdots & a_{nn} \end{pmatrix}$$

称为正线上三角复（实）矩阵.特别当 $a_{ii}=1(i=1,2,\cdots,n)$ 时，R 称为单位上三角复（实）矩阵.

定义 2　如果 $a_{ii}(i=1,2,\cdots,n)$ 均为正实数，$a_{ij}\in\mathbf{C}(\mathbf{R})\ (i>j,j=1,2,\cdots,n-1;i=j+1,j+2,\cdots,n)$，则下三角矩阵

$$L=\begin{pmatrix} a_{11} & 0 & \cdots & 0 \\ a_{21} & a_{22} & \cdots & 0 \\ \vdots & & & \vdots \\ a_{n1} & a_{n2} & \cdots & a_{nn} \end{pmatrix}$$

称为正线下三角复(实)矩阵.特别当 $a_{ii}=1(i=1,2,\cdots,n)$ 时,L 称为单位下三角复(实)矩阵.

为了方便起见,我们用 $\mathbf{C}_r^{m\times n}$($\mathbf{R}_r^{m\times n}$)表示取值在复(实)数域上秩为 r 的 $m\times n$ 矩阵的集合.我们有如下分解定理.

定理 1　设 $A\in\mathbf{C}_n^{n\times n}$,则 A 可唯一地分解为

$$A=U_1R, \tag{3-1}$$

其中 U_1 是酉矩阵,R 是正线上三角复矩阵.或 A 可唯一地分解为

$$A=LU_2, \tag{3-2}$$

其中 L 是正线下三角复矩阵,U_2 是酉矩阵.

证　把矩阵 A 按列分块可得

$$A=(\alpha_1,\alpha_2,\cdots,\alpha_n), \tag{3-3}$$

由于 A 的秩为 n,故 $\alpha_1,\alpha_2,\cdots,\alpha_n$ 线性无关,从 $\alpha_1,\alpha_2,\cdots,\alpha_n$ 出发,利用 Gram-Schmidt 方法求出对应的标准正交向量组 $\beta_1,\beta_2,\cdots,\beta_n$ 为

$$\begin{cases} \beta_1=\dfrac{\alpha_1}{\|\alpha_1\|} \\ \beta_i=\dfrac{\alpha_i-\sum\limits_{j=1}^{i-1}(\alpha_i,\beta_j)\beta_j}{\left\|\alpha_i-\sum\limits_{j=1}^{i-1}(\alpha_i,\beta_j)\beta_j\right\|} \quad i=2,3,\cdots,n, \end{cases} \tag{3-4}$$

令

$$\begin{cases} k_{ij}=(\alpha_i,\beta_j) \quad i=2,3,\cdots,n;j=1,2,\cdots,i-1 \\ k_{ii}=\begin{cases} \|\alpha_1\| & i=1 \\ \left\|\alpha_i-\sum\limits_{j=1}^{i-1}(\alpha_i,\beta_j)\beta_j\right\| & i=2,3,\cdots,n, \end{cases} \end{cases} \tag{3-5}$$

将式(3-5)代入式(3-4),经过整理可得

$$\alpha_i=k_{i1}\beta_1+k_{i2}\beta_2+\cdots+k_{ii}\beta_i \quad (i=1,2,\cdots,n), \tag{3-6}$$

从而有

$$A=(k_{11}\beta_1,k_{21}\beta_1+k_{22}\beta_2,\cdots,k_{n1}\beta_1+k_{n2}\beta_2+\cdots+k_{nn}\beta_n)$$

$$=(\beta_1,\beta_2,\cdots,\beta_n)\begin{pmatrix} k_{11} & k_{21} & \cdots & k_{n1} \\ 0 & k_{22} & \cdots & k_{n2} \\ \vdots & & & \vdots \\ 0 & 0 & \cdots & k_{nn} \end{pmatrix}, \tag{3-7}$$

令

$$U_1=(\beta_1,\beta_2,\cdots,\beta_n),\quad R=\begin{pmatrix} k_{11} & k_{21} & \cdots & k_{n1} \\ 0 & k_{22} & \cdots & k_{n2} \\ \vdots & & & \vdots \\ 0 & 0 & \cdots & k_{nn} \end{pmatrix},$$

由于$\beta_1,\beta_2,\cdots,\beta_n$是一组标准正交向量组,因而$U_1$是酉矩阵.又因为$\alpha_1,\alpha_2,\cdots,\alpha_n$线性无关,注意到$k_{ii}$的取法可知$k_{ii}>0(i=1,2,\cdots,n)$,所以$R$是正线上三角复矩阵.将$U_1$与$R$代入式(3-7)可得矩阵$A$的分解式(3-1).

再证分解的唯一性.如果A有两种分解式

$$A=U_{11}R_1=U_{12}R_2,$$

其中U_{11}、U_{12}都是酉矩阵,R_1、R_2都是正线上三角复矩阵.于是可得

$$R_1=U_{11}^{-1}U_{12}R_2=VR_2, \tag{3-8}$$

其中$V=U_{11}^{-1}U_{12}$,由于U_{11}、U_{12}都是酉矩阵,从而V也是酉矩阵.设

$$R_1=\begin{pmatrix} k_{11} & k_{12} & \cdots & k_{1n} \\ 0 & k_{22} & \cdots & k_{2n} \\ \vdots & & & \vdots \\ 0 & 0 & \cdots & k_{nn} \end{pmatrix},\quad V=\begin{pmatrix} v_{11} & v_{12} & \cdots & v_{1n} \\ v_{21} & v_{22} & \cdots & v_{2n} \\ \vdots & & & \vdots \\ v_{n1} & v_{n2} & \cdots & v_{nn} \end{pmatrix},$$

$$R_2=\begin{pmatrix} l_{11} & l_{12} & \cdots & l_{1n} \\ 0 & l_{22} & \cdots & l_{2n} \\ \vdots & & & \vdots \\ 0 & 0 & \cdots & l_{nn} \end{pmatrix},$$

首先比较式(3-8)两边矩阵的第1列对应的元素可得

$$k_{11}=v_{11}l_{11},\quad 0=v_{i1}l_{11}\quad(i=2,3,\cdots,n),$$

因为$l_{11}>0$,所以有

$$v_{21}=v_{31}=\cdots=v_{n1}=0,$$

又V是酉矩阵,它的列向量是单位向量,因而$v_{11}=1$.又因为V的第一列向量与其余列向量正交,于是有

$$v_{12}=v_{13}=\cdots=v_{1n}=0,$$

从而可知 V 为

$$V=\begin{pmatrix}1&0&\cdots&0\\0&v_{22}&\cdots&v_{2n}\\\vdots&&&\vdots\\0&v_{n2}&\cdots&v_{nn}\end{pmatrix}.$$

其次,比较式(3-8)两边矩阵的第 2 列对应的元素可得

$$v_{22}=1,\quad v_{i2}=v_{2i}=0\quad(i=3,4,\cdots,n),$$

依此类推,最后可得

$$V=E_n,$$

其中 E_n 是单位矩阵.由 V 的定义和式(3-8)可知

$$U_{11}=U_{12},\quad R_1=R_2,$$

因此分解式(3-1)是唯一的.

类似地,只要注意到对 A 的行向量分块,即可得到唯一的分解式(3-2). 证毕

若矩阵 A 是满秩的 n 阶实方阵,从定理 1 的证明过程可知,U 是正交矩阵,$R(L)$ 是正线上(下)三角实矩阵,于是我们立即可得

推论 1 设 $A\in\mathbf{R}_n^{n\times n}$,则 A 可唯一地分解为

$$A=Q_1R,\tag{3-9}$$

其中 Q_1 是正交矩阵,R 是正线上三角实矩阵.或 A 可唯一地分解为

$$A=LQ_2,\tag{3-10}$$

其中 L 是正线下三角实矩阵,Q_2 是正交矩阵.

推论 2 设 A 是实对称正定矩阵,则存在唯一正线上三角实矩阵 R,使得

$$A=R^{\mathrm T}R.\tag{3-11}$$

证 因为 A 是实对称正定矩阵,所以存在可逆矩阵 P,使得

$$A=P^{\mathrm T}P,\tag{3-12}$$

由推论 1 可知,存在正交矩阵 Q 和正线上三角实矩阵 R,使得

$$P=QR,\tag{3-13}$$

将式(3-13)代入式(3-12),可得

$$A=(QR)^{\mathrm T}(QR)=R^{\mathrm T}Q^{\mathrm T}QR=R^{\mathrm T}R.$$

再证唯一性.若 A 有两种分解式,即

$$A=R_1^{\mathrm T}R_1=R_2^{\mathrm T}R_2,$$

于是有

$$(R_2R_1^{-1})^{\mathrm T}=(R_1^{\mathrm T})^{-1}R_2^{\mathrm T}=R_1R_2^{-1},$$

由于上三角矩阵的逆矩阵是上三角矩阵,两个上三角矩阵的乘积是上三角矩阵,因而上式左端是下三角矩阵,右端是上三角矩阵,因此$(R_1^{\mathrm{T}})^{-1}R_2^{\mathrm{T}}=R_1R_2^{-1}$是对角矩阵,又主对角线上元素是两个三角矩阵相应主对角线元素之积,注意到三角矩阵的逆矩阵的主对角线元素是原矩阵主对角线上元素的倒数,由R_1、R_2均为正线上三角矩阵可知

$$R_1R_2^{-1}=E_n,$$

其中E_n是单位矩阵,即$R_1=R_2$. 证毕

推论 3 设A是正定 Hermite 矩阵,则存在唯一正线上三角复矩阵R,使得

$$A=R^HR.$$

定理 2 设$A\in\mathbf{C}_n^{n\times n}$,用$L$表示下三角复矩阵,$L^*$表示单位下三角复矩阵,$R$表示上三角复矩阵,$R^*$表示单位上三角复矩阵,$D$表示对角矩阵,则下列命题等价:

(1) A的各阶顺序主子式

$$\Delta_k=\begin{vmatrix} a_{11} & a_{12} & \cdots & a_{1k} \\ a_{21} & a_{22} & \cdots & a_{2k} \\ \vdots & & & \vdots \\ a_{k1} & a_{k2} & \cdots & a_{kk} \end{vmatrix}\neq 0 \qquad (k=1,2,\cdots,n);$$

(2) A可唯一地分解为$A=LR^*$,并且L的主对角线上元素不为零;

(3) A可唯一地分解为$A=L^*DR^*$,并且D的主对角线上元素不为零;

(4) A可唯一地分解为$A=L^*R$,并且R的主对角线上元素不为零.

证 (1)⇒(2):利用归纳法先证明分解式$A=LR^*$的存在性.

当A是一阶方阵时,显然分解式成立.

假设对任意$n-1$阶方阵A,均存在主对角线上元素不为零的下三角复矩阵L_1和单位上三角复矩阵R_1^*,使得$A=L_1R_1^*$成立.

今证:当A是n阶方阵时,利用分块矩阵,将A分块为

$$A=\begin{pmatrix} A_{n-1} & \beta \\ \alpha & a_{nn} \end{pmatrix},$$

因为$\Delta_k\neq 0(k=1,2,\cdots,n)$,所以$A_{n-1}$是$n-1$阶满秩方阵,设$A_{n-1}$的逆矩阵为$A_{n-1}^{-1}$,从而有

$$\begin{pmatrix} A_{n-1} & \beta \\ \alpha & a_{nn} \end{pmatrix}\begin{pmatrix} E_{n-1} & -A_{n-1}^{-1}\beta \\ 0 & 1 \end{pmatrix}=\begin{pmatrix} A_{n-1} & 0 \\ \alpha & a_{nn}-\alpha A_{n-1}^{-1}\beta \end{pmatrix}.$$

由于 A 是可逆矩阵,上式左端矩阵的秩为 n,所以右端矩阵的秩也为 n,从而有

$$a_{nn}-\alpha A_{n-1}^{-1}\beta \neq 0,$$

由归纳假设,有 $A_{n-1}=L_1R_1^*$,从而有

$$\begin{aligned} A &= \begin{pmatrix} A_{n-1} & \beta \\ \alpha & a_{nn} \end{pmatrix}=\begin{pmatrix} A_{n-1} & 0 \\ \alpha & a_{nn}-\alpha A_{n-1}^{-1}\beta \end{pmatrix}\begin{pmatrix} E_{n-1} & A_{n-1}^{-1}\beta \\ 0 & 1 \end{pmatrix} \\ &= \begin{pmatrix} L_1R_1^* & 0 \\ \alpha & a_{nn}-\alpha A_{n-1}^{-1}\beta \end{pmatrix}\begin{pmatrix} E_{n-1} & A_{n-1}^{-1}\beta \\ 0 & 1 \end{pmatrix} \\ &= \begin{pmatrix} L_1 & 0 \\ \alpha(R_1^*)^{-1} & a_{nn}-\alpha A_{n-1}^{-1}\beta \end{pmatrix}\begin{pmatrix} R_1^* & 0 \\ 0 & 1 \end{pmatrix}\begin{pmatrix} E_{n-1} & A_{n-1}^{-1}\beta \\ 0 & 1 \end{pmatrix} \\ &= \begin{pmatrix} L_1 & 0 \\ \alpha(R_1^*)^{-1} & a_{nn}-\alpha A_{n-1}^{-1}\beta \end{pmatrix}\begin{pmatrix} R_1^* & R_1^*A_{n-1}^{-1}\beta \\ 0 & 1 \end{pmatrix} \\ &= LR^*, \end{aligned}$$

其中 L 是主对角线上元素不为零的下三角复矩阵,R^* 是单位上三角复矩阵,所以分解式的存在性得证.

再证唯一性.若有两个分解式

$$A=L_1R_1^*=L_2R_2^*.$$

于是有

$$R_1^*(R_2^*)^{-1}=L_1^{-1}L_2. \tag{3-14}$$

类似于推论 2 的唯一性证明可知,式(3-14)左端是单位上三角复矩阵,右端是下三角复矩阵,因此有

$$R_1^*(R_2^*)^{-1}=L_1^{-1}L_2=E_n.$$

于是有

$$R_1^*=R_2^*,L_1=L_2.$$

唯一性得证,所以(2)成立.

(2)⇒(3)由于 A 可唯一地分解为 $A=LR^*$,并且 L 的主对角线上元素不为零,故可设

$$L=\begin{pmatrix} l_{11} & 0 & \cdots & 0 \\ l_{21} & l_{22} & \cdots & 0 \\ \vdots & & & \vdots \\ l_{n1} & l_{n2} & \cdots & l_{nn} \end{pmatrix}$$

由于 $l_{kk}\neq 0(k=1,2,\cdots,n)$，上式矩阵可分解为

$$L=\begin{pmatrix}1 & 0 & \cdots & 0\\ \frac{l_{21}}{l_{11}} & 1 & \cdots & 0\\ \vdots & & & \vdots\\ \frac{l_{n1}}{l_{11}} & \frac{l_{n2}}{l_{22}} & \cdots & 1\end{pmatrix}\begin{pmatrix}l_{11} & 0 & \cdots & 0\\ 0 & l_{22} & \cdots & 0\\ \vdots & & & \vdots\\ 0 & 0 & \cdots & l_{nn}\end{pmatrix}=L^{*}D,$$

将 L 代入(2)可知(3)成立.

(3)⇒(4) 由于 A 可唯一地分解为 $A=L^{*}DR^{*}$，并且 D 的主对角线上元素不为零，设 $R=DR^{*}$，易知 R 是主对角线上元素不为零的上三角复矩阵.从而可知 A 有唯一分解式 $L=L^{*}R$，所以(4)成立.

(4)⇒(1) 由于 A 可唯一地分解为 $A=L^{*}R$，并且 R 的主对角线上元素不为零.利用分块矩阵的定义和运算性质，对矩阵 A、L^{*}、R 进行分块，有

$$A=\begin{pmatrix}A_{11} & A_{12}\\ A_{21} & A_{22}\end{pmatrix}=\begin{pmatrix}L_{11}^{*} & 0\\ L_{21}^{*} & L_{22}^{*}\end{pmatrix}\begin{pmatrix}R_{11} & R_{12}\\ 0 & R_{22}\end{pmatrix}$$

$$=\begin{pmatrix}L_{11}^{*}R_{11} & L_{11}^{*}R_{12}\\ L_{21}^{*}R_{11} & L_{21}^{*}R_{12}+L_{22}^{*}R_{22}\end{pmatrix},$$

其中 A_{11} 是 k 阶方阵，A_{11} 的行列式是 A 的一个 k 阶顺序主子式，即

$$\Delta_k=\det(A_{11})\quad(k=1,2,\cdots,n),$$

其余为相应维数的矩阵，比较矩阵 A 的两端，有 $A_{11}=L_{11}^{*}R_{11}$，若设

$$R_{11}=\begin{pmatrix}r_{11} & r_{12} & \cdots & r_{1k}\\ 0 & r_{22} & \cdots & r_{2k}\\ \vdots & & & \vdots\\ 0 & 0 & \cdots & r_{kk}\end{pmatrix},$$

注意到 L_{11}^{*} 是单位下三角复矩阵，所以有

$$\Delta_k=\det(L_{11}^{*})\det(R_{11})=r_{11}r_{22}\cdots r_{kk}\qquad(k=1,2,\cdots,n),$$

因为 R 的主对角线上元素不为零，即 $r_{kk}\neq 0(k=1,2,\cdots,n)$，所以 A 的顺序主子式 $\Delta_k\neq 0(k=1,2,\cdots,n)$，从而(1)成立. 证毕

如果 A 是 n 阶满秩实方阵，则对于实矩阵 L、L^{*}、R、R^{*}、D，定理 2 仍成立.

n 阶方阵的三角分解对求解非齐次线性方程组非常方便.例如，设方程组 $Ax=b$，A 有三角分解式 $A=LR$，则有 $LRx=b$，于是令 $Rx=y$，有

$$\begin{cases} Ly=b \\ Rx=y, \end{cases}$$

先求第一个方程组的未知向量 y，然后将 y 代入第二个方程组再求解 x. 由于它们都是以三角矩阵为系数矩阵的方程组，所以很容易求出方程组的解，并且易于利用计算机求解.

二、任意矩阵的三角分解

前面讨论的矩阵分解仅是 n 阶方阵的分解，而且所分解的矩阵是可逆矩阵，现在我们将以上的矩阵分解作一推广，即讨论任意矩阵的三角分解.我们先给出行满秩和列满秩的概念.

定义 3 设 A 是 $m\times n$ 复(实)矩阵，如果 $\operatorname{rank} A=m$，则称 A 是行满秩矩阵，记为 $A\in \mathbf{C}_m^{m\times n}(\mathbf{R}_m^{m\times n})$. 如果 $\operatorname{rank} A=n$，则称 A 是列满秩矩阵，记为 $A\in \mathbf{C}_n^{m\times n}(\mathbf{R}_n^{m\times n})$.

定理 3 当 A 是行满秩或列满秩矩阵时，我们有

(1) 若 $A\in \mathbf{C}_m^{m\times n}$，则存在 m 阶正线下三角复矩阵 L 和 n 阶酉矩阵 U，使得

$$A=(L\ \ O)U. \tag{3-15}$$

(2) 若 $A\in \mathbf{C}_n^{m\times n}$，则存在 m 阶酉矩阵 U 和 n 阶正线上三角复矩阵 R，使得

$$A=U\begin{pmatrix} R \\ O \end{pmatrix}. \tag{3-16}$$

证 (1) 因为 A 的秩为 m，所以 A 的 m 个行向量 $\alpha_1,\alpha_2,\cdots,\alpha_m$ 线性无关且 $m\leqslant n$，从而可在 $\mathbf{C}^n$ 空间中适当选取向量组 $\alpha_{m+1},\alpha_{m+2},\cdots,\alpha_n$ 使得 $\alpha_1,\alpha_2,\cdots,\alpha_n$ 线性无关，类似于定理 1 的证明，利用 Gram-Schimidt 方法求得对应的标准正交向量组 $\beta_1,\beta_2,\cdots,\beta_n$，可得

$$A=\begin{pmatrix} \alpha_1 \\ \alpha_2 \\ \vdots \\ \alpha_m \end{pmatrix}=\begin{pmatrix} l_{11}\beta_1 \\ l_{21}\beta_1+l_{22}\beta_2 \\ \vdots \\ l_{m1}\beta_1+l_{m2}\beta_2+\cdots+l_{mm}\beta_m \end{pmatrix}$$

$$=\begin{pmatrix} l_{11} & 0 & \cdots & 0 & 0 & \cdots & 0 \\ l_{21} & l_{22} & \cdots & 0 & 0 & \cdots & 0 \\ \vdots & & & & & & \vdots \\ l_{m1} & l_{m2} & \cdots & l_{mm} & 0 & \cdots & 0 \end{pmatrix}\begin{pmatrix} \beta_1 \\ \beta_2 \\ \vdots \\ \beta_m \\ \vdots \\ \beta_n \end{pmatrix}$$

$$=(L\ O)U,$$

其中 l_{ij} 由式(3-5)确定，L 为正线下三角复矩阵，U 为 n 阶酉矩阵.

（2）因为 A 的秩为 n，所以 A 的 n 个列向量线性无关且 $m\geqslant n$，类似于(1)的证明可知(2)成立.　证毕

定理 3 表明了行(列)满秩矩阵能分解为一个酉矩阵与一个长(高)三角矩阵的乘积.下面我们将给出行(列)满秩矩阵能分解为一个正线三角矩阵与一个长(高)酉矩阵的乘积.

为了叙述方便，我们用 $U_m^{m\times n}$ 表示以 m 个两两正交的单位向量为行组成的矩阵的集合，用 $U_n^{m\times n}$ 表示以 n 个两两正交的单位向量为列组成的矩阵的集合.于是有

定理 4　（1）若 $A\in \mathbf{C}_m^{m\times n}$，则 A 可唯一地分解为

$$A=LU,\tag{3-17}$$

其中 L 是 m 阶正线下三角矩阵，$U\in U_m^{m\times n}$.

（2）若 $A\in \mathbf{C}_n^{m\times n}$，则 A 可唯一地分解为

$$A=UR,\tag{3-18}$$

其中 $U\in U_n^{m\times n}$，R 是 n 阶正线上三角矩阵.

证　（1）因为 A 是行满秩矩阵，所以对任意 m 维向量 $x\neq 0$，都有 $A^Hx\neq 0$，因此有

$$x^HAA^Hx=(A^Hx)^H(A^Hx)>0,$$

这表明 AA^H 是 m 阶正定 Hermite 矩阵.于是由定理 1 的推论 3 可知，存在 m 阶正线上三角复矩阵 R，使得

$$AA^H=R^HR.$$

令 $U=(R^H)^{-1}A=L^{-1}A\in \mathbf{C}^{m\times n}$，其中 $L=R^H$ 为 m 阶正线下三角复矩阵，则有

$$UU^H=(R^H)^{-1}AA^HR^{-1}=(R^H)^{-1}R^HRR^{-1}=E_m.$$

上式表明 $U\in U_m^{m\times n}$，于是有 $A=LU$.

再证唯一性，如果 A 可分解为

$$A=L_1U_1=L_2U_2,$$

其中 L_1、L_2 均为正线下三角复矩阵，U_1、$U_2\in \mathbf{C}_m^{m\times n}$，则有

$$AA^H=L_1U_1U_1^HL_1^H=L_1L_1^H=L_2L_2^H=R_1^HR_1=R_2^HR_2.$$

由推论 3 可知 AA^H 的分解式唯一，所以有

$$L_1=R_1^H=R_2^H=L_2,$$

于是 $U_1=U_2$，从而结论成立.

（2）由于 $A\in \mathbf{C}_n^{m\times n}$，类似于(1)可知(2)成立.　证毕

如果 A 是行(列)满秩实矩阵,有类似于定理 3 和定理 4 的结论.

当 A 既不是行满秩矩阵,也不是列满秩矩阵时,我们有

定理 5 设 $A\in \mathbf{C}_r^{m\times n}$,则存在酉矩阵 $U\in \mathbf{C}^{m\times m}$、$V\in \mathbf{C}^{n\times n}$ 及 r 阶正线下三角矩阵 L,使得

$$A=U\begin{pmatrix} L & O \\ O & O \end{pmatrix} V. \tag{3-19}$$

证 因为 A 的秩为 r,所以 A 有 r 个列向量线性无关,其余列向量均是这 r 个列向量的线性组合.由初等变换与初等矩阵之间的关系可知,两列对换相当于用初等矩阵右乘 A,而且这种行(列)互换对应的初等矩阵是酉矩阵.因此,我们可以通过一系列列对换,把 r 个线性无关的列向量调换到前 r 列.也就是说,存在一个酉矩阵 $P\in \mathbf{C}^{n\times n}$(实际上,$P$ 是列互换对应的初等矩阵的乘积),使得

$$AP=(\alpha_1,\alpha_2,\cdots,\alpha_r,\alpha_{r+1},\cdots,\alpha_n), \tag{3-20}$$

其中 $\alpha_1,\alpha_2,\cdots,\alpha_r$ 线性无关,$\alpha_{r+1},\alpha_{r+2},\cdots,\alpha_n$ 可由 $\alpha_1,\alpha_2,\cdots,\alpha_r$ 线性表出,即存在 $C\in \mathbf{C}^{r\times(n-r)}$,使得

$$(\alpha_{r+1},\alpha_{r+2},\cdots,\alpha_n)=(\alpha_1,\alpha_2,\cdots,\alpha_r)C, \tag{3-21}$$

将式(3-21)代入式(3-20),整理后可得

$$AP=(\alpha_1,\alpha_2,\cdots,\alpha_r)(E_r\ C). \tag{3-22}$$

又因为矩阵$(\alpha_1,\alpha_2,\cdots,\alpha_r)$是列满秩矩阵,由定理 3 可知,存在酉矩阵 $U\in \mathbf{C}^{m\times m}$ 和 r 阶正线上三角矩阵 R,使得

$$(\alpha_1,\alpha_2,\cdots,\alpha_r)=U\begin{pmatrix} R \\ O \end{pmatrix}, \tag{3-23}$$

将式(3-23)代入式(3-22),可得

$$AP=U\begin{pmatrix} R \\ O \end{pmatrix}(E_r\ C)=U\begin{pmatrix} R & RC \\ O & O \end{pmatrix}. \tag{3-24}$$

令 $B=(R\ RC)\in \mathbf{C}_r^{r\times n}$ 是行满秩矩阵,再由定理 3 可知,存在 r 阶正线下三角矩阵 L 和酉矩阵 $V_1\in \mathbf{C}^{n\times n}$,使得

$$B=(R\ RC)=(L\ O)V_1, \tag{3-25}$$

再将式(3-25)代入式(3-24),可得

$$A=U\begin{pmatrix} R & RC \\ O & O \end{pmatrix}P^{-1}=U\begin{pmatrix} L & O \\ O & O \end{pmatrix}V_1P^{-1}=U\begin{pmatrix} L & O \\ O & O \end{pmatrix}V,$$

其中 $V=V_1P^{-1}$ 显然是 n 阶酉矩阵. 证毕

推论 4 设 $A\in \mathbf{C}_r^{m\times n}$,则存在酉矩阵 $U\in \mathbf{C}^{m\times m}$、$V\in \mathbf{C}^{n\times n}$ 及 r 阶正线上三角矩阵 R,使得

$$A=U\begin{pmatrix}R & O\\ O & O\end{pmatrix}V. \tag{3-26}$$

证 因为 A 的秩为 r,所以 A 有 r 个行向量线性无关,其余行向量均是这 r 个行向量的线性组合.由初等变换与初等矩阵之间的关系可知,两行对换相当于用初等矩阵左乘 A,其余类似于定理 5 的证明可推得分解式(3-26). 证毕

§2 矩阵的谱分解

在线性代数中,我们已经讨论了一个方阵的特征值和特征向量的问题,已经发现特征值有着非常重要的作用.由于相似矩阵有相同的特征值,因而人们总希望在相似矩阵中找到结构最简单的矩阵,这就是对角矩阵或 Jordan 标准形矩阵.下面我们将根据矩阵的特征值,进一步寻求利用简单矩阵来表示已知矩阵,即讨论矩阵的谱分解.

一、单纯矩阵的谱分解

定义 1 设 $\lambda_1,\lambda_2,\cdots,\lambda_k$ 是 $A\in\mathbf{C}^{n\times n}$ 的 k 个相异特征值,其重数分别为 $r_1,r_2,\cdots,r_k$,则称 r_i 为矩阵 A 的特征值 λ_i 的代数重复度.齐次方程组

$$Ax=\lambda_i x(i=1,2,\cdots,k)$$

的解空间 V_{λ_i} 称为 A 对于特征值 λ_i 的特征子空间,而 V_{λ_i} 的维数称为 A 的特征值 λ_i 的几何重复度.

显然,$\sum\limits_{i=1}^{k} r_i=n$,特征值 λ_i 的代数重复度 r_i 就是特征根 λ_i 的重数.A 对于特征值 λ_i 的特征子空间的维数就是属于 λ_i 的线性无关的特征向量的最大个数.可以证明如下定理成立.

定理 1 矩阵 A 的任意特征值的几何重复度不大于它的代数重复度.

定义 2 若矩阵 A 的每个特征值的代数重复度与几何重复度相等,则称 A 为单纯矩阵.

只要注意到"属于每个特征值的线性无关的特征向量合起来也是线性无关的"这一事实,立即可知如下定理成立.

定理 2 A 是单纯矩阵的充要条件是 A 与对角矩阵相似.

下面我们给出单纯矩阵的谱分解定理.

定理 3 设 $A\in\mathbf{C}^{n\times n}$ 是单纯矩阵，则 A 可分解为一系列幂等矩阵 A_i $(i=1,2,\cdots,n)$ 的加权和，即

$$A=\sum_{i=1}^{n}\lambda_i A_i, \tag{3-27}$$

其中 $\lambda_i(i=1,2,\cdots,n)$ 是 A 的特征值.

证 因为 A 是单纯矩阵，由定理 2 可知，A 与对角矩阵相似，即存在可逆矩阵 P，使得

$$A=P\mathrm{diag}(\lambda_1,\lambda_2,\cdots,\lambda_n)P^{-1}, \tag{3-28}$$

其中 $\lambda_i(i=1,2,\cdots,n)$ 是 A 的特征值. 由于 P 是可逆矩阵，因此 P 的 n 个列向量线性无关. 利用列向量分块可得

$$P=(\nu_1,\nu_2,\cdots,\nu_n). \tag{3-29}$$

设 P^{-1} 的行向量由 $\omega_i^{\mathrm{T}}(i=1,2,\cdots,n)$ 表示，显然 $\omega_1^{\mathrm{T}},\omega_2^{\mathrm{T}},\cdots,\omega_n^{\mathrm{T}}$ 也线性无关，将 P^{-1} 按行向量分块可得

$$P^{-1}=\begin{pmatrix}\omega_1^{\mathrm{T}}\\ \omega_2^{\mathrm{T}}\\ \vdots\\ \omega_n^{\mathrm{T}}\end{pmatrix}, \tag{3-30}$$

将式(3-29)、式(3-30)代入式(3-28)可得

$$A=(\nu_1,\nu_2,\cdots,\nu_n)\begin{pmatrix}\lambda_1 & 0 & \cdots & 0\\ 0 & \lambda_2 & \cdots & 0\\ \vdots & & & \vdots\\ 0 & 0 & \cdots & \lambda_n\end{pmatrix}\begin{pmatrix}\omega_1^{\mathrm{T}}\\ \omega_2^{\mathrm{T}}\\ \vdots\\ \omega_n^{\mathrm{T}}\end{pmatrix}=\sum_{i=1}^{n}\lambda_i\nu_i\omega_i^{\mathrm{T}}. \tag{3-31}$$

令 $A_i=\nu_i\omega_i^{\mathrm{T}}$，注意到 $P^{-1}P=E_n$ 可知

$$\omega_i^{\mathrm{T}}\nu_j=\begin{cases}1 & j=i,\\ 0 & j\neq i,\end{cases}$$

从而有

$$A_iA_j=\nu_i\omega_i^{\mathrm{T}}\nu_j\omega_j^{\mathrm{T}}=\begin{cases}\nu_i\omega_i^{\mathrm{T}}=A_i & j=i,\\ 0 & j\neq i,\end{cases} \tag{3-32}$$

故 A_i 是幂等矩阵，将 A_i 代入式(3-31)可得分解式(3-27). 证毕

定理 3 中的分解式称为 A 的谱分解(A 的特征值 λ_i 称为 A 的谱值). 由定理 3 的证明可知，谱分解式(3-27)中的 A_i 有如下性质：

(1) 幂等性：$A_i^2=A_i$；

(2) 分离性：$A_iA_j=O(j\neq i)$；

(3) 可加性：$\sum_{i=1}^{n} A_i=E_n$.

事实上，由式(3-32)可知幂等性、分离性显然成立.又由于$PP^{-1}=P^{-1}P=E_n$可知

$$PP^{-1}=(\nu_1,\nu_2,\cdots,\nu_n)\begin{pmatrix}\omega_1^{\mathrm T}\\ \omega_2^{\mathrm T}\\ \vdots\\ \omega_n^{\mathrm T}\end{pmatrix}=\sum_{i=1}^{n}\nu_i\omega_i^{\mathrm T}=\sum_{i=1}^{n}A_i=E_n,$$

所以可加性也成立.

由这些性质容易得出

$$A^2=\sum_{i=1}^{n}\lambda_i^2A_i,$$

$$A^l=\sum_{i=1}^{n}\lambda_i^lA_i(l=2,3,\cdots).\tag{3-33}$$

当$f(A)$是A的多项式或是A的解析函数时，容易推得

$$f(A)=\sum_{i=1}^{n}f(\lambda_i)A_i,\tag{3-34}$$

式(3-34)称为矩阵函数$f(A)$的谱分解.

例 1 设A的谱分解为式(3-27)，则A^2+A+E的谱分解为

$$A^2+A+E=\sum_{i=1}^{n}(\lambda_i^2+\lambda_i+1)A_i.$$

设

$$f(\lambda)=|\lambda E-A|=\lambda^n+a_1\lambda^{n-1}+\cdots+a_n,\tag{3-35}$$

由 Hamilton-Caylay 定理可知

$$A^n+a_1A^{n-1}+\cdots+a_nE=O,\tag{3-36}$$

则有

$$A^n=-(a_1A^{n-1}+\cdots+a_nE),\tag{3-37}$$

由此可知，对任意$m>n-1$，A^m都是矩阵$E,A,\cdots,A^{n-1}$的线性组合.同时由式(3-36)，当$a_n\neq 0$时，可知A可逆，且A的逆矩阵为

$$A^{-1}=-\frac{1}{a_n}(A^{n-1}+a_1A^{n-2}+\cdots+a_{n-1}E),\tag{3-38}$$

由式(3-34)容易求得A^{-1}的谱分解为

$$A^{-1}=-\frac{1}{a_n}\sum_{i=1}^{n}(\lambda_i^{n-1}+a_1\lambda_i^{n-2}+\cdots+a_{n-1})A_i.\tag{3-39}$$

把一个单纯矩阵 A 分解为一系列幂等矩阵 $A_i(i=1,2,\cdots,n)$ 的加权和，无论从代数上，还是从几何上进行研究，都有它的方便之处.特别对于式(3-34)和式(3-39)的分解，在自动控制中有许多应用.更一般地，单纯矩阵的谱分解定理为

定理 4 设 $A\in \mathbf{C}^{n\times n}$，它有 k 个相异特征值 $\lambda_i(i=1,2,\cdots,k)$，则 A 是单纯矩阵的充要条件是存在 k 个矩阵 $A_i(i=1,2,\cdots,k)$ 满足

(1) $A_iA_j=\begin{cases}A_i & j=i,\\ O & j\neq i;\end{cases}$

(2) $\sum\limits_{i=1}^{k} A_i=E_n$；

(3) $A=\sum\limits_{i=1}^{k}\lambda_iA_i$.

证 必要性：由于 A 是单纯矩阵，因而由定理 3 可知，A 的谱分解为

$$A=\sum_{i=1}^{n} l_iB_i,$$

其中 l_i 是 A 的特征值，因为 A 仅有 k 个相异特征值，如果 $k=n$，那么由定理 3 可知结论成立.如果 $k<n$，必有 $i\neq j$，使得 $l_i=l_j$.因此，我们按相异特征值合并，则有

$$A=\sum_{i=1}^{k}\lambda_i\sum_{j=1}^{r_i}B_{ij}, \tag{3-40}$$

其中 B_{ij} 表示 B_i 对应于 $l_j=\lambda_i$ 的矩阵，$r_i\geqslant 1$ 为整数，且满足 $\sum\limits_{i=1}^{k} r_i=n$，令

$$A_i=\sum_{j=1}^{r_1}B_{ij}, \tag{3-41}$$

则将式(3-41)代入式(3-40)可得条件(3)成立.注意到

$$B_{ij}B_{lm}=\begin{cases}B_{ij} & l=i,\ m=j,\\ O & l\neq i \text{ 或 } m\neq j,\end{cases}$$

则有

$$A_iA_j=\begin{cases}A_i & j=i,\\ O & j\neq i,\end{cases}$$

所以条件(1)成立.又因为

$$\sum_{i=1}^{k}A_i=\sum_{j=1}^{n}B_j=E_n,$$

所以条件(2)也成立，从而必要性得证.

充分性:设 rank $A_i=r_i(i=1,2,\cdots,k)$,则 $A_i\in\mathbf{C}_{r_i}^{n\times n}$,利用§1定理5可知,存在酉矩阵 U_i、$V_i\in\mathbf{C}^{n\times n}$ 及 r_i 阶正线下三角矩阵 L_i,使得

$$A_i=U_i\begin{pmatrix}L_i & O\\ O & O\end{pmatrix}V_i,$$

令 $X_i=U_i\begin{pmatrix}L_i\\ O\end{pmatrix}$,$V_i=\begin{pmatrix}Y_{i1}\\ Y_{i2}\end{pmatrix}$,显然 $X_i\in\mathbf{C}_{r_i}^{n\times r_i}$,$Y_{i1}\in\mathbf{C}_{r_i}^{r_i\times n}$,则有

$$A_i=X_iY_{i1},$$

再令

$$X=(X_1,X_2,\cdots,X_k),\ Y=\begin{pmatrix}Y_{11}\\ Y_{21}\\ \vdots\\ Y_{k1}\end{pmatrix},$$

则 X 的列数和 Y 的行数为

$$\sum_{i=1}^{k}r_i=\sum_{i=1}^{k}\text{rank }A_i=\sum_{i=1}^{k}\text{tr}(A_i)=\text{tr}(\sum_{i=1}^{k}A_i)=\text{tr}(E_n)=n,$$

因而 $X,Y\in\mathbf{C}^{n\times n}$,又有

$$XY=(X_1,X_2,\cdots,X_k)\begin{pmatrix}Y_{11}\\ Y_{21}\\ \vdots\\ Y_{k1}\end{pmatrix}=\sum_{i=1}^{k}X_iY_{i1}=\sum_{i=1}^{k}A_i=E_n,$$

于是可知,X 是可逆矩阵,Y 是 X 的逆矩阵.从而有

$$YX=\begin{pmatrix}Y_{11}\\ Y_{21}\\ \vdots\\ Y_{k1}\end{pmatrix}(X_1,X_2,\cdots,X_k)=\begin{pmatrix}Y_{11}X_1 & Y_{11}X_2 & \cdots & Y_{11}X_k\\ Y_{21}X_1 & Y_{21}X_2 & \cdots & Y_{21}X_k\\ \vdots & & & \vdots\\ Y_{k1}X_1 & Y_{k1}X_2 & \cdots & Y_{k1}X_k\end{pmatrix}$$

$$=E_n=\begin{pmatrix}E_{r_1} & O & \cdots & O\\ O & E_{r_2} & \cdots & O\\ \vdots & & & \vdots\\ O & O & \cdots & E_{r_k}\end{pmatrix}.$$

比较上式可知

$$Y_{i1}X_j=\begin{cases}E_{r_i} & j=i,\\ O & j\neq i,\end{cases}$$

从而有

$$A_iX_j=X_iY_{i1}X_j=\begin{cases}X_i & j=i,\\ O & j\neq i,\end{cases}$$

于是可知

$$\begin{aligned}AX&=\sum_{i=1}^{k}\lambda_iA_i(X_1,X_2,\cdots,X_k)=\sum_{i=1}^{k}\lambda_i(A_iX_1,A_iX_2,\cdots,A_iX_k)\\&=(\lambda_1X_1,\lambda_2X_2,\cdots,\lambda_kX_k)\\&=(X_1,X_2,\cdots,X_k)\begin{pmatrix}\lambda_1E_{r_1} & O & \cdots & O\\ O & \lambda_2E_{r_2} & \cdots & O\\ \vdots & & & \vdots\\ O & O & \cdots & \lambda_kE_{r_k}\end{pmatrix}=X\Lambda,\end{aligned}$$

从而有

$$A=X\Lambda X^{-1}.$$

证毕

值得注意的是,满足定理 4 条件(1)的矩阵 A_i 是幂等矩阵,故定理 4 中存在的 k 个矩阵 $A_1,A_2,\cdots,A_k$ 又可看作是存在 k 个投影算子.

二、正规矩阵及其分解

定义 3 若 n 阶复矩阵 A 满足

$$AA^H=A^HA, \tag{3-42}$$

则称 A 为正规矩阵.当 A 为 n 阶实矩阵且满足

$$AA^T=A^TA, \tag{3-43}$$

则称矩阵 A 为实正规矩阵.

显然,对角矩阵、酉矩阵、Hermite 矩阵($A=A^H,A\in\mathbf{C}^{n\times n}$)与反 Hermite 矩阵($A=-A^H,A\in\mathbf{C}^{n\times n}$)都是正规矩阵;正交矩阵、实对称矩阵和实反对称矩阵都是实正规矩阵.但正规矩阵并不一定是 Hermite 矩阵.

例 2 设

$$A=\begin{pmatrix}1 & 1-2\mathrm{i}\\ 2+\mathrm{i} & 1\end{pmatrix},$$

容易计算出

$$AA^H=A^HA=\begin{pmatrix}6 & 3-3\mathrm{i}\\ 3+3\mathrm{i} & 6\end{pmatrix},$$

所以 A 是正规矩阵,但 A 不是 Hermite 矩阵.

引理 1 设 A 是正规矩阵,A 与 B 酉相似,则 B 也是正规矩阵.

证 因为 A、B 酉相似,所以存在酉矩阵 U,使得

$$B=U^{-1}AU=U^HAU.$$

注意到 A 是正规矩阵，即 $AA^H=A^HA$，因而有

$$\begin{aligned}BB^H&=U^HAU(U^HAU)^H=U^HAUU^HA^HU=U^HAA^HU\\&=U^HA^HAU=U^HA^HUU^HAU=(U^HAU)^H(U^HAU)\\&=B^HB,\end{aligned}$$

故 B 是正规矩阵. 证毕

引理 2(Schur) 设 $A\in\mathbf{C}^{n\times n}$，则存在酉矩阵 U，使得

$$A=URU^H, \tag{3-44}$$

其中 R 是一个上三角矩阵且主对角线上的元素为 A 的特征值.

证 因为任何方阵 A 都与 Jordan 标准形矩阵相似，所以存在可逆矩阵 P，使得 $A=PJP^{-1}$，其中 J 是 Jordan 标准形矩阵. 对于可逆矩阵 P，根据 §1 定理 1 可知，存在酉矩阵 U 及正线上三角矩阵 R_1，使得 $P=UR_1$. 故有

$$A=UR_1J(UR_1)^{-1}=UR_1JR_1^{-1}U^H=URU^H,$$

其中 $R=R_1JR_1^{-1}$. 只要注意到上三角矩阵的逆是上三角矩阵且主对角线上的元素是原矩阵相应主对角线上元素的倒数，上三角矩阵的乘积仍是上三角矩阵且主对角线上的元素是原两个矩阵主对角线上的元素之积. 容易知道 R 是一个上三角矩阵且主对角线上的元素为 A 的特征值.

证毕

引理 3 设 A 是三角矩阵，则 A 是正规矩阵的充要条件是 A 是对角矩阵.

证 不妨设 A 是上三角矩阵，记为

$$A=\begin{pmatrix}a_{11}&a_{12}&\cdots&a_{1n}\\0&a_{22}&\cdots&a_{2n}\\\vdots&&&\vdots\\0&0&\cdots&a_{nn}\end{pmatrix}.$$

必要性. 由于 A 是正规矩阵，所以有

$$\begin{pmatrix}a_{11}&a_{12}&\cdots&a_{1n}\\0&a_{22}&\cdots&a_{2n}\\\vdots&&&\vdots\\0&0&\cdots&a_{nn}\end{pmatrix}\begin{pmatrix}\bar a_{11}&0&\cdots&0\\\bar a_{12}&\bar a_{22}&\cdots&0\\\vdots&&&\vdots\\\bar a_{1n}&\bar a_{2n}&\cdots&\bar a_{nn}\end{pmatrix}=\begin{pmatrix}\bar a_{11}&0&\cdots&0\\\bar a_{12}&\bar a_{22}&\cdots&0\\\vdots&&&\vdots\\\bar a_{1n}&\bar a_{2n}&\cdots&\bar a_{nn}\end{pmatrix}\begin{pmatrix}a_{11}&a_{12}&\cdots&a_{1n}\\0&a_{22}&\cdots&a_{2n}\\\vdots&&&\vdots\\0&0&\cdots&a_{nn}\end{pmatrix}, \tag{3-45}$$

比较式(3-45)两端矩阵第一行第一列的元素，有

$$\sum_{i=1}^n a_{1i}\bar a_{1i}=\sum_{i=1}^n|a_{1i}|^2=a_{11}\bar a_{11}=|a_{11}|^2,$$

故可推得

$$a_{1i}=0 \quad (i=2,3,\cdots,n).$$

再比较式(3-45)两端矩阵第二行第二列的元素,有

$$\sum_{i=2}^{n} a_{2i}\bar{a}_{2i}=\sum_{i=2}^{n} |a_{2i}|^2=a_{22}\bar{a}_{22}=|a_{22}|^2,$$

因此可推得

$$a_{2i}=0 \quad (i=3,4,\cdots,n).$$

依此类推,可知 A 是对角矩阵.

充分性.直接进行运算可知结论成立.

定理 5 n 阶复矩阵 A 是正规矩阵的充要条件是 A 与对角矩阵酉相似.即存在 n 阶酉矩阵 U,使得

$$A=U\text{diag}(\lambda_1,\lambda_2,\cdots,\lambda_n)U^H, \tag{3-46}$$

其中 $\lambda_1,\lambda_2,\cdots,\lambda_n$ 是 A 的 n 个特征值.

证 必要性.因为 $A\in \mathbf{C}^{n\times n}$,由引理 2 可知,存在 n 阶酉矩阵 U,使得

$$A=URU^H,$$

其中 R 是一个上三角矩阵且主对角线上的元素为 A 的特征值.又因为 A 是正规矩阵,由引理 1 可知 R 也是正规矩阵,再由引理 3 可知 R 是对角矩阵,所以式(3-46)成立.

充分性.若 A 与对角矩阵酉相似,注意到对角矩阵是正规矩阵,由引理 1 可知,A 是正规矩阵. 证毕

现在我们来讨论正规矩阵的谱分解定理.

定理 6 设 $A\in \mathbf{C}^{n\times n}$,$A$ 有 k 个相异特征值 $\lambda_i(i=1,2,\cdots,k)$,则 A 是正规矩阵的充要条件是存在 k 个矩阵 $A_i(i=1,2,\cdots,k)$ 使其满足

(1) $A_iA_j=\begin{cases}A_i & j=i,\\ O & j\neq i\end{cases}(i,j=1,2,\cdots,k)$;

(2) $\sum\limits_{i=1}^{k} A_i=E_n$;

(3) $A=\sum\limits_{i=1}^{k} \lambda_iA_i$;

(4) $A_i^H=A_i(i=1,2,\cdots,k)$.

证 必要性.因为 A 是正规矩阵,由定理 5 可知,存在酉矩阵 U,使得

$$A=U\text{diag}(\lambda_1E_{r_1},\lambda_2E_{r_2},\cdots,\lambda_kE_{r_k})U^H,$$

对 U 进行某些列分块,即

$$U=(V_1,V_2,\cdots,V_k),$$

其中 $V_i\in\mathbf{C}_{r_i}^{n\times r_i}(i=1,2,\cdots,k)$ 且 $\sum\limits_{i=1}^{k}r_i=n$,从而有

$$U^H=\begin{pmatrix}V_1^H\\V_2^H\\\vdots\\V_k^H\end{pmatrix},$$

于是可得

$$A=(V_1,V_2,\cdots,V_k)\operatorname{diag}(\lambda_1E_{r_1},\lambda_2E_{r_2},\cdots,\lambda_kE_{r_k})\begin{pmatrix}V_1^H\\V_2^H\\\vdots\\V_k^H\end{pmatrix}$$

$$=\sum_{i=1}^{k}\lambda_iV_iV_i^H=\sum_{i=1}^{k}\lambda_iA_i,\tag{3-47}$$

其中 $A_i=V_iV_i^H$,从而可知(3)成立.注意到 $UU^H=U^HU=E_n$ 可知

$$V_i^HV_j=\begin{cases}E_{r_i} & j=i,\\ O & j\neq i,\end{cases}$$

于是有

$$A_iA_j=V_iV_i^HV_jV_j^H=\begin{cases}V_iV_i^H=A_i & j=i,\\ O & j\neq i,\end{cases}$$

故(1)成立.又因为

$$\sum_{i=1}^{k}A_i=\sum_{i=1}^{k}V_iV_i^H=UU^H=E_n,$$

故(2)成立.因为

$$A_i^H=(V_iV_i^H)^H=V_iV_i^H=A_i,$$

所以(4)成立,必要性得证.

充分性.由(1)、(2)、(3)和(4)可知

$$AA^H=\left(\sum_{i=1}^{k}\lambda_iA_i\right)\left(\sum_{i=1}^{k}\lambda_iA_i\right)^H=\sum_{i=1}^{k}\sum_{j=1}^{k}\lambda_i\bar{\lambda}_jA_iA_j^H$$

$$=\sum_{i=1}^{k}\sum_{j=1}^{k}\lambda_i\bar{\lambda}_jA_iA_j=\sum_{i=1}^{k}|\lambda_i|^2A_i,$$

同理可知

$$A^H A=\sum_{i=1}^{k}|\lambda_i|^2 A_i,$$

故 A 是正规矩阵. 证毕

值得注意的是,满足条件(1)、(4)的矩阵 $A_i(i=1,2,\cdots,k)$ 又可看作是正交投影算子.而且满足条件(1)、(2)、(3)和(4)的矩阵 $A_i(i=1,2,\cdots,k)$ 还满足

① $A_i(i=1,2,\cdots,k)$ 是唯一的;

② $\operatorname{rank}(A_i)=r_i(i=1,2,\cdots,k)$ 且 $\sum_{i=1}^{k} r_i=n$.

事实上,如果 A_i 和 $B_i(i=1,2,\cdots,k)$ 满足条件(1)、(2)、(3)和(4),则有

$$AA_i=\sum_{j=1}^{k}\lambda_j A_j A_i=\lambda_i A_i=A_i\sum_{j=1}^{k}\lambda_j A_j=A_i A\quad(i=1,2,\cdots,k),$$

同理可知

$$AB_i=B_i A=\lambda_i B_i\quad(i=1,2,\cdots,k),$$

即

$$A_i AB_j=\lambda_i A_i B_j=A_i\lambda_j B_j=\lambda_j A_i B_j,$$

故有

$$(\lambda_i-\lambda_j)A_i B_j=O,$$

当 $i\neq j$ 时,有 $\lambda_i\neq\lambda_j$,可推知 $A_i B_j=O$,从而有

$$A_i=A_i E_n=A_i\sum_{j=1}^{k}B_j=A_i B_i=\sum_{j=1}^{k}A_j B_i=E_n B_i=B_i,$$

故满足条件(1)、(2)、(3)和(4)的 $A_i(i=1,2,\cdots,k)$ 是唯一的.

由定理 6 的证明可知,$A_i=V_i V_i^H$,因为 V_i 的秩为 r_i,所以有

$$\operatorname{rank}(A_i)\leqslant r_i.$$

另一方面

$$n=\operatorname{rank}(E_n)=\operatorname{rank}\left(\sum_{i=1}^{k}A_i\right)\leqslant\sum_{i=1}^{k}\operatorname{rank}(A_i)\leqslant\sum_{i=1}^{k}r_i=n,$$

故有

$$\operatorname{rank}(A_i)=r_i(i=1,2,\cdots,k).$$

正规矩阵还具有如下性质:

定理 7 设 $A\in\mathbf{C}^{n\times n}$ 是正规矩阵,则

(1) 存在酉矩阵 U,使得 $U^H AU$ 和 $U^H A^H U$ 均为对角矩阵;

(2) A 是单纯矩阵;

(3) 若 $Ax=\lambda_i x(x\neq 0)$,则 $A^H x=\bar{\lambda}_i x$;

(4) 属于 A 的不同特征值的特征向量必正交.

证 (1) 因为 A 是正规矩阵,由定理 5 可知,存在酉矩阵 U,使得

$$U^H AU=\operatorname{diag}(\lambda_1,\lambda_2,\cdots,\lambda_n), \tag{3-48}$$

其中 $\lambda_1,\lambda_2,\cdots,\lambda_n$ 是 A 的特征值.上式两端取共轭转置,有

$$(U^H AU)^H=U^H A^H U=\operatorname{diag}(\bar{\lambda}_1,\bar{\lambda}_2,\cdots,\bar{\lambda}_n), \tag{3-49}$$

所以 $U^H AU$ 和 $U^H A^H U$ 均为对角矩阵.

(2) 由于 A 是正规矩阵,由式(3-48)可知 A 与对角矩阵相似,由定理 2 可知 A 是单纯矩阵.

(3) 由式(3-48)可知

$$AU=U\operatorname{diag}(\lambda_1,\lambda_2,\cdots,\lambda_n),$$

于是设 $U=(u_1,u_2,\cdots,u_n)$,则有

$$Au_i=\lambda_i u_i\quad(i=1,2,\cdots,n). \tag{3-50}$$

再由式(3-49)可推得

$$A^H u_i=\bar{\lambda}_i u_i\quad(i=1,2,\cdots,n), \tag{3-51}$$

故对任意 $x\neq 0$,只要 $Ax=\lambda_i x$,必有 $A^H x=\bar{\lambda}_i x$.

(4) 设 λ_i、λ_j 是 A 的任意两个不相等的特征值,x_i、x_j 分别是对于 A 的特征值 λ_i、λ_j 的特征向量,由于

$$\bar{\lambda}_i(x_i,x_j)=(\lambda_i x_i,x_j)=(Ax_i,x_j)=(x_i,A^H x_j)=(x_i,\bar{\lambda}_j x_j)=\bar{\lambda}_j(x_i,x_j),$$

于是可知

$$(\bar{\lambda}_i-\bar{\lambda}_j)(x_i,x_j)=0,$$

由于 $\lambda_i\neq\lambda_j$,故 $\bar{\lambda}_i-\bar{\lambda}_j\neq 0$,因而有 $(x_i,x_j)=0$,由 λ_i、λ_j 的任意性可知,属于 A 的不同特征值的特征向量必正交. 证毕

正规矩阵的两种分解形式在结构上与单纯矩阵的两种分解形式相似,但是,它们还是有区别的.首先单纯矩阵与对角矩阵相似,而正规矩阵与对角矩阵酉相似;其次,容易判断在单纯矩阵的谱分解中,将 $A_i(i=1,2,\cdots,k)$ 作为算子时,它们是投影算子,不一定是正交投影算子.而在正规矩阵的谱分解中,将 $A_i(i=1,2,\cdots,k)$ 作为算子时,它们是正交投影算子.正规矩阵的特征子空间还是正交子空间.

三、与 Jordan 标准形矩阵相似的矩阵的分解

前面讨论了在 A 与对角矩阵相似的条件下,A 的谱分解,但是,任何一个方阵未必与一个对角矩阵相似.然而,每一个方阵必与一个 Jordan 标准形矩阵相似,Jordan 标准形矩阵是一个特殊的三角矩阵,它已经为矩阵分析及其应用带来了很大的方便,因而作为本节的结束,我们讨论与 Jordan 标准形矩阵相似的矩阵的分解.

因为当 $A\in\mathbf{C}^{n\times n}$ 时,必存在可逆矩阵 P,使得

$$P^{-1}AP=J, \tag{3-52}$$

其中

$$J=\begin{pmatrix} J_1 & O & \cdots & O \\ O & J_2 & \cdots & O \\ \vdots & & & \vdots \\ O & O & \cdots & J_k \end{pmatrix},\quad J_i=\begin{pmatrix} \lambda_i & 1 & 0 & \cdots & 0 \\ 0 & \lambda_i & 1 & \cdots & 0 \\ \vdots & & & & \vdots \\ 0 & 0 & 0 & \cdots & \lambda_i \end{pmatrix}\quad (i=1,2,\cdots,k).$$

于是我们有如下定理：

定理 8　若 $A\in\mathbf{C}^{n\times n}$，则 A 可分解为

$$A=\sum_{i=1}^{k}(\lambda_iA_i+B_i), \tag{3-53}$$

其中 n 阶矩阵 A_i、$B_i(i=1,2,\cdots,k)$ 满足

(1) $A_iA_j=\begin{cases} A_i & j=i \\ O & j\neq i \end{cases}\quad (i,j=1,2,\cdots,k)$；

(2) $B_iB_j=O(j\neq i)$；

(3) $\sum\limits_{i=1}^{k}A_i=E_n$

证　由于任意方阵都与 Jordan 标准形矩阵相似，故存在可逆矩阵 P，使得式(3-52)成立.设 J_i 是 $r_i\times r_i$ 阶方阵，并令

$$P=(\nu_{11},\cdots,\nu_{1r_1},\nu_{21},\cdots,\nu_{2r_2},\cdots,\nu_{k1},\cdots,\nu_{kr_k})\,P^{-1}=\begin{pmatrix} \omega_{11}^{\mathrm{T}} \\ \vdots \\ \omega_{1r_1}^{\mathrm{T}} \\ \omega_{21}^{\mathrm{T}} \\ \vdots \\ \omega_{2r_2}^{\mathrm{T}} \\ \vdots \\ \omega_{k1}^{\mathrm{T}} \\ \vdots \\ \omega_{kr_k}^{\mathrm{T}} \end{pmatrix},$$

将 P、P^{-1} 代入式(3-52)，有

$$A=\sum_{i=1}^{k}\left(\lambda_i\sum_{j=1}^{r_i}\nu_{ij}\omega_{ij}^{\mathrm{T}}+\sum_{j=1}^{r_i-1}\nu_{ij}\omega_{ij+1}^{\mathrm{T}}\right), \tag{3-54}$$

令 $A_i=\sum\limits_{j=1}^{r_i}\nu_{ij}\omega_{ij}^{\mathrm{T}}$，$B_i=\sum\limits_{j=1}^{r_i-1}\nu_{ij}\omega_{ij+1}^{\mathrm{T}}$，将 A_i、$B_i(i=1,2,\cdots,k)$ 代入式(3-54)，

可得式(3-53).

注意到 $P^{-1}P=E_n$,于是有

$$\omega_{ij}^{\mathrm{T}}\nu_{lm}=\begin{cases}1 & l=i \text{ 且 } m=j,\\ 0 & l\neq i \text{ 或 } m\neq j,\end{cases}$$

从而有

$$A_iA_l=\Big(\sum_{j=1}^{r_i}\nu_{ij}\omega_{ij}^{\mathrm{T}}\Big)\Big(\sum_{m=1}^{r_l}\nu_{lm}\omega_{lm}^{\mathrm{T}}\Big)=\sum_{j=1}^{r_i}\sum_{m=1}^{r_l}\nu_{ij}\omega_{ij}^{\mathrm{T}}\nu_{lm}\omega_{lm}^{\mathrm{T}}$$

$$=\begin{cases}\displaystyle\sum_{j=1}^{r_i}\nu_{ij}\omega_{ij}^{\mathrm{T}}=A_i & l=i,\\ O & l\neq i,\end{cases}$$

于是 $A_i(i=1,2,\cdots,k)$ 满足条件(1),类似地可证得 $B_i(i=1,2,\cdots,k)$ 满足条件(2),又因为

$$\sum_{i=1}^{k}A_i=\sum_{i=1}^{k}\sum_{j=1}^{r_i}\nu_{ij}\omega_{ij}^{\mathrm{T}}=PP^{-1}=E_n,$$

故 A_i 也满足条件(3). 证毕

§3 Hermite 矩阵及其分解

实对称矩阵是实矩阵中一类十分重要的矩阵,它在力学、物理学、自动控制与工程技术中有很广泛的应用.复矩阵中的 Hermite 矩阵与实矩阵中的实对称矩阵在其性质和证明方法上都十分相似.由于实对称矩阵在线性代数中已有所了解,本节仅介绍 Hermite 矩阵的性质及其分解.

定义 1 设 $A\in\mathbf{C}^{n\times n}$,若 $A^H=A$,则称 A 是 Hermite 矩阵;若 $A^H=-A$,则称 A 是反 Hermite 矩阵.

当 $A\in\mathbf{R}^{n\times n}$ 时,则 $A^H=A^{\mathrm{T}}=A$,所以实对称矩阵是 Hermite 矩阵的特殊情形.

类似于实对称矩阵,选定酉空间的一组基,Hermite 矩阵是在这组基下由内积所产生的矩阵,也是复二次型的系数矩阵.由于正定二次型的应用极为广泛,所以 Hermite 矩阵的应用也很广泛,它可以用来定义内积和范数,也可以用来刻划力学中的能量及系统控制中的品质指数.下面我们讨论 Hermite 矩阵的性质、复二次型及其分解.

由于 Hermite 矩阵的性质类似于实对称矩阵的性质,我们仅给出结论而不加以证明.

定理 1 设 $A\in\mathbf{C}^{n\times n}$ 是 Hermite 矩阵,则

（1）$(A\alpha,\beta)=(\alpha,A\beta)$，$\forall\ \alpha,\beta\in\mathbf{C}^n$；

（2）A 的特征值均为实数；

（3）属于 A 的不同特征值的特征向量正交.

推论 1　设 $A\in\mathbf{C}^{n\times n}$ 是 Hermite 矩阵，且 rank $(A)=r$，则 A 与矩阵

$$\begin{pmatrix} E_p & O & O \\ O & -E_{r-p} & O \\ O & O & O \end{pmatrix} \tag{3-55}$$

合同.

可以证明，p 由 A 唯一确定，因此我们称 p 是 A 的正惯性指数，称 $q=r-p$是 A 的负惯性指数，它们均是合同变换下的不变量.

定理 2　设 $A\in\mathbf{C}^{n\times n}$是反 Hermite 矩阵，则 A 的特征值均为纯虚数.

设向量 $X^H=(\bar{x}_1,\bar{x}_2,\cdots,\bar{x}_n)\in\mathbf{C}^n$，$a_{ij}\in\mathbf{C}$　$(i,j=1,2,\cdots,n)$，则二次齐次式为

$$f(x_1,x_2,\cdots,x_n)=\sum_{i=1}^{n}\sum_{j=1}^{n}a_{ij}\bar{x}_i x_j, \tag{3-56}$$

其中 $\bar{a}_{ij}=a_{ji}(i,j=1,2,\cdots,n)$，于是矩阵

$$A=(a_{ij})_{n\times n}$$

具有性质 $A^H=A$，即 A 是 Hermite 矩阵，此时式(3-56)可写为

$$f(X)=X^HAX, \tag{3-57}$$

则称式(3-57)为 Hermite 二次齐次式，简称为二次型.A 的秩称为 Hermite 二次齐次式的秩.显然 $f(X)=X^HAX$ 总是一个实数.

定义 2　设 $A\in\mathbf{C}^{n\times n}$是 Hermite 矩阵，对任意非零向量 $X\in\mathbf{C}^n$，都有

$$f(X)=X^HAX>0\quad(\geqslant 0),$$

则称二次型 $f(X)$ 是正定（半正定）二次型，此时称系数矩阵 A 为正定（半正定）矩阵.

首先我们给出正定 Hermite 矩阵的 Cholesky 分解.

定理 3　设 $A\in\mathbf{C}^{n\times n}$是正定 Hermite 矩阵，则 A 可分解为

$$A=(\widetilde{L}D^{1/2})(\widetilde{L}D^{1/2})^H=LL^H,$$

其中 $L=\widetilde{L}D^{1/2}$，$\widetilde{L}$ 是单位下三角矩阵，

$$D^{1/2}=\mathrm{diag}\left(\sqrt{\Delta_1},\sqrt{\frac{\Delta_2}{\Delta_1}},\cdots,\sqrt{\frac{\Delta_n}{\Delta_{n-1}}}\right),$$

$\Delta_k(k=1,2,\cdots,n)$是 A 的 k 阶顺序主子式.

证　由§1 定理 2 可知，A 可唯一地分解为

$$A=\widetilde{L}D\widetilde{R},$$

其中 $\widetilde{L}(\widetilde{R})$ 为单位下(上)三角矩阵,D 是对角矩阵且主对角线上元素均不为 0,记为

$$D=\operatorname{diag}(d_1,d_2,\cdots,d_n),$$

由 §1 定理 2 的证明可知

$$\Delta_k=d_1d_2\cdots d_k=\Delta_{k-1}d_k\quad(k=2,3,\cdots,n),$$

于是可得

$$D=\operatorname{diag}\left(\Delta_1,\frac{\Delta_2}{\Delta_1},\cdots,\frac{\Delta_n}{\Delta_{n-1}}\right),$$

又 $A^H=A$,从而有

$$\widetilde{L}D\widetilde{R}=(\widetilde{L}D\widetilde{R})^H=\widetilde{R}^HD^H\widetilde{L}^H,$$

注意到 $\Delta_k>0(k=1,2,\cdots,n)$ 均为实数,故 $D^H=D$,由分解式唯一可知 $\widetilde{R}=\widetilde{L}^H$,且

$$D=\operatorname{diag}\left(\Delta_1,\frac{\Delta_2}{\Delta_1},\cdots,\frac{\Delta_n}{\Delta_{n-1}}\right)=D^{1/2}(D^{1/2})^H,$$

于是有

$$A=\widetilde{L}D\widetilde{R}=\widetilde{L}D^{1/2}(D^{1/2})^H\widetilde{L}^H=(\widetilde{L}D^{1/2})(\widetilde{L}D^{1/2})^H=LL^H,$$

从而分解式成立. 证毕

定理 4 设 $A\in\mathbf{C}^{n\times n}$ 是 Hermite 矩阵,则下列命题等价:

(1) A 是正定矩阵;

(2) A 的特征值全为正实数;

(3) A 与 E 合同;

(4) A 的顺序主子式全为正.

下面给出正定 Hermite 矩阵的性质.

定理 5 设 $A\in\mathbf{C}^{n\times n}$ 是正定 Hermite 矩阵,则

(1) A 的主对角线上元素均大于零;

(2) 存在正定 Hermite 矩阵 B,使得 $A=B^2$;

(3) A 的任意 k 行和对应的 k 列组成的主子阵是正定的,即

$$A_{i_1i_2\cdots i_k}=\begin{pmatrix}a_{i_1i_1}&a_{i_1i_2}&\cdots&a_{i_1i_k}\\a_{i_2i_1}&a_{i_2i_2}&\cdots&a_{i_2i_k}\\\vdots&&&\vdots\\a_{i_ki_1}&a_{i_ki_2}&\cdots&a_{i_ki_k}\end{pmatrix}\quad(1\leqslant i_1<i_2<\cdots<i_k\leqslant n)$$

是正定矩阵;

(4) 设A的对角线上元素为$a_{ii}(i=1,2,\cdots,n)$,则有$\det A\leqslant\prod_{i=1}^{n}a_{ii}$,等号成立当且仅当$A$是对角矩阵.

证 (1) 因为A是Hermite矩阵,取

$$X_i=(0,\cdots,0,\overset{i}{1},0,\cdots,0)^{\mathrm{T}}\neq 0\quad(i=1,2,\cdots,n),$$

则有

$$f(X_i)=X_i^HAX_i=a_{ii}>0\quad(i=1,2,\cdots,n).$$

(2) 因为A是Hermite矩阵,所以A是正规矩阵,由§2定理5可知,存在酉矩阵U,使得

$$A=U\mathrm{diag}(\lambda_1,\lambda_2,\cdots,\lambda_n)U^H,$$

其中$\lambda_i(i=1,2,\cdots,n)$是$A$的特征值.因为$A$正定,故$\lambda_i>0(i=1,2,\cdots,n)$,记

$$\Lambda^{1/2}=\mathrm{diag}(\sqrt{\lambda_1},\sqrt{\lambda_2},\cdots,\sqrt{\lambda_n}),$$

于是有

$$A=U\Lambda^{1/2}E\Lambda^{1/2}U^H=(U\Lambda^{1/2}U^H)(U\Lambda^{1/2}U^H)=B^2,$$

其中$B=U\Lambda^{1/2}U^H$,显然B是正定的Hermite矩阵.

(3) 设$X_{i_j}=(0,\cdots,0,\overset{i_j}{1},0,\cdots,0)^{\mathrm{T}}(j=1,2,\cdots,k,\quad 1\leqslant i_1<i_2<\cdots<i_k\leqslant n)$,并取

$$P_k=(\alpha_{i_1},\alpha_{i_2},\cdots,\alpha_{i_k}),$$

任取$t\in\mathbf{C}^k$且$t\neq 0$,于是$P_kt\in\mathbf{C}^n$且$P_kt\neq 0$,由A正定可知

$$(P_kt)^HA(P_kt)=t^H(P_k^HAP_k)t=t^HA_{i_1i_2\cdots i_k}t>0.$$

于是可知$A_{i_1i_2\cdots i_k}$正定.

(4) 由定理3可知,存在下三角矩阵

$$L=\begin{pmatrix}l_{11}&0&\cdots&0\\l_{21}&l_{22}&\cdots&0\\\vdots&&&\vdots\\l_{n1}&l_{n2}&\cdots&l_{nn}\end{pmatrix},$$

使得

$$A=LL^H=\begin{pmatrix}l_{11}&0&\cdots&0\\l_{21}&l_{22}&\cdots&0\\\vdots&&&\vdots\\l_{n1}&l_{n2}&\cdots&l_{nn}\end{pmatrix}\begin{pmatrix}\bar{l}_{11}&\bar{l}_{21}&\cdots&\bar{l}_{n1}\\0&\bar{l}_{22}&\cdots&\bar{l}_{n2}\\\vdots&\vdots&&\vdots\\0&0&\cdots&\bar{l}_{nn}\end{pmatrix}$$

$$= \begin{pmatrix} |l_{11}|^2 & * & \cdots & * \\ * & \sum_{i=1}^{2} |l_{2i}|^2 & \cdots & * \\ \vdots & & & \vdots \\ * & * & \cdots & \sum_{i=1}^{n} |l_{ni}|^2 \end{pmatrix}, \tag{3-58}$$

由于

$$\det A = \det L \det L^H = \prod_{i=1}^{n} |l_{ii}|^2 \leqslant \prod_{i=1}^{n} a_{ii},$$

由式(3-58)及 L 的形式可知,等号成立当且仅当 A 是对角矩阵. 证毕

半正定矩阵也有很广泛的应用,它有与正定矩阵相应的结论,类似于定理 4、定理 5 的证明可证得如下两个结论.

定理 6 设 $A \in \mathbf{C}^{n\times n}$ 是 Hermite 矩阵,则下列命题等价:

(1) A 是半正定矩阵;

(2) A 的特征值非负;

(3) A 与 $\begin{pmatrix} E_r & O \\ O & O \end{pmatrix}$ 合同,其中 $r = \text{rank}(A)$;

(4) A 的所有主子式均非负,即

$$\det(A_{i_1 i_2 \cdots i_k}) \geqslant 0 \quad (1 \leqslant i_1 < i_2 < \cdots < i_k \leqslant n;\ k = 1, 2, \cdots, n).$$

定理 7 设 $A \in \mathbf{C}^{n\times n}$ 是半正定 Hermite 矩阵,则

(1) A 的主对角线上元素均非负;

(2) 存在半正定 Hermite 矩阵 B,使得 $A = B^2$.

因为 Hermite 矩阵是单纯矩阵,所以 Hermite 矩阵都可化为对角矩阵.但是,在实际问题中,我们常常要考虑将两个 Hermite 矩阵同时化为对角形矩阵的问题.例如,广义特征值:

$$Bx = \lambda Ax$$

就是在 A 正定的条件下,采用将 A、B 同时对角化来讨论的.

定理 8 若 $A \in \mathbf{C}^{n\times n}$ 是正定 Hermite 矩阵,$B \in \mathbf{C}^{n\times n}$ 是 Hermite 矩阵,则存在可逆矩阵 $T \in \mathbf{C}^{n\times n}$,使得

$$T^H A T = E_n, \quad T^H B T = \Lambda, \tag{3-59}$$

其中 Λ 是对角矩阵.

证 因为 A 是正定 Hermite 矩阵,所以 A 与 E_n 合同,即存在可逆矩阵 P,使得

$$P^H A P = E_n. \tag{3-60}$$

令 $Q=P^HBP$,易知 Q 是 Hermite 矩阵,由§2 定理 5 可知,存在酉矩阵 U,使得

$$UQU^H=\Lambda, \tag{3-61}$$

其中 $\Lambda=\mathrm{diag}(\lambda_1,\lambda_2,\cdots,\lambda_n)$ 是对角矩阵,再令 $T=PU^H$,由式(3-60)和式(3-61),有

$$T^HAT=UP^HAPU^H=UU^H=E_n,$$

$$T^HBT=UP^HBPU^H=UQU^H=\Lambda.$$

证毕

值得注意的是,要把 Hermite 矩阵和正定的 Hermite 矩阵同时化为对角矩阵的关键是求 Λ 的对角线上元素,而由式(3-61)可知,Λ 的对角线上元素 λ_i 都是 Q 的特征值,由于 A 是正定矩阵,有 $\det A>0$,于是有

$$\begin{aligned}\det(\lambda E_n-Q)&=\det(\lambda E_n-P^HBP)\\&=\det[P^H(\lambda A-B)P]=\det[P^HA(\lambda E_n-A^{-1}B)P]\\&=\det(P^HA)\det(\lambda E_n-A^{-1}B)\det P\\&=\det(P^HAP)\det(\lambda E_n-A^{-1}B)\\&=\det(\lambda E_n-A^{-1}B).\end{aligned}$$

由此可见,Q 的特征值就是 $A^{-1}B$ 的特征值,但 $A^{-1}B$ 一般不再是 Hermite 矩阵,由定理 8 可知采用同时对角化,则可以使 $Bx=\lambda Ax$ 在 A、B 均为 Hermite 矩阵且 A 正定时有

$$T^HBTx=\lambda x \text{ 或 } \Lambda x=\lambda x,$$

显然 T^HBT 仍是 Hermite 矩阵,这就将广义特征值问题转化为一般的 Hermite 矩阵的特征值问题了.

例 1 设矩阵为

$$A=\begin{pmatrix}1 & \mathrm{i}\\-\mathrm{i} & 2\end{pmatrix},\qquad B=\begin{pmatrix}1 & 1+\mathrm{i}\\1-\mathrm{i} & 1\end{pmatrix},$$

试把矩阵 A、B 同时对角化.

解 由于 $A^H=A,B^H=B$,且 $\Delta_1=1,\Delta_2=2+i^2=1$,故 A 是正定的 Hermite 矩阵,B 是 Hermite 矩阵,由定理 8 可知,A、B 可同时对角化.容易求出

$$A^{-1}=\begin{pmatrix}2 & -\mathrm{i}\\\mathrm{i} & 1\end{pmatrix},\qquad A^{-1}B=\begin{pmatrix}1-\mathrm{i} & 2+\mathrm{i}\\1 & \mathrm{i}\end{pmatrix},$$

于是由

$$\det(\lambda E-A^{-1}B)=\lambda^2-\lambda-1=\left(\lambda-\frac{1+\sqrt{5}}{2}\right)\left(\lambda-\frac{1-\sqrt{5}}{2}\right),$$

可知,A 与 E 合同,B 与 $\begin{pmatrix} \frac{1+\sqrt{5}}{2} & 0 \\ 0 & \frac{1-\sqrt{5}}{2} \end{pmatrix}$ 合同.

推论 2 若 A、$B\in \mathbf{C}^{n\times n}$ 都是正定的 Hermite 矩阵,$A-B$ 是半正定矩阵,则 A^{-1}、B^{-1} 都是正定的 Hermite 矩阵,$B^{-1}-A^{-1}$ 是半正定的矩阵.

证 由定理 8 可知,存在可逆矩阵 T,使得

$$T^{H}AT=E_n,T^{H}BT=\Lambda=\operatorname{diag}(\lambda_1,\lambda_2,\cdots,\lambda_n),$$

由 A、B 正定可知 $T^{H}AT$、$T^{H}BT$ 都是正定矩阵,故 $\lambda_i(i=1,2,\cdots,n)$ 均为正实数,从而有

$$T^{-1}A^{-1}(T^{-1})^{H}=E_n,T^{-1}B^{-1}(T^{-1})^{H}=\Lambda^{-1}=\operatorname{diag}\left(\frac{1}{\lambda_1},\frac{1}{\lambda_2},\cdots,\frac{1}{\lambda_n}\right),$$

显然 A^{-1}、B^{-1} 都是正定的 Hermite 矩阵.又由于 $A-B$ 是半正定矩阵,故

$$T^{H}(A-B)T=E_n-\Lambda=\operatorname{diag}(1-\lambda_1,1-\lambda_2,\cdots,1-\lambda_n)$$

也是半正定矩阵,故有 $1-\lambda_i\geqslant 0$,即 $\lambda_i\leqslant 1(i=1,2,\cdots,n)$,于是有 $\frac{1}{\lambda_i}\geqslant 1$ $(i=1,2,\cdots,n)$,从而有

$$T^{-1}(B^{-1}-A^{-1})(T^{-1})^{H}=\Lambda^{-1}-E_n=\operatorname{diag}\left(\frac{1-\lambda_1}{\lambda_1},\frac{1-\lambda_2}{\lambda_2},\cdots,\frac{1-\lambda_n}{\lambda_n}\right),$$

由 $\Lambda^{-1}-E_n$ 是半正定矩阵可知 $B^{-1}-A^{-1}$ 也是半正定矩阵. 证毕

关于矩阵的正定性研究,过去只限于对称矩阵和 Hermite 矩阵,近年来已经提出一种称为广义正定矩阵的概念,将对称和 Hermite 矩阵的限制去掉.我们先给出广义正定矩阵的概念.

定义 3 设 $A\in \mathbf{R}^{n\times n}$,若对任何非零向量 $X\in \mathbf{R}^{n}$,都有

$$X^{\mathrm{T}}AX>0,$$

则称 A 为广义正定矩阵.

容易证明,广义正定矩阵有以下两条性质:

(1) 若 A 是广义正定矩阵,则 A^{T} 也是广义正定矩阵;

(2) 若 A、B 均是 n 阶广义正定矩阵,则 $A+B$ 也是广义正定矩阵.

由于任何一个方阵都可分解为一个对称矩阵与一个反对称矩阵之和,设 $A\in \mathbf{R}^{n\times n}$,令 $S=\frac{1}{2}(A+A^{\mathrm{T}})$,$K=\frac{1}{2}(A-A^{\mathrm{T}})$,则 $A=S+K$ 且 S、K 分别为对称矩阵和反对称矩阵,把 S、K 分别称为 A 的对称分量和反对称分

量.很明显,方阵的对称分量和反对称分量是唯一的.现在我们给出如下两个定理:

定理 9 设 $A\in\mathbf{R}^{n\times n}$,则下列命题等价:

(1) A 是广义正定矩阵;

(2) A 的对称分量 S 是正定矩阵;

(3) 存在可逆矩阵 P,使得

$$P^{\mathrm{T}}AP=\operatorname{diag}\left(\begin{pmatrix}1 & a_1\\ -a_1 & 1\end{pmatrix},\cdots,\begin{pmatrix}1 & a_k\\ -a_k & 1\end{pmatrix},1,\cdots,1\right),$$

其中 $a_1\geqslant a_2\geqslant\cdots\geqslant a_k>0$.

定理 10 设 $A\in\mathbf{R}^{n\times n}$,$S$、$K$ 分别是 A 的对称分量和反对称分量,则

(1) $\min\{\lambda(S)\}\leqslant\operatorname{Re}\{\lambda(A)\}\leqslant\max\{\lambda(S)\}$;

(2) 如果 A 是广义正定矩阵,则有

$$\det A\geqslant\det S+\det K;$$

(3) 如果 A 是广义正定矩阵,则 $\det A>0$;

(4) 如果 A 是广义正定矩阵,则 A 的顺序主子式大于或等于 S 和 K 相应的顺序主子式之和;

(5) 如果 A 是广义正定矩阵,则 A^{-1} 也是广义正定矩阵.

§4 矩阵的最大秩分解

前面讨论的矩阵分解主要讨论的是 n 阶方阵的分解,或非方阵的三角分解.本节介绍 $m\times n$ 矩阵 A 分解为两个与 A 同秩的因子的乘积的具体方法,进而讨论不同分解之间的关系.矩阵的这种分解在广义逆矩阵中起着十分重要的作用.

定理 1 设 $A\in\mathbf{C}_r^{m\times n}$,则存在矩阵 $B\in\mathbf{C}_r^{m\times r}$,$D\in\mathbf{C}_r^{r\times n}$,使得

$$A=BD. \tag{3-62}$$

证 由§1 定理 5 可知,存在酉矩阵 $U\in\mathbf{C}^{m\times m}$、$V\in\mathbf{C}^{n\times n}$ 和 r 阶正线下三角矩阵 L,使得

$$A=U\begin{pmatrix}L & O\\ O & O\end{pmatrix}V.$$

令

$$U=(U_1,U_2),V=\begin{pmatrix}V_1\\ V_2\end{pmatrix},$$

其中 $U_1\in\mathbf{C}_r^{m\times r}$,$U_2\in\mathbf{C}_{m-r}^{m\times(m-r)}$,$V_1\in\mathbf{C}_r^{r\times n}$,$V_2\in\mathbf{C}_{n-r}^{(n-r)\times n}$,则有

$$A=(U_1,U_2)\begin{pmatrix}L & O\\ O & O\end{pmatrix}\begin{pmatrix}V_1\\ V_2\end{pmatrix}=U_1LV_1=BD,$$

其中 $B=U_1\in \mathbf{C}_r^{m\times r}$，$D=LV_1\in \mathbf{C}_r^{r\times n}$，故式(3-62)成立. 证毕

矩阵的这种分解称为最大秩分解，或称为满秩分解.

由定理的证明可知，矩阵 A 的最大秩分解不是唯一的. 下面我们给出一种求解 B、D 的方法.

首先将 A 进行初等行变换，使其化为行标准形，即将 A 化为

$$\widetilde{A}=\begin{pmatrix}
0 & \cdots & 0 & \overset{i_1}{1} & * & \cdots & * & \overset{i_2}{0} & * & \cdots & * & \overset{i_r}{0} & * & \cdots & *\\
0 & \cdots & 0 & 0 & 0 & \cdots & 0 & 1 & * & \cdots & * & 0 & * & \cdots & *\\
\vdots & & & \vdots & & & & \vdots & & & & \vdots & & & \vdots\\
0 & \cdots & 0 & 0 & 0 & \cdots & 0 & 0 & 0 & \cdots & 0 & 1 & * & \cdots & *\\
0 & \cdots & 0 & 0 & 0 & \cdots & 0 & 0 & 0 & \cdots & 0 & 0 & 0 & \cdots & 0\\
\vdots & & & \vdots & & & & \vdots & & & & \vdots & & & \vdots\\
0 & \cdots & 0 & 0 & 0 & \cdots & 0 & 0 & 0 & \cdots & 0 & 0 & 0 & \cdots & 0
\end{pmatrix}, \tag{3-63}$$

其中“ * ”表示不一定为零的元素，前 r 个行的元素不全为 0，后 $m-r$ 个行的元素全为 0，在 $\widetilde{A}$ 中，第 i_j 列的元素除了第 j 个元素为 1 外，其余元素全为 0($j=1,2,\cdots,r$)，于是由 A 中第 $i_1,i_2,\cdots,i_r$ 列的元素组成的 $m\times r$ 阶矩阵就是 B，而在 $\widetilde{A}$ 中除去下面 $m-r$ 个元素全为 0 的行外，所得的 $r\times n$ 阶矩阵就是 D. 容易证明 $A=BD$.

例 1 求矩阵

$$A=\begin{pmatrix}3 & 1 & -1 & -2 & 2\\ 1 & -5 & 2 & 1 & -1\\ 2 & 6 & -3 & -3 & 3\\ -1 & -11 & 5 & 4 & -4\end{pmatrix},$$

的最大秩分解.

解 将 A 进行初等行变换，容易计算出 A 的行标准形矩阵为

$$A\to\widetilde{A}=\begin{pmatrix}1 & 0 & -\frac{3}{16} & -\frac{9}{16} & \frac{9}{16}\\ 0 & 1 & -\frac{7}{16} & -\frac{5}{16} & \frac{5}{16}\\ 0 & 0 & 0 & 0 & 0\\ 0 & 0 & 0 & 0 & 0\end{pmatrix},$$

于是取 A 的前两列组成的矩阵 B 为

$$B=\begin{pmatrix}3 & 1\\ 1 & -5\\ 2 & 6\\ -1 & -11\end{pmatrix},$$

再取 $\widetilde{A}$ 中非零行组成的矩阵 D 为

$$D=\begin{pmatrix}1 & 0 & -\frac{3}{16} & -\frac{9}{16} & \frac{9}{16}\\ 0 & 1 & -\frac{7}{16} & -\frac{5}{16} & \frac{5}{16}\end{pmatrix},$$

容易验证 $A=BD$.

由于在矩阵理论中,一般“行”具有的性质,对“列”也同样具有.例如,在例 1 中,将 A 通过一系列初等列变换,可化为标准形 $\widetilde{A}_1$ 是

$$A\to\widetilde{A}_1=\begin{pmatrix}1 & 0 & 0 & 0 & 0\\ 0 & 1 & 0 & 0 & 0\\ 1 & -1 & 0 & 0 & 0\\ -1 & 2 & 0 & 0 & 0\end{pmatrix},$$

于是取 $\widetilde{A}_1$ 不为零的列组成的矩阵 B_1 为

$$B_1=\begin{pmatrix}1 & 0\\ 0 & 1\\ 1 & -1\\ -1 & 2\end{pmatrix},$$

再取 A 的前两行组成的矩阵 D_1 为

$$D_1=\begin{pmatrix}3 & 1 & -1 & -2 & 2\\ 1 & -5 & 2 & 1 & -1\end{pmatrix},$$

容易验证 $A=B_1D_1$.

由例 1 可以看出,$B_1\neq B$,故 A 的最大秩分解是不唯一的.所以我们将在下面讨论矩阵 A 的任意两个最大秩分解之间的关系.

定理 2 设 $A\in\mathbf{C}_r^{m\times n}$,且 $A=B_1D_1=B_2D_2$ 均为 A 的最大秩分解,则

(1) 存在 r 阶可逆矩阵 Q,使得

$$B_1=B_2Q,\quad D_1=Q^{-1}D_2; \tag{3-64}$$

(2) $$D_1^H(D_1D_1^H)^{-1}(B_1^HB_1)^{-1}B_1^H=D_2^H(D_2D_2^H)^{-1}(B_2^HB_2)^{-1}B_2^H. \tag{3-65}$$

证 （1）由于 $A=B_1D_1=B_2D_2$，故有

$$B_1D_1D_1^H=B_2D_2D_1^H, \tag{3-66}$$

其中 $D_1D_1^H\in\mathbf{C}^{r\times r}$ 且 $\text{rank}(D_1D_1^H)=\text{rank}(D_1)=r$，故 $D_1D_1^H$ 可逆，在式(3-66)两端右乘 $(D_1D_1^H)^{-1}$ 可得

$$B_1=B_2[D_2D_1^H(D_1D_1^H)^{-1}]=B_2Q_1, \tag{3-67}$$

其中 $Q_1=D_2D_1^H(D_1D_1^H)^{-1}\in\mathbf{C}^{r\times r}$，同理可得

$$D_1=(B_1^HB_1)^{-1}B_1^HB_2D_2=Q_2D_2, \tag{3-68}$$

其中 $Q_2=(B_1^HB_1)^{-1}B_1^HB_2\in\mathbf{C}^{r\times r}$，将式(3-67)、式(3-68)代入 $B_1D_1=B_2D_2$ 可得

$$B_1D_1=B_2Q_1Q_2D_2=B_2D_2,$$

上式两端同时左乘 B_2^H 和右乘 D_2^H 可得

$$(B_2^HB_2)(Q_1Q_2)(D_2D_2^H)=(B_2^HB_2)(D_2D_2^H),$$

与 $D_1D_1^H$ 可逆同理，$B_2^HB_2$ 与 $D_2D_2^H$ 均可逆，因而上式两端分别左乘 $(B_2^HB_2)^{-1}$ 和右乘 $(D_2D_2^H)^{-1}$ 可得

$$Q_1Q_2=E_r,$$

于是记 $Q=Q_1$，即 $Q_2=Q^{-1}$，式(3-64)成立.

（2）由式(3-64)可知

$$\begin{aligned}D_1^H(D_1D_1^H)^{-1}(B_1^HB_1)^{-1}B_1^H&=(Q^{-1}D_2)^H[Q^{-1}D_2(Q^{-1}D_2)^H]^{-1}[(B_2Q)^HB_2Q]^{-1}(B_2Q)^H\\&=D_2^H(Q^{-1})^H[Q^{-1}D_2D_2^H(Q^{-1})^H]^{-1}(Q^HB_2^HB_2Q)^{-1}Q^HB_2^H\\&=D_2^H(Q^H)^{-1}Q^H(D_2D_2^H)^{-1}Q\,Q^{-1}(B_2^HB_2)^{-1}(Q^H)^{-1}Q^HB_2^H\\&=D_2^H(D_2D_2^H)^{-1}(B_2^HB_2)^{-1}B_2^H.\end{aligned}$$

证毕

从定理 2 的第二个结论可知，虽然 A 的最大秩分解不唯一，但是由最大秩分解所作出的这种形式的乘积

$$D^H(DD^H)^{-1}(B^HB)^{-1}B^H$$

是不变的，这个乘积表达式恰好是今后要用的 A 的 M-P 广义逆矩阵.

§5 矩阵的奇异值分解

Jordan 标准形矩阵在矩阵理论及其应用中扮演着非常重要的角色，但是，Jordan 标准形矩阵有两个局限性，第一 Jordan 标准形矩阵是方阵的一种分解形式，第二虽然 Jordan 标准形矩阵是一个特殊的三角矩阵，然而它仍不如对角矩阵那样方便地使用. 对任意矩阵 $A\in\mathbf{C}_r^{m\times n}$，由 §1 的分解可知，存在酉矩阵 U、V 和 r 阶上(下)三角矩阵 $R(L)$，使得

$$A=U\begin{pmatrix}R & O\\ O & O\end{pmatrix}V \quad \left(A=U\begin{pmatrix}L & O\\ O & O\end{pmatrix}V\right), \tag{3-69}$$

但仍受到与 Jordan 标准形矩阵类似的限制.我们将对上述形式的研究作进一步的简化,使 $R(L)$ 为一对角矩阵,且主对角线上元素为 A 的奇异值.从而突破了 Jordan 标准形矩阵的两个局限性,获得矩阵的奇异值分解.矩阵的奇异值分解形式是现代矩阵理论研究的一种非常重要的形式,并在线性动态系统的识辨、实验数据的处理、古典控制中的频率法等方面都有极为广泛的应用.

定理 1 设 $A\in \mathbf{C}^{m\times n}$,则有

(1) $\operatorname{rank}(A)=\operatorname{rank}(A^HA)=\operatorname{rank}(AA^H)$;

(2) A^HA、AA^H 的特征值均为非负实数;

(3) A^HA 与 AA^H 的非零特征值相同.

证 (1) 设 $\operatorname{rank}(A^HA)=r$,则 $A^HAx=0$ 的解空间的维数是 $n-r$,任取 x 是 $A^HAx=0$ 的解空间的向量,则有

$$(Ax)^H(Ax)=x^HA^HAx=x^H(A^HAx)=0,$$

于是有 $Ax=0$,所以 x 也属于 $Ax=0$ 的解空间中的向量.这就说明了 $\operatorname{rank}(A)\leqslant\operatorname{rank}(A^HA)$.另一方面显然有 $\operatorname{rank}(A)\geqslant\operatorname{rank}(A^HA)$,从而可知

$$\operatorname{rank}(A)=\operatorname{rank}(A^HA),$$

注意到 A 的秩等于 A^H 的秩可知(1)成立.

(2) 设 λ 是 A^HA 的任意特征值,$\alpha\in\mathbf{C}^n$ 是 A^HA 对于 λ 的特征向量,即有

$$A^HA\alpha=\lambda\alpha,$$

由于 A^HA 是 Hermite 矩阵,故 λ 是实数,并且有

$$0\leqslant(A\alpha,A\alpha)=(\alpha,A^HA\alpha)=(\alpha,\lambda\alpha)=\lambda(\alpha,\alpha),$$

由于 α 是非零向量,故$(\alpha,\alpha)>0$,于是可知 $\lambda\geqslant 0$.

同理可证 AA^H 的特征值也均为非负实数.

(3) 设 A^HA 的特征值依大小顺序编号为

$$\lambda_1\geqslant\lambda_2\geqslant\cdots\geqslant\lambda_r>\lambda_{r+1}=\cdots=\lambda_n=0,$$

而 AA^H 的特征值也依大小顺序编号为

$$\mu_1\geqslant\mu_2\geqslant\cdots\geqslant\mu_k>\mu_{k+1}=\cdots=\mu_m=0.$$

设 $\alpha_i\in\mathbf{C}^n$ 是 A^HA 的非零特征值 $\lambda_i(i=1,2,\cdots,r)$ 所对应的特征空间的任意非零特征向量,则有

$$A^HA\alpha_i=\lambda_i\alpha_i \quad (i=1,2,\cdots,r).$$

于是有

$$(AA^H)(A\alpha_i)=A(A^HA)\alpha_i=\lambda_iA\alpha_i \quad (i=1,2,\cdots,r).$$

易知 $A\alpha_i\neq 0$(否则 $A\alpha_i=0$,则 $A^HA\alpha_i=0=\lambda_i\alpha_i$,可推知 $\lambda_i=0$ 与 $\lambda_i\neq 0$ 矛盾),故 λ_i 也是 AA^H 的非零特征值.同理可证,AA^H 的非零特征值也是 A^HA 的非零特征值.如果还能证明 A^HA 与 AA^H 的非零特征值的代数重复度也相同,则 A^HA 与 AA^H 的非零特征值就完全相同了.下面我们来证明 A^HA 与 AA^H 的任意非零特征值的代数重复度相同.

设 $y_1,y_2,\cdots,y_p$ 是 A^HA 对应于非零特征值 λ 的特征子空间的一组基,因为 A^HA 是 Hermite 矩阵,于是可知 A^HA 是单纯矩阵,则 p 也是 λ 的代数重复度.由以上的证明可知,$Ay_i\neq 0(i=1,2,\cdots,p)$ 也是 AA^H 的特征向量,只要证明 $Ay_i(i=1,2,\cdots,p)$ 线性无关,则 A^HA 关于 λ 的特征子空间的维数不大于 AA^H 关于 λ 的特征子空间的维数.令

$$k_1Ay_1+k_2Ay_2+\cdots+k_pAy_p=0.$$

于是有

$$A(k_1y_1+k_2y_2+\cdots+k_py_p)=0.$$

两边左乘矩阵 A^H,有

$$A^HA(k_1y_1+k_2y_2+\cdots+k_py_p)=0.$$

注意到 $y_1,y_2,\cdots,y_p$ 均为 A^HA 对于 λ 的特征向量,从而有

$$\lambda(k_1y_1+k_2y_2+\cdots+k_py_p)=0.$$

已知 $\lambda\neq 0$ 与 $y_1,y_2,\cdots,y_p$ 线性无关,可得 $k_i(i=1,2,\cdots,p)$ 全为零,因而 $Ay_i(i=1,2,\cdots,p)$ 线性无关.

反之利用同样方法也可证明,AA^H 关于 λ 的特征子空间的维数不大于 A^HA 关于 λ 的特征子空间的维数.由 $\lambda>0$ 的任意性可知,A^HA 与 AA^H 的非零特征值的代数重复度相同. 证毕

下面给出奇异值的概念.

定义 1 设 $A\in \mathbf{C}_r^{m\times n}$,$A^HA$ 的特征值为

$$\lambda_1\geqslant\lambda_2\geqslant\cdots\geqslant\lambda_r>\lambda_{r+1}=\cdots=\lambda_n=0,$$

则称 $\sigma_i=\sqrt{\lambda_i}\ (i=1,2,\cdots,r)$ 为矩阵 A 的正奇异值.

由定理 1 可知,A 与 A^H 有相同的正奇异值.

例 1 设矩阵 A 为

$$A=\begin{pmatrix}1&0&0\\2&0&0\end{pmatrix},$$

求 A 的正奇异值.

解 $$A^HA=\begin{pmatrix}1&2\\0&0\\0&0\end{pmatrix}\begin{pmatrix}1&0&0\\2&0&0\end{pmatrix}=\begin{pmatrix}5&0&0\\0&0&0\\0&0&0\end{pmatrix},$$

显然 A^HA 的非零特征值为 5,从而可知 A 的正奇异值为$\sqrt{5}$.

定义 2 设 A、$B\in\mathbf{C}^{m\times n}$,如果存在酉矩阵 $U\in\mathbf{C}^{m\times m}$ 和 $V\in\mathbf{C}^{n\times n}$,使得

$$A=UBV, \tag{3-70}$$

则称 A 与 B 酉等价.

定理 2 若 A 与 B 酉等价,则 A 与 B 有相同的正奇异值.

证 若 A 与 B 酉等价,则存在酉矩阵 U、V 使式(3-70)成立.于是有

$$AA^H=(UBV)(UBV)^H=UBVV^HB^HU^H=UBB^HU^H,$$

则 AA^H 与 BB^H 相似,它们有相同的特征值.故 A 与 B 有相同的正奇异值.

证毕

在 §2 的研究中可知,一个正规矩阵酉相似于一个对角矩阵,而对于非单纯矩阵,虽然可分解为 Jordan 标准形矩阵,但 Jordan 标准形矩阵为三角矩阵,并非对角矩阵.下面我们将看到任意矩阵在奇异值分解下都可分解为对角矩阵.

定理 3 设 $A\in\mathbf{C}_r^{m\times n}$,$\sigma_1,\sigma_2,\cdots,\sigma_r$ 是 A 的 r 个正奇异值,则存在 m 阶酉矩阵 U 及 n 阶酉矩阵 V,使得

$$A=U\begin{pmatrix}D&O\\O&O\end{pmatrix}V, \tag{3-71}$$

其中 $D=\mathrm{diag}\,(\delta_1,\delta_2,\cdots,\delta_r)$,而 δ_i 是满足 $|\delta_i|=\sigma_i(i=1,2,\cdots,r)$ 的复数.

证 因为 A^HA 是 n 阶正规矩阵,所以由 §2 定理 5 可知,存在 n 阶酉矩阵 V,使得

$$VA^HAV^H=\begin{pmatrix}D^HD&O\\O&O\end{pmatrix}=\mathrm{diag}\,(\sigma_1^2,\sigma_2^2,\cdots,\sigma_r^2,0,\cdots,0), \tag{3-72}$$

设 $V=\begin{pmatrix}V_1\\V_2\end{pmatrix}$,其中 $V_1\in\mathbf{C}_r^{r\times n}$,$V_2\in\mathbf{C}_{n-r}^{(n-r)\times n}$,代入式(3-72),有

$$VA^HAV^H=\begin{pmatrix}V_1A^HAV_1^H&V_1A^HAV_2^H\\V_2A^HAV_1^H&V_2A^HAV_2^H\end{pmatrix}=\begin{pmatrix}D^HD&O\\O&O\end{pmatrix}, \tag{3-73}$$

比较式(3-73)两端,可得

$$V_1A^HAV_1^H=D^HD, \tag{3-74}$$

$$V_2A^HAV_2^H=O, \tag{3-75}$$

由式(3-75)有

$$V_2A^HAV_2^H=(AV_2^H)^H(AV_2^H)=O,$$

从而可推知

$$AV_2^H=O. \tag{3-76}$$

令 $U_1^H=(D^H)^{-1}V_1A^H\in\mathbf{C}^{r\times m}$，将 U_1^H 扩充成 m 阶酉矩阵 $U^H=\begin{pmatrix}U_1^H\\U_2^H\end{pmatrix}$，即有

$$U_2^HU_1=U_2^HAV_1^HD^{-1}=O,$$

于是有

$$U_2^HAV_1^H=O, \tag{3-77}$$

再由式(3-74)和式(3-76)可知

$$U_1^HAV_1^H=(D^H)^{-1}V_1A^HAV_1^H=(D^H)^{-1}D^HD=D,$$

$$U_1^HAV_2^H=U_2^HAV_2^H=O,$$

从而有

$$U^HAV^H=\begin{pmatrix}U_1^H\\U_2^H\end{pmatrix}A(V_1^H,V_2^H)=\begin{pmatrix}U_1^HAV_1^H & U_1^HAV_2^H\\U_2^HAV_1^H & U_2^HAV_2^H\end{pmatrix}=\begin{pmatrix}D & O\\O & O\end{pmatrix},$$

故

$$A=U\begin{pmatrix}D & O\\O & O\end{pmatrix}V.$$

证毕

例 2 求例 1 的矩阵的奇异值分解.

解 由例 1 可知，A 的正奇异值 $\sigma_1=\sqrt{5}$，故 $D=(\sqrt{5})$，且由

$$A^HA=\begin{pmatrix}5&0&0\\0&0&0\\0&0&0\end{pmatrix},$$

知，A^HA 的特征值为 $\lambda_1=5,\lambda_2=\lambda_3=0$，对应的特征向量分别取为

$$\alpha_1=\begin{pmatrix}1\\0\\0\end{pmatrix},\quad \alpha_2=\begin{pmatrix}0\\1\\0\end{pmatrix},\quad \alpha_3=\begin{pmatrix}0\\0\\1\end{pmatrix},$$

则酉矩阵 V 为

$$V=\begin{pmatrix}1&0&0\\0&1&0\\0&0&1\end{pmatrix}=\begin{pmatrix}V_1\\V_2\end{pmatrix},$$

其中 $V_1=(1,0,0)$，$V_2=\begin{pmatrix}0&1&0\\0&0&1\end{pmatrix}$，令

$$U_1^H=\frac{1}{\sqrt{5}}(1,0,0)\begin{pmatrix}1&2\\0&0\\0&0\end{pmatrix}=\left(\frac{1}{\sqrt{5}},\frac{2}{\sqrt{5}}\right),$$

故可将 U_1^H 扩充为二阶酉矩阵，不妨取 $U_2^H=\left(-\frac{2}{\sqrt{5}},\frac{1}{\sqrt{5}}\right)$，于是可得

$$A=\begin{pmatrix}\frac{1}{\sqrt{5}}&-\frac{2}{\sqrt{5}}\\\frac{2}{\sqrt{5}}&\frac{1}{\sqrt{5}}\end{pmatrix}\begin{pmatrix}\sqrt{5}&0&0\\0&0&0\end{pmatrix}\begin{pmatrix}1&0&0\\0&1&0\\0&0&1\end{pmatrix}.$$

作为本节的结束，我们给出矩阵的极分解定理.我们知道，任何一个非零的复数 z，总可以写成

$$z=\rho(\cos\alpha+\mathrm{i}\sin\alpha) \tag{3-78}$$

的形式，如果将 z 看成是一阶矩阵，则 ρ 是一阶正定 Hermite 矩阵，$\cos\alpha+\mathrm{i}\sin\alpha$是一阶酉矩阵，我们把分解式(3-78)称为一阶复矩阵的极分解.更一般地，我们有

定理 4 设 $A\in\mathbf{C}_n^{n\times n}$，则必存在酉矩阵 $U\in\mathbf{C}^{n\times n}$ 与两个正定 Hermite 矩阵 H_1、H_2，使得

$$A=H_1U=UH_2, \tag{3-79}$$

而且这种分解式是唯一的.

证 因为 A 是满秩方阵，所以 A^HA 是正定 Hermite 矩阵，于是存在唯一的正定 Hermite 矩阵 H_2，使得

$$A^HA=H_2^2,$$

从而

$$(AH_2^{-1})^H(AH_2^{-1})=H_2^{-1}(A^HA)H_2^{-1}=E, \tag{3-80}$$

令 $U=AH_2^{-1}$，由式(3-80)可知，U 是酉矩阵，故

$$A=UH_2.$$

另一方面，又有

$$A=UH_2U^HU=H_1U,$$

其中 $H_1=UH_2U^H$，显然 H_1 是正定 Hermite 矩阵.

再证唯一性，设

$$A=H_{11}U_1=H_{12}U_2,$$

于是有

$$H_{11}=H_{12}U_2U_1^H,$$
$$H_{11}^2=H_{11}H_{11}^H=H_{12}U_2U_1^HU_1U_2^HH_{12}^H=H_{12}H_{12}^H=H_{12}^2,$$

因此我们可得

$$H_{11}=H_{12}, U_1=U_2.$$

类似地可证 $A=UH_2$ 的分解式唯一. 证毕

推论 1 设 $A\in\mathbf{R}_n^{n\times n}$,则存在唯一的正交矩阵 Q 和两个实对称矩阵 H_1、H_2,使得

$$A=H_1Q=QH_2.$$

推论 2 设 $A\in\mathbf{C}_n^{n\times n}$,则存在酉矩阵 U_1、U_2,使得

$$U_2AU_1=\operatorname{diag}(a_1,a_2,\cdots,a_n), \tag{3-81}$$

其中 $a_1\geqslant a_2\geqslant\cdots\geqslant a_n>0$ 是 A 的 n 个正奇异值.

证 由定理 4 可知,存在酉矩阵 U 及正定 Hermite 矩阵 H,使得

$$A=UH, H^2=A^HA, \tag{3-82}$$

由 §2 定理 5 可知,存在酉矩阵 U_1,使得

$$H=U_1\operatorname{diag}(a_1,a_2,\cdots,a_n)U_1^H \tag{3-83}$$

其中 $a_1,a_2,\cdots,a_n$ 是 H 的 n 个特征值,也是 A 的 n 个正奇异值. 把式(3-83)代入式(3-82),并令 $U_2^H=UU_1$,显然 U_2 是酉矩阵,即有

$$A=U_2^H\operatorname{diag}(a_1,a_2,\cdots,a_n)U_1^H,$$

即

$$U_2AU_1=\operatorname{diag}(a_1,a_2,\cdots,a_n).$$

证毕

定理 5 设 $A\in\mathbf{C}_r^{n\times n}$,则存在酉矩阵 U 与两个半正定 Hermite 矩阵 H_1、H_2,使得

$$A=H_1U=UH_2, \tag{3-84}$$

并且 $H_1^2=AA^H$, $H_2^2=A^HA$.

证 由推论 2,存在酉矩阵 U_1、U_2,使得

$$\begin{aligned}A&=U_1\operatorname{diag}(a_1,a_2,\cdots,a_n)U_2=U_1U_2[U_2^H\operatorname{diag}(a_1,a_2,\cdots,a_n)U_2]\\&=[U_1\operatorname{diag}(a_1,a_2,\cdots,a_n)U_1^H]U_1U_2,\end{aligned} \tag{3-85}$$

注意 $a_i(i=1,2,\cdots,n)$ 的非负性及令

$$U=U_1U_2, H_1=U_1\operatorname{diag}(a_1,a_2,\cdots,a_n)U_1^H, H_2=U_2^H\operatorname{diag}(a_1,a_2,\cdots,a_n)U_2,$$

代入式(3-85)有式(3-84)成立,并且 U 是酉矩阵,H_1,H_2 是半正定 Hermite 矩阵.

由于 $a_i^2(i=1,2,\cdots,n)$ 是 AA^H 与 A^HA 的特征值,由式(3-85)有

$$\begin{aligned}AA^H&=U_1\operatorname{diag}(a_1,a_2,\cdots,a_n)U_2U_2^H\operatorname{diag}(a_1,a_2,\cdots,a_n)U_1^H\\&=U_1\operatorname{diag}(a_1^2,a_2^2,\cdots,a_n^2)U_1^H=H_1^2,\\A^HA&=U_2^H\operatorname{diag}(a_1,a_2,\cdots,a_n)U_1^HU_1\operatorname{diag}(a_1,a_2,\cdots,a_n)U_2\\&=U_2^H\operatorname{diag}(a_1^2,a_2^2,\cdots,a_n^2)U_2=H_2^2.\end{aligned}$$

证毕

习 题 三

1. 求矩阵

$$A=\begin{pmatrix}1 & 1\\4 & 1\end{pmatrix}$$

的谱分解式.

2. 求单纯矩阵

$$A=\begin{pmatrix}-29 & 6 & 18\\-20 & 5 & 12\\-40 & 8 & 25\end{pmatrix}$$

的谱分解式.

3. 设 $\lambda_i(i=1,2,\cdots,n)$ 是正规矩阵 $A\in\mathbf{C}^{n\times n}$ 的特征值,证明:$|\lambda_i|^2(i=1,2,\cdots,n)$ 是 A^HA 与 AA^H 的特征值.

4. 设 A 是 $n\times n$ 阶实对称矩阵,并且有 $A^2=0$,你能用几种方法证明 $A=0$.

5. 试证:对于每一个 n 阶实对称矩阵 A,都存在一个 n 阶方阵 S,使 $S^3=A$.

6. 如果 A 是一个正规矩阵,W 是 A 的一个不变子空间(即 $AW\subseteqq W$).试证:W 的正交补 $W^{\perp}$ 也是 A 的不变子空间.

7. 证明 一个正规矩阵若是三角矩阵,则它一定是对角矩阵.

8. 证明 正规矩阵 A 是幂零阵($A^2=0$)的充要条件是 $A=0$.

9. 求矩阵

$$A=\begin{pmatrix}3 & -2 & -4\\-2 & 6 & -2\\-4 & -2 & 3\end{pmatrix}$$

的谱分解式,并给出 A^n 的表达式.

10. 证明 如果一个实对称矩阵 A 的主对角元都大于零,则 A 至少有一个正特征值.

11. 求下列矩阵的最大秩分解:

(1) $A=\begin{pmatrix}1 & -1 & 1 & 1\\-1 & 1 & -1 & -1\\1 & 1 & -1 & -1\\1 & -1 & 1 & 1\end{pmatrix}$, (2) $A=\begin{pmatrix}1 & 2 & 3 & 6\\2 & 4 & 6 & 12\\1 & 2 & 3 & 6\\2 & 4 & 6 & 12\end{pmatrix}$,

12. 设矩阵为

$$A=\begin{pmatrix}-1 & \mathrm{i} & 0\\-\mathrm{i} & 0 & -\mathrm{i}\\0 & \mathrm{i} & -1\end{pmatrix},B=\begin{pmatrix}0 & \mathrm{i} & 1\\-\mathrm{i} & 0 & 0\\1 & 0 & 0\end{pmatrix},$$

试问:A 与 B 是正规矩阵吗?若是,通过酉变换把它们化成相似的对角阵.

13. 设矩阵 A 的最大秩分解为 $A=BC$,证明:

$$Ax=0 \Leftrightarrow Cx=0.$$

14. 若 $A=(a_{ij})$ 是 n 阶正定矩阵，则有

$$\det(A) \leqslant a_{11}a_{22}\cdots a_{nn},$$

当且仅当 A 为对角阵时等式才成立（这就是 Hadamard 不等式）.

15. A、$B \in \mathbf{C}^{n\times n}$ 均为正定的 Hermite 阵，则 AB 为正定的 Hermite 阵的充要条件是 $AB=BA$.

16. 设矩阵为

$$A=\begin{pmatrix} 2 & 1 & -2 & 3 \\ 0 & 4 & 1 & 1 \\ 2 & 5 & -2 & 4 \end{pmatrix}.$$

（1）求 A 的最大秩分解 $A=BD$，并计算：

$$D^{\mathrm{T}}(DD^{\mathrm{T}})^{-1}(B^{\mathrm{T}}B)^{-1}B^{\mathrm{T}};$$

（2）求 A 的 QR 分解；

（3）求 A 的奇异值分解.

第四章 特征值的估计与摄动

本章研究特征值估计，Hermite 矩阵特征值的极小极大原理以及特征值摄动理论的一些基本问题.

n 阶复矩阵 A 的 n 个特征值的几何意义是复平面上的 n 个点.对于阶数较高的矩阵，要计算出其特征值的精确值是相当困难的.因此，能由 A 的元素 a_{ij} 的简单关系式便可估计出 A 的特征值所在位置的范围（即所谓特征值估计），就显得尤其重要.所给出的范围越小，则估计的精度就越高.实际应用中的大量问题，往往不需要精确地计算出矩阵的特征值，仅需估计出它们所在的范围就够了.例如，线性代数方程组迭代求解收敛性的分析中，要估计一个矩阵的特征值是否都在复平面的单位圆内；与差分法的稳定性有关的问题，要判定矩阵的特征值是否都落在单位圆上；系统与控制理论中，通过估计矩阵特征值是否都有负实部，即是否都位于复平面的左半平面内，便可知系统的稳定性；等等.

§1 特征值界的估计

首先给出著名的 Schur 不等式.

定理 1（Schur） 设 $A=(a_{ij})\in\mathbf{C}^{n\times n}$ 的特征值为 $\lambda_1,\lambda_2,\cdots,\lambda_n$，则

$$\sum_{i=1}^{n}|\lambda_i|^2\leqslant\sum_{i=1}^{n}\sum_{j=1}^{n}|a_{ij}|^2=\|A\|_F^2,$$

且等号成立当且仅当 A 为正规矩阵.

证 由 Schur 定理，存在酉矩阵 U 使得

$$A=UTU^H,$$

其中，T 为上三角矩阵.T 的对角元 t_{ii} 为 A 的特征值 λ_i.于是有

$$\begin{aligned}\sum_{i=1}^{n}|\lambda_i|^2&=\sum_{i=1}^{n}|t_{ii}|^2\\&\leqslant\sum_{i=1}^{n}|t_{ii}|^2+\sum_{\substack{i,j\\i\neq j}}|t_{ij}|^2,\end{aligned}\tag{4-1}$$

又，由 $A=UTU^H$ 易得

$$A^HA=U(T^HT)U^H,$$

即 A^HA 与 T^HT 酉相似，因而具有相同的迹，所以

$$\sum_{i=1}^{n} |\lambda_i|^2 \leqslant \mathrm{tr}(T^H T) = \mathrm{tr}(A^H A)$$

$$= \sum_i \sum_j |a_{ij}|^2 = \|A\|_F^2,$$

易知,结论中等号成立当且仅当式(4-1)中

$$\sum_{\substack{i,j \\ i \neq j}} |t_{ij}|^2 = 0,$$

即 T 为对角矩阵.因此,结论中等号成立当且仅当 A 酉相似于对角矩阵,即 A 为正规矩阵. 证毕

例 1 已知矩阵

$$A = \begin{pmatrix} 3+\mathrm{i} & -2-3\mathrm{i} & 2\mathrm{i} \\ 1 & 0 & 0 \\ 0 & 1 & 0 \end{pmatrix} (\mathrm{i} \text{ 为虚数单位})$$

的一个特征值是 2,估计另外两个特征值的上界.

解 记 $\lambda_1 = 2$,而 λ_2, λ_3 为 A 的另两个特征值,由定理 1,得

$$|\lambda_2|^2 \leqslant |\lambda_2|^2 + |\lambda_3|^2 = \sum_{i=1}^{3} |\lambda_i|^2 - |\lambda_1|^2$$

$$\leqslant \sum_{i,j} |a_{ij}|^2 - |\lambda_1|^2 = 25,$$

故 $|\lambda_2| \leqslant 5$,同理可得 $|\lambda_3| \leqslant 5$.

事实上,A 的另两特征值分别为 1,i,可见这里的估计是正确的.

Schur 不等式在理论上是极为重要的,不少文献致力于改进 Schur 不等式并给出新的结果.

下面我们给出一些直接估计特征值上下界的方法,为方便计,对于 $A \in \mathbf{C}^{n \times n}$,记

$$B = (b_{ij}) = (A + A^H)/2,$$

$$C = (c_{ij}) = (A - A^H)/2,$$

显然 B 和 C 分别为 Hermite 矩阵和反 Hermite 矩阵.

设 A, B, C 的特征值分别为 $\{\lambda_1, \lambda_2, \cdots, \lambda_n\}$, $\{\mu_1, \mu_2, \cdots, \mu_n\}$, $\{\mathrm{i}\gamma_1, \mathrm{i}\gamma_2, \cdots, \mathrm{i}\gamma_n\}$,且满足

$$|\lambda_1| \geqslant |\lambda_2| \geqslant \cdots \geqslant |\lambda_n|,$$

$$\mu_1 \geqslant \mu_2 \geqslant \cdots \geqslant \mu_n,$$

$$\gamma_1 \geqslant \gamma_2 \geqslant \cdots \geqslant \gamma_n.$$

定理 2(Hirsch) 设 $A = (a_{ij}) \in \mathbf{C}^{n \times n}$ 的特征值为 $\lambda_1, \lambda_2, \cdots, \lambda_n$,则

$$|\lambda_i| \leqslant n \max_{i,j} |a_{ij}|,$$

$$|\mathrm{Re}(\lambda_i)|\leqslant n\max_{i,j}|b_{ij}|,$$
$$|\mathrm{Im}\,\lambda_i|\leqslant n\max_{i,j}|c_{ij}|.$$

证 由 Schur 定理,存在酉矩阵 U 使得

$$U^HAU=T,\quad U^HA^HU=T^H,$$

其中 T 为上三角阵.于是有

$$U^HBU=U^H(A+A^H)U/2=(T+T^H)/2,$$
$$U^HCU=U^H(A-A^H)U/2=(T-T^H)/2,$$

故有

$$\sum_{i=1}^n\left|\frac{\lambda_i+\bar{\lambda}_i}{2}\right|^2+\sum_{j=1}^n\sum_{i=1}^{j-1}\frac{|t_{ij}|^2}{2}=\sum_{i=1}^n\sum_{j=1}^n|b_{ij}|^2,$$
$$\sum_{i=1}^n\left|\frac{\lambda_i-\bar{\lambda}_i}{2}\right|^2+\sum_{j=1}^n\sum_{i=1}^{j-1}\frac{|t_{ij}|^2}{2}=\sum_{i=1}^n\sum_{j=1}^n|c_{ij}|^2,$$

即

$$\sum_{i=1}^n|\mathrm{Re}\lambda_i|^2\leqslant\sum_{i=1}^n\sum_{j=1}^n|b_{ij}|^2\leqslant n^2\max_{i,j}|b_{ij}|^2,$$
$$\sum_{i=1}^n|\mathrm{Im}\lambda_i|^2\leqslant\sum_{i=1}^n\sum_{j=1}^n|c_{ij}|^2\leqslant n^2\max_{i,j}|c_{ij}|^2,$$

再由定理 1 得

$$\sum_{i=1}^n|\lambda_i|^2\leqslant\sum_{i=1}^n\sum_{j=1}^n|a_{ij}|^2\leqslant n^2\max_{i,j}|a_{ij}|^2,$$

又因

$$|\mathrm{Re}\lambda_i|^2\leqslant\sum_{i=1}^n|\mathrm{Re}\lambda_i|^2,$$
$$|\mathrm{Im}\lambda_i|^2\leqslant\sum_{i=1}^n|\mathrm{Im}\lambda_i|^2,$$
$$|\lambda_i|^2\leqslant\sum_{i=1}^n|\lambda_i|^2,$$

于是易知结论成立. 证毕

定理 3(Bendixson) 设 A 为 n 阶实矩阵,则 A 的任一特征值 λ_i 满足

$$|\mathrm{Im}\lambda_i|\leqslant\sqrt{\frac{n(n-1)}{2}}\max_{i,j}|c_{ij}|.$$

证 由定理 2 的证明有

$$\sum_{i=1}^n|\mathrm{Im}\lambda_i|^2\leqslant\sum_{i=1}^n\sum_{i=1}^n|c_{ij}|^2,$$

因 A 为实矩阵,所以 $c_{ii}=0,i=1,\cdots,n$,则上式为

$$\sum_{i=1}^{n} |\mathrm{Im}\lambda_i|^2 \leqslant \sum_{\substack{i,j \\ i\neq j}} |c_{ij}|^2 \leqslant n(n-1)\max_{i,j}|c_{ij}|^2,$$

又由于实方阵的特征多项式为实系数多项式,其复特征值必成对出现则上面不等式的左端为

$$\sum_{i=1}^{n} |\mathrm{Im}\lambda_i|^2 \geqslant 2\sum_{i=1}^{s} |\mathrm{Im}\lambda_i|^2,$$

其中 $2s\leqslant n$,从而

$$2|\mathrm{Im}\lambda_i|^2 \leqslant n(n-1)\max_{i,j}|c_{ij}|^2,$$

故有

$$|\mathrm{Im}\lambda_i|^2 \leqslant \frac{n(n-1)}{2}\max_{i,j}|c_{ij}|^2.$$ 证毕

推论 Hermite 矩阵的特征值都是实数,反 Hermite 矩阵的特征值都是纯虚数.

证 当 A 为 Hermite 阵时,$a_{ij}=\bar{a}_{ji}$, $\forall i,j$,所以 $\max\limits_{i,j}|c_{ij}|=0$,于是由定理 2 知 $\mathrm{Im}(\lambda_i)=0$,即 λ_i 为实数($i=1,\cdots,n$).

当 A 为反 Hermite 阵时,$a_{ij}=-\bar{a}_{ji}(\forall i,j)$,所以 $\max\limits_{i,j}|b_{ij}|=0$,于是由定理 2 知 $\mathrm{Re}(\lambda_i)=0$,即 λ_i 为纯虚数,$i=1,\cdots,n$. 证毕

例 2 设

$$A=\begin{pmatrix} 0 & 0.2 & 0.1 \\ -0.2 & 0 & 0.2 \\ -0.1 & -0.2 & 0 \end{pmatrix},$$

估计 A 的特征值的实部和虚部的范围.

解 由推论知

$$|\mathrm{Re}\lambda_i|=0,$$

又

$$C=(A-A^H)/2=\begin{pmatrix} 0 & 0.2 & 0.1 \\ -0.2 & 0 & 0.2 \\ -0.1 & -0.2 & 0 \end{pmatrix},$$

$$\max_{i,j}|c_{ij}|=0.2,$$

所以由定理 3 得

$$|\mathrm{Im}(\lambda_i)| \leqslant \sqrt{\frac{n(n-1)}{2}}\max_{i,j}|c_{ij}| = 0.2\cdot\sqrt{3}\approx 0.3464.$$

(若由定理 2,则得 $|\mathrm{Im}(\lambda_i)|\leqslant n\max\limits_{i,j}|c_{ij}|=0.6$).

下面实际计算 A 的特征值：令 $B=10A$，

$$\det(\mu E-B)=\begin{vmatrix}\mu & -2 & -1\\ 2 & \mu & -2\\ 1 & 2 & \mu\end{vmatrix}=\mu(\mu^2+9),$$

得 $\mu_1=0,\mu_2=-3\mathrm{i},\mu_3=3\mathrm{i}$，于是得 A 的特征值为

$$\lambda_1=0,\lambda_2=-0.3\mathrm{i},\lambda_3=0.3\mathrm{i},$$

显然 $|\mathrm{Im}\lambda_i|<0.3464,i=1,2,3.$

例 3 估计

$$A=\begin{pmatrix}1 & -0.8\\ 0.5 & 0\end{pmatrix}$$

的特征值的上界.

解 由定理 2

$$\max_{i,j}|a_{ij}|=1,\max_{i,j}|b_{ij}|=1,\max_{i,j}|c_{ij}|=0.65,$$

于是

$$|\lambda|\leqslant 2\times 1=2,|\mathrm{Re}\lambda|\leqslant 2\times 1,|\mathrm{Im}(\lambda)|\leqslant 2\times 0.65=1.3.$$

若据定理 3，则得

$$|\mathrm{Im}\lambda|\leqslant 0.65\cdot\sqrt{\frac{2(2-1)}{2}}=0.65.$$

通过实际计算可得 $\lambda_{1,2}=\frac{1}{2}(1\pm\mathrm{i}\sqrt{0.6})$，因而 $|\lambda_{1,2}|=0.632456<2$，$|\mathrm{Re}\lambda_{1,2}|=0.5<2,|\mathrm{Im}\lambda_{1,2}|=0.387298<0.65.$

事实上，不难看出，在估计实矩阵的特征值的虚部的界时，定理 3 的结果优于定理 2 的结果.

上面仅得出矩阵特征值模的上界估计，下面我们来讨论特征值模的上下界估计.

定理 4 设 $A\in\mathbf{C}^{n\times n},B,C,\lambda_i,\mu_i,\gamma_i$ 定义同上，则有

$$\mu_n\leqslant\mathrm{Re}(\lambda_i)\leqslant\mu_1,$$
$$\gamma_n\leqslant\mathrm{Im}(\lambda_i)\leqslant\gamma_1.$$

证 设 $X\neq 0$ 为 A 的属于特征值 λ_i 的单位特征向量，即

$$AX=\lambda_i X,\ \|X\|^2=X^H X=1,$$

则有

$$(X,AX)=(X,\lambda_i X)=\lambda_i(X,X)=\lambda_i,$$
$$X^H AX=\lambda_i,X^H A^H X=\bar{\lambda}_i,$$

于是

$$\mathrm{Re}(\lambda_i)=\left(X,\frac{A+A^H}{2}X\right)=(X,BX),$$

$$\mathrm{iIm}(\lambda_i)=\left(X,\frac{A-A^H}{2}X\right)=(X,CX),$$

因 B,C 均为正规矩阵,故存在酉阵 U 和 V 使得

$$U^HBU=\mathrm{diag}\ (\mu_1,\mu_2,\cdots,\mu_n)\equiv D_1,$$

$$V^HBV=\mathrm{diag}\ (\mathrm{i}\gamma_1,\mathrm{i}\gamma_2,\cdots,\mathrm{i}\gamma_n)\equiv D_2,$$

从而

$$\mathrm{Re}(\lambda_i)=(X,BX)=(X,UD_1U^HX)=X^HUD_1U^HX,$$

$$\mathrm{iIm}(\lambda_i)=(X,CX)=(X,VD_2V^HX)=X^HVD_2V^HX,$$

令 $Y=U^HX,Z=V^HX$,则

$$Y^HY=\sum_{i=1}^n|y_i|^2=X^HUU^HX=X^HX=1,$$

$$Z^HZ=\sum_{i=1}^n|z_i|^2=X^HVV^HX=X^HX=1,$$

因此

$$\mathrm{Re}(\lambda_i)=Y^HD_1Y=\sum_{i=1}^n\mu_i|y_i|^2,$$

$$\mathrm{iIm}(\lambda_i)=Z^HD_1Z=\mathrm{i}\sum_{i=1}^n\gamma_i|z_i|^2,$$

或

$$\mathrm{Im}(\lambda_i)=\sum_{i=1}^n\gamma_i|z_i|^2,$$

由于 $\mu_1\geqslant\mu_2\geqslant\cdots\geqslant\mu_n,\ \gamma_1\geqslant\gamma_2\geqslant\cdots\geqslant\gamma_n$,故

$$\mu_n=\sum_{i=1}^n\mu_n|y_i|^2\leqslant\sum_{i=1}^n\mu_i|y_i|^2\leqslant\sum_{i=1}^n\mu_1|y_i|^2=\mu_1,$$

$$\gamma_n=\sum_{i=1}^n\gamma_n|z_i|^2\leqslant\sum_{i=1}^n\gamma_i|z_i|^2\leqslant\sum_{i=1}^n\gamma_1|z_i|^2=\gamma_1.$$ 证毕

定理 5(Browne) 设 $A\in\mathbf{C}^{n\times n}$ 的特征值为 $\lambda_1,\lambda_2,\cdots,\lambda_n$,奇异值为 $\sigma_1\geqslant\sigma_2\geqslant\cdots\geqslant\sigma_n$,则有

$$\sigma_n\leqslant|\lambda_i|\leqslant\sigma_1\quad(i=1,2,\cdots,n).$$

证 由于 AA^H 为 Hermite 阵,故存在酉矩阵 U,使得

$$UAA^HU^H=D=\mathrm{diag}\ (\sigma_1^2,\sigma_2^2,\cdots,\sigma_n^2),$$

易知

$$D=UAU^HUA^HU^H=BB^H,\tag{4-2}$$

这里

$$B=UAU^{H},\tag{4-3}$$

由式(4-2)知,B 的元素 b_{ij} 满足

$$\sum_{t=1}^{n} b_{it}\bar{b}_{jt}=\sigma_i^2\delta_{ij}\quad (i,j=1,2,\cdots,n),\tag{4-4}$$

其中,δ_{ij} 为克罗特记号,式(4-3)表明,A 与 B 的特征值相同.设 λ 为 B 的任一特征值,则线性方程组

$$\sum_{t=1}^{n} b_{ti}x_t=\lambda x_i\quad (i=1,2,\cdots,n)\tag{4-5}$$

有非零解.由式(4-5)得

$$\sum_{t=1}^{n} \bar{b}_{ti}\bar{x}_t=\bar{\lambda}\bar{x}_i\quad (i=1,2,\cdots,n),\tag{4-6}$$

将式(4-5)、式(4-6)两端相乘,然后从 1 到 n 对 i 求和,则得

$$\sum_{s,t=1}^{n}\left[\sum_{i=1}^{n} b_{ti}\bar{b}_{si}\right]\bar{x}_t x_s=\lambda\bar{\lambda}\sum_{i=1}^{n} x_i\bar{x}_i,$$

再依式(4-4),上式变为

$$\sum_{i=1}^{n}\sigma_i^2 x_i\bar{x}_i=\lambda\bar{\lambda}\sum_{i=1}^{n} x_i\bar{x}_i,\tag{4-7}$$

由式(4-7)即可导出

$$\sigma_n^2\leqslant|\lambda|^2\leqslant\sigma_1^2.$$

证毕

推论 酉矩阵的任一特征值的模均等于 1.

事实上,对于酉阵 A,有

$$\sigma_1=\sigma_n=1,$$

因而 $|\lambda|=1$.

最后,我们给出一个著名的特征值和行列式的不等式.

定理 6(Hadamard 不等式) 设 $A=(a_{ij})\in\mathbf{C}^{n\times n}$,则有

$$\prod_{i=1}^{n}|\lambda_i(A)|=|\det A|\leqslant\left[\prod_{j=1}^{n}\left(\sum_{i=1}^{n}|a_{ij}|^2\right)\right]^{1/2},\tag{4-8}$$

且等号成立的充要条件或是 A 的某一列全为零元,或 $(a^i,a^j)=0\ (i\neq j)$,这里 a^i 表示 A 的第 i 列.

证 若 $a^1,a^2,\cdots,a^n$ 线性相关,则 $\det A=0$,于是,式(4-8)显然成立.所以下面设 $a^1,a^2,\cdots,a^n$ 线性无关.由 Gram-Schmidt 正交化过程,由 $a^1,a^2,\cdots,a^n$ 可构造非零正交向量组 $b^1,b^2,\cdots,b^n$ 满足

$$\left.\begin{aligned} & a^1=b^1 \\ & a^2=b^2+p_{21}b^1 \\ & a^3=b^3+p_{31}b^1+p_{32}b^2 \\ & \cdots\cdots\cdots\cdots \\ & a^n=b^n+p_{n1}b^1+\cdots+p_{n,n-1}b^{n-1} \end{aligned}\right\}, \tag{4-9}$$

其中，$p_{ij}=(a^i)^{\mathrm{T}}b^j/\|b^j\|^2$，$i>j$. 令 $B=(b^1,b^2,\cdots,b^n)$，则

$$A=B\begin{bmatrix} 1 & p_{21} & \cdots & p_{n1} \\ & 1 & \cdots & p_{n2} \\ & & & \vdots \\ 0 & & & 1 \end{bmatrix},$$

因而 $\det A=\det B$. 又由 $b^1,b^2,\cdots,b^n$ 两两正交及式(4-9)得

$$\begin{aligned} \|a^i\|^2 &= \|b^i+p_{i1}b^1+\cdots+p_{i,i-1}b^{i-1}\|^2 \\ &= \|b^i\|^2+|p_{i1}|^2\|b^1\|^2+\cdots+|p_{i,i-1}|^2\|b^{i-1}\|^2 \\ &\geqslant \|b^i\|^2, \end{aligned}$$

又

$$\begin{aligned} |\det B|^2 &= \det B^H\cdot\det B=\det(B^HB) \\ &= \prod_{i=1}^n\|b^i\|^2=\left(\prod_{i=1}^n\|b^i\|\right)^2, \end{aligned}$$

因而有

$$\begin{aligned} |\det A| &= |\det B| = \prod_{i=1}^n \|b^i\| \\ &\leqslant \prod_{i=1}^n \|a^i\| = \left[\prod_{i=1}^n\left(\sum_{j=1}^n |a_{ij}|^2\right)\right]^{1/2}, \end{aligned} \tag{4-10}$$

即式(4-8)成立.

若 A 的某一列均为零元，则式(4-8)两端均为零，因而等式成立. 若 A 的列两两正交，则

$$\begin{aligned} |\det A|^2 &= \det A^H\cdot\det A \\ &= \prod_{i=1}^n\|a^i\|^2=\prod_{i=1}^n\left(\sum_{j=1}^n|a_{ij}|^2\right), \end{aligned}$$

即式(4-8)等式成立.

反之，若 A 的各列不为零向量，且存在最小指标 i_0 使得 $(a^j,a^{i_0})\neq 0$ $(j<i_0)$，则式(4-9)可写为

$$\begin{aligned} & a^1=b^1; \\ & \cdots\cdots \\ & a^{i_0-1}=b^{i_0-1}; \end{aligned}$$

$$a^{i_0}=b^{i_0}+\cdots+p_{i_0 j}b^j;$$

$$\cdots\cdots$$

其中，$p_{i_0 j}=(a^{i_0},b^j)/\|b^j\|^2=(a^{i_0},a^j)/\|a^j\|^2\neq 0$. 于是

$$\begin{aligned}\|a^{i_0}\|^2 &= \|b^{i_0}+\cdots+p_{i_0 j}b^j+\cdots\|^2\\ &= \|b^{i_0}\|^2+\cdots+|p_{i_0 j}|^2\|b^j\|^2+\cdots\\ &> \|b^{i_0}\|^2,\end{aligned}$$

则类似于前述推导，可得

$$\begin{aligned}|\det A|=|\det B| &= \prod_{i=1}^{n}\|b^i\|\\ &< \prod_{i=1}^{n}\|a^i\|=\left[\prod_{i=1}^{n}\left(\sum_{j=1}^{n}|a_{ij}|^2\right)\right]^{1/2},\end{aligned}$$

可见，式(4-8)中等号成立时，必有 A 的某列均为零元或 A 的列向量两两正交. 证毕

§2 Gerschgorin 圆盘定理

上一节中，用矩阵的元素对矩阵 A 的特征值作了大致估计并给出了一些重要不等式. 本节将用矩阵的元素来确定 A 的特征值的分布区域，即讨论特征值的一些重要包含性定理.

定义 1 设 $A=(a_{ij})\in\mathbf{C}^{n\times n}$，称

$$S_i=\{z\in\mathbf{C}: |z-a_{ii}|\leqslant R_i\}$$

为矩阵 A 在复平面上的第 i 个 Gerschgorin 圆（盖尔圆），其中

$$R_i=R_i(A)=\sum_{j\neq i}|a_{ij}| \quad (i=1,2,\cdots,n)$$

称为 S_i 的半径.

定理 1（Gerschgorin 圆盘定理 1） 设 $A=(a_{ij})\in\mathbf{C}^{n\times n}$，则 A 的任一特征值

$$\lambda_i\in S=\bigcup_{j=1}^{n}S_j \quad (i=1,2,\cdots,n).$$

证 设 λ 为 A 的任一特征值，对应的特征向量为 $x=(x_1,x_2,\cdots,x_n)^{\mathrm{T}}\neq 0$，则有 $Ax=\lambda x$，即

$$\sum_{j=1}^{n}a_{ij}x_j=\lambda x_i \quad (i=1,2,\cdots,n), \tag{4-11}$$

因 $x\neq 0$，所以 x 有一个元素具有最大的绝对值，不妨设 $|x_k|=\max(|x_1|,$

$|x_2|,\cdots,|x_n|)$，由 $x\neq 0$ 知 $|x_k|>0$，于是，由式(4-11)有

$$\sum_{j=1}^{n} a_{kj}x_j=\lambda x_k,$$

即

$$x_k(\lambda-a_{kk})=\sum_{\substack{j\neq k\\ j=1}}^{n} a_{kj}x_j,$$

由此可得

$$|x_k||\lambda-a_{kk}|=\left|\sum_{\substack{j=1\\ j\neq k}}^{n} a_{kj}x_j\right|\leqslant\sum_{\substack{j=1\\ j\neq k}}^{n}|a_{kj}||x_j|$$

$$\leqslant|x_k|\sum_{\substack{j=1\\ j\neq k}}^{n}|a_{kj}|=|x_k|R_k,$$

从而

$$|\lambda-a_{kk}|\leqslant R_k,$$

即 $\lambda\in S_k\subset S$.　　证毕

例 1　估计矩阵

$$A=\begin{pmatrix} 1 & -\frac{1}{2} & -\frac{1}{2} & 0\\ -\frac{1}{2} & \frac{3}{2} & \mathrm{i} & 0\\ 0 & -\frac{\mathrm{i}}{2} & 5 & \frac{\mathrm{i}}{2}\\ -1 & 0 & 0 & 5\mathrm{i}\end{pmatrix}$$

的特征值的分布范围.

解　A 的四个盖尔圆为

$$S_1:|z-1|\leqslant\frac{1}{2}+\frac{1}{2}+0=1;$$

$$S_2:\left|z-\frac{3}{2}\right|\leqslant\frac{1}{2}+|\mathrm{i}|=\frac{3}{2};$$

$$S_3:|z-5|\leqslant\left|-\frac{\mathrm{i}}{2}\right|+\left|\frac{\mathrm{i}}{2}\right|=1;$$

$$S_4:|z-5\mathrm{i}|\leqslant 1,$$

于是，由定理 1 知 A 的特征值均落在 $\bigcup_{i=1}^{4}S_i$ 之中，即落在图 4-1 所示区域之中.

在例 1 中，S_1 和 S_2 重叠在一起(一般，两个盖尔圆可能相交)，它们的并集是一连通区域；交结在一起的盖尔圆所构成的连通区域为并集 S 的一个连通部分.孤立的一个盖尔圆就是一个连通部分.在图 4-1 中，S_1

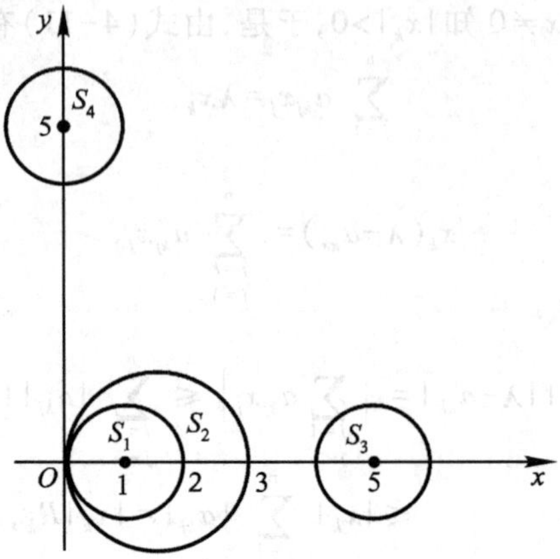

图 4-1

与 S_2 的并集(即 S_2),S_3,S_4 各是一个连通部分.

定理 1 只说明了矩阵 A 的特征值均在其全部盖尔圆的并集中,而未明确在哪个连通部分中有几个特征值.为此,需下面的定理.

定理 2(Gerschgorin 圆盘定理 2) 设 n 阶方阵 A 的 n 个盖尔圆盘中有 k 个的并形成一个连通区域,且它与余下的 $n-k$ 个圆盘都不相交,则在这个区域中恰好有 A 的 k 个特征值.

证 记

$$A=\begin{pmatrix} a_{11} & a_{12} & \cdots & a_{1n} \\ a_{21} & a_{22} & \cdots & a_{2n} \\ \vdots & & & \vdots \\ a_{n1} & a_{n2} & \cdots & a_{nn} \end{pmatrix}$$

$$=\begin{pmatrix} a_{11} & & & 0 \\ & a_{22} & & \\ & & \ddots & \\ 0 & & & a_{nn} \end{pmatrix}+\begin{pmatrix} 0 & a_{12} & \cdots & a_{1n} \\ a_{21} & 0 & \cdots & a_{2n} \\ \vdots & & & \vdots \\ a_{n1} & a_{n2} & \cdots & 0 \end{pmatrix}$$

$$=D+B,$$

令 $A_\varepsilon=D+\varepsilon B$,注意有

$$R_i(A_\varepsilon)=R_i(\varepsilon B)=\varepsilon R_i(A),$$

为方便起见,不妨设 A 的前 k 个圆盘的并

$$\bigcup_{i=1}^{k}\{z\in \mathbf{C}: |z-a_{ii}|\leqslant R_i(A)\},$$

形成连通区域 G,且它与余下的 $n-k$ 个圆盘的并形成的区域 G^C 不相交.

易知，$\forall \varepsilon \in [0,1]$，$A_\varepsilon$ 的前 k 个圆盘的并

$$G_k(\varepsilon) \equiv \bigcup_{i=1}^{k} \{z \in \mathbf{C}: |z-a_{ii}| \leqslant R(A_\varepsilon) = \varepsilon R_i(A)\}$$

包含在连通集 $G_k \equiv G_k(1)$ 中，但是 $\forall \varepsilon$，$G_k(\varepsilon)$ 可能本身不是连通集，且相应的其余 $n-k$ 个圆盘的并形成的区域 $G_k^C(\varepsilon)$ 与 G_k 不相交.

$\forall i=1,\cdots,k$，考虑特征值 $\lambda_i(A_0)=a_{ii}$ 以及 $\lambda_i(A_\varepsilon)$，$\varepsilon>0$. 因为特征值是 A 的元素的连续函数，又因对所有 $\varepsilon \in [0,1]$，都有 $\lambda_i(A_\varepsilon) \in G_k(\varepsilon) \subset G_k$，所以每个 $\lambda_i(A_0)$ 通过 G_k 中由 $\lambda_i(A_\varepsilon)(0 \leqslant \varepsilon \leqslant 1)$ 给出的连续曲线与某个 $\lambda_i(A_1)=\lambda_i(A)$ 相连结. $\forall \varepsilon \in [0,1]$ 知，在 $G_k(\varepsilon)$ 中至少包含 A_ε 的 k 个特征值. 但是，$G_k(\varepsilon)$ 中 A_ε 的特征值又不会多于 k 个，这是因为，A_0 的其余 $n-k$ 个特征值作为一些连续曲线的起点落在连通集 G_k 以外，而其终点肯定在区域 G^C 内，由曲线的连续性，它们不可能跳越 G^C 与 G_k 之间的空隙.

证毕

定理 1 中的区域 S 常称为 A 的行 Gerschgorin 区域. 因为 A 和 A^{T} 有相同的特征值，所以将定理 1 和定理 2 应用于 A^{T}，则得关于 A 的列的 Gerschgorin 圆盘定理. 记

$$C_j(A) = \sum_{\substack{i=1 \\ i \neq j}}^{n} |a_{ij}|,$$

则由定理 1 和定理 2 有

推论 1 设 $A=(a_{ij}) \in \mathbf{C}^{n \times n}$，则 A 的所有特征值均包含在 A 的列盖尔区域

$$G = G_1 \cup G_2 \cup \cdots \cup G_n$$

中. 其中，G_i 为 A 的列盖尔圆盘

$$G_j = \{z \in \mathbf{C}: |z-a_{jj}| \leqslant C_j(A)\},$$

此外，若这些圆盘中的 k 个之并形成一个连通区域，且与所有其余 $n-k$ 个圆盘不相交，则在这个区域内恰好有 A 的 k 个特征值.

因为 A 与 A^{T} 有相同特征值，故又有

推论 2 设 $A=(a_{ij}) \in \mathbf{C}^{n \times n}$，则 A 的全部特征值均落在平面区域

$$T = \left(\bigcup_{i=1}^{n} S_i\right) \cap \left(\bigcup_{j=1}^{n} G_j\right)$$

之中.

值得注意的是，由两个或两个以上的盖尔圆构成的连通部分，可能在其中的一个盖尔圆中有两个或两个以上的特征值，而在另外的一个或几个盖尔圆中没有特征值.

例 2 估计

$$A=\begin{pmatrix}1 & 0.1 & 0.2 & 0.3\\ 0.5 & 3 & 0.1 & 0.2\\ 1 & 0.3 & -1 & 0.5\\ 0.2 & -0.3 & -0.1 & -4\end{pmatrix}$$

的特征值分布范围.

解 A 的行盖尔圆盘为

$$(1,0.6),(3,0.8),(-1,1.8),(-4,0.6).$$

A 的列盖尔圆盘为

$$(1,1.7),(3,0.7),(-1,0.4),(-4,1).$$

其中,第一个分量表示圆盘的中心,第二个分量表示圆盘的半径.

由定理 1 和推论 1 知矩阵 A 的特征值必落在上述行盖尔圆盘(或列盖尔圆盘)的并集上.

例 3 讨论矩阵

$$A=\begin{pmatrix}1 & -0.8\\ 0.5 & 0\end{pmatrix}$$

的特征值分布状况.

解 A 的两个特征值为 $\lambda_{1,2}=\frac{1}{2}(1\pm \mathrm{i}\sqrt{0.6})$.$A$ 的两个盖尔圆

$$|z-1|\leqslant 0.8 \text{ 和 } |z|\leqslant 0.5$$

构成一个连通部分.由于

$$|\lambda_{1,2}|=\sqrt{0.4}>0.5,$$

故,A 的两个特征值均不在 A 的第 2 个盖尔圆 $|z|\leqslant 0.5$ 之中.

推论 3 设 n 阶矩阵 A 的 n 个圆盘两两互不相交,则 A 相似于对角阵.

推论 4 设 n 阶实阵 A 的 n 个圆盘两两互不相交,则 A 的特征值全为实数.

证 由于 A 为实阵,所以 A 的 n 个盖尔圆的圆心都在实轴上,又由这些圆盘互不相交知,A 的 n 个特征值互不相等,且每个圆盘只含有一个特征值.因为实矩阵若有复特征值,必成共轭对出现,且在实轴的上下方对称排列.所以,若有一个复特征值位于 A 的某一盖尔圆上,则与其成共轭的特征值也必位于该圆盘上,与定理 2 的结论矛盾,故 A 只能有实特征值. 证毕

因为只要 S 为可逆矩阵,$S^{-1}AS$ 就和 A 有相同的特征值,所以,可以把 Gerschgorin 定理应用于 $S^{-1}AS$ 得到新的结果.对 S 的某个选择,所得的

界就可能更精确.一个特别方便的选择是取

$$S=D=\mathrm{diag}\,(p_1,p_2,\cdots,p_n)\quad p_i>0\ (i=1,2,\cdots,n),$$

记

$$r_i=\frac{1}{p_i}\sum_{\substack{j=1\\ j\neq i}}^{n}|a_{ij}|p_j,Q_i=\{z\in\mathbf{C}:|z-a_{ii}|\leqslant r_i\}\quad(i=1,2,\cdots,n),$$

$$t_j=p_j\sum_{\substack{i=1\\ i\neq j}}^{n}\frac{|a_{ij}|}{p_i},P_j=\{z\in\mathbf{C}:|z-a_{ii}|\leqslant t_j\}\quad(j=1,2,\cdots,n),$$

则有

定理 3 设 $A=(a_{ij})\in\mathbf{C}^{n\times n}$,$p_1,p_2,\cdots,p_n$ 为一组正数,则 A 的任一特征值

$$\lambda_i\in\left(\bigcup_{i=1}^{n}Q_i\right)\cap\left(\bigcup_{j=1}^{n}P_j\right)\quad(i=1,2,\cdots,n).$$

证 记 $D=\mathrm{diag}\,(p_1,p_2,\cdots,p_n)$,显然 D 可逆,且有

$$D^{-1}AD=(p_ja_{ij}/p_i).$$

于是,由推论 2 得 $D^{-1}AD$ 的任一特征值

$$\lambda_i(D^{-1}AD)\in\left(\bigcup_{i=1}^{n}Q_i\right)\cap\left(\bigcup_{j=1}^{n}P_j\right)\quad(i=1,2,\cdots,n),$$

由于 $\lambda_i(A)=\lambda_i(D^{-1}AD)$,$i=1,2,\cdots,n$,故有

$$\lambda_i(A)\in\left(\bigcup_{i=1}^{n}Q_i\right)\cap\left(\bigcup_{j=1}^{n}P_j\right)\quad(i=1,2,\cdots,n).$$ 证毕

例 4 对于

$$A=\begin{pmatrix}1&1\\0&2\end{pmatrix}$$

有特征值 $\lambda_1=1,\lambda_2=2$,直接应用 Gerschgorin 定理只给出 A 的特征值的一个相当粗略的估计(如图 4-2(a)),而定理 3 中的备用参数 $p_1,p_2,\cdots,p_n$ 却为得到特征值的一个令人满意的估计提供了很大的灵活性(如图4-2(b)).

例 5 估计

$$A=\begin{pmatrix}0.9&0.01&0.12\\0.01&0.8&0.13\\0.01&0.02&0.4\end{pmatrix}$$

的特征值范围.

解 A 的 3 个特征值在它的 3 个盖尔圆

$$|z-0.9|\leqslant 0.13,\ |z-0.8|\leqslant 0.14,\ |z-0.4|\leqslant 0.03$$

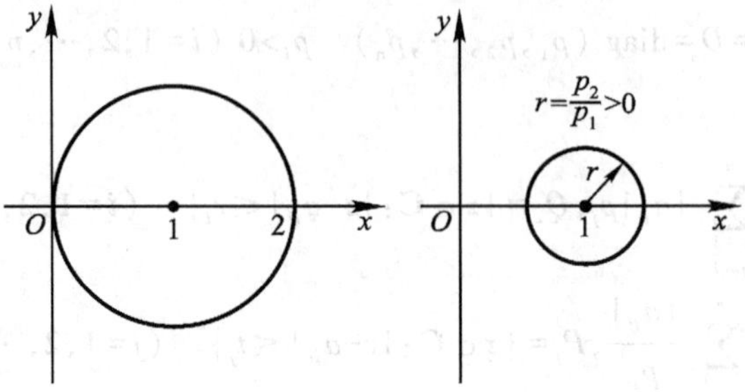

(a)　　　　　　　　(b)

图　4-2

的并集中.由于$|z-0.4|\leqslant 0.03$为一个孤立的连通部分,所以其中恰好有A的一个特征值.

取$p_1=p_2=1, p_3=0.1$,则定理3得A的特征值在如下3个盖尔圆

$$|z-0.9|\leqslant 0.022, |z-0.8|\leqslant 0.023, |z-0.4|\leqslant 0.3$$

的并集中.由于这些圆是彼此孤立的,所以每一个盖尔圆中恰好有A的一个特征值.

可见,这里用定理3所得估计比用定理1的估计更为精确.

如果有关于一个矩阵的某些附加信息,它要求特征值位于(或不位于)某些集合中,那么,可以利用这些信息以及Gerschgorin定理给出特征值的更为准确的估计.例如,若A为Hermite矩阵,则A的特征值一定均为实数,因而它们一定位于集合$R\cap\left(\left(\bigcup_{i=1}^{n}Q_i\right)\cap\left(\bigcup_{j=1}^{n}P_j\right)\right)$中,这是实闭区间的有限并.

因为矩阵可逆的充要条件是0不为其特征值,所以,值得研究从包含特征值的已知区域中去掉原点的条件,从而也就获得了判定矩阵可逆的实用准则.

定义2　设$A=(a_{ij})\in\mathbf{C}^{n\times n}$,若

$$|a_{ii}|\geqslant R_i(A)\quad (i=1,\cdots,n),\tag{4-12}$$

则称A为行对角占优矩阵;若A^{T}为行对角占优矩阵,则称A为列对角占优矩阵;若A为行、列对角占优矩阵,则称A为对角占优矩阵.若式(4-12)中均为严格不等式,则称A为相应的严格对角占优矩阵.

定理4　设$A=(a_{ij})\in\mathbf{C}^{n\times n}$为行(或列)严格对角占优的,则

(1) A为可逆矩阵,且$\lambda_i\in\bigcup_{i=1}^{n}S_i$,这里$S_i=\{z\in\mathbf{C}:|z-a_{ii}|<|a_{ii}|\}$;

（2）若A的所有主对角元均为正数，则A的所有特征值都有正实部；

（3）若A为 Hermite 阵，且A的所有主对角元都是正数，则A的所有特征值均为正数.

证 （1）因A为行严格对角占优阵（若A为列严格对角占优阵，则对A^{T}作类似讨论），所以

$$R_i=\sum_{\substack{j=1\\j\neq i}}^{n}|a_{ij}|<|a_{ii}|\quad(i=1,2,\cdots,n),$$

于是由定理 1 易知

$$\lambda_i(A)\in\bigcup_{i=1}^{n}S_i=\bigcup_{i=1}^{n}\{z\in\mathbf{C}:|z-a_{ii}|<|a_{ii}|\},$$

又，显然$0\notin S_i(i=1,2,\cdots,n)$，因而$0\notin\bigcup\limits_{i=1}^{n}S_i$，即零不是$A$的特征值，故$A$可逆.

（2）因$a_{ii}>0,i=1,2,\cdots,n$，即A的所有盖尔圆的中心均在正实轴上.又由（1）知A的任一特征值λ满足

$$|\lambda-a_{ii}|<a_{ii},$$

故A的所有盖尔圆盘全在复平面的右半平面上，即A的所有特征值均有正实部.

（3）若A为 Hermite 阵，则A的特征值全为实数.于是据（2）知结论显然. 证毕

利用 Gerschgorin 定理，我们可以得到关于谱半径$r(A)$的实用估计.

因为A的所有特征值均位于

$$S=\bigcup_{i=1}^{n}\{z\in\mathbf{C}:|z-a_{ii}|\leqslant\sum_{j\neq i}|a_{ij}|\}$$

和

$$G=\bigcup_{j=1}^{n}\{z\in\mathbf{C}:|z-a_{jj}|\leqslant\sum_{\substack{i=1\\i\neq j}}|a_{ij}|\}$$

这两个区域中，所以A的最大模特征值也在其中.在S的第i个圆盘中，离原点最远点有模

$$|a_{ii}|+R_i(A)=\sum_{j=1}^{n}|a_{ij}|,$$

因而这些值的最大者一定是A的最大模特征值的一个上界.类似地也可对绝对列和讨论.同理，由定理 3 可得谱半径的上界（即如下定理中的（2）），即有

定理 5 设$A=(a_{ij})\in\mathbf{C}^{n\times n}$，则谱半径$r(A)$满足：

(1) $r(A) \leqslant \min\left\{\max\limits_i \sum\limits_{j=1}^{n} |a_{ij}|, \max\limits_j \sum\limits_{i=1}^{n} |a_{ij}|\right\}$;

(2) $r(A) \leqslant \min\limits_{p_1,p_2,\cdots,p_n>0} \max\limits_{1\leqslant i\leqslant n} \dfrac{1}{p_i} \sum\limits_{j=1}^{n} p_j |a_{ij}|$.

和

$$r(A) \leqslant \min_{p_1,\cdots,p_n>0} \max_{1\leqslant j\leqslant n} \frac{1}{p_j} \sum_{i=1}^{n} p_i |a_{ij}|.$$

在本节的最后,请注意,谱半径 $r(A)$ 一般不是矩阵范数.

例如

$$A=\begin{pmatrix} 0 & 0 \\ 1 & 0 \end{pmatrix} \neq 0,$$

但 $r(A)=0$,因此 $r(A)$ 未必满足矩阵范数的非负性条件.

又如,

$$A=\begin{pmatrix} 1 & 4 \\ 0 & 1 \end{pmatrix}, B=\begin{pmatrix} 1 & 0 \\ 1 & 1 \end{pmatrix},$$

易求得 $r(A)=r(B)=1$,而

$$A+B=\begin{pmatrix} 2 & 4 \\ 1 & 2 \end{pmatrix},$$

可见,不满足矩阵范数的三角不等式条件.

§3 Gerschgorin 定理的推广

我们已经比较详细地讨论了 Gerschgorin 圆盘.它们仅用到矩阵 A 的元素 a_{ij},是平面上容易计算的区域,这些区域保证包含矩阵的所有特征值.许多学者受 Gerschgorin 理论的优美几何结构的启发,推广发展了这个理论的思想和方法,得到一些其他类型的包含区域.我们讨论其中几个最为著名的、富有特色的结果.

定理 1(Ostrowski) 设 $A=(a_{ij})\in \mathbf{C}^{n\times n}$,$\alpha\in[0,1]$ 为给定的数,则 A 的所有特征值位于 n 个圆盘的并集

$$\bigcup_{i=1}^{n} \{z\in \mathbf{C}: |z-a_{ii}| \leqslant R_i^{\alpha} C_i^{1-\alpha}\}$$

中,其中

$$R_i=\sum_{\substack{j=1\\ j\neq i}}^{n} |a_{ij}|, \quad C_i=\sum_{\substack{j=1\\ j\neq i}}^{n} |a_{ji}|.$$

证 当 $\alpha=0$ 和 $\alpha=1$ 的情形,即 Gerschgorin 定理.故设 $0<\alpha<1$.

另外,不妨设 $R_i>0, i=1,2,\cdots,n$.否则,在 $R_i=0$ 的任一行中添上一个小的非零元素使 A 产生摄动,所得的矩阵的特征值包含域大于 A 的特征值包含域,并且在摄动趋于零的极限情形推出结论成立.

设 $Ax=\lambda x, x=(x_1,\cdots,x_n)^{\mathrm T}\neq 0$,则 $\forall i=1,2,\cdots,n$,有

$$
\begin{aligned}
|\lambda-a_{ii}||x_i| &= \left|\sum_{\substack{j=1\\ j\neq i}}^{n} a_{ij}x_j\right| \leqslant \sum_{\substack{j=1\\ j\neq i}}^{n} |a_{ij}||x_j| \\
&= \sum_{\substack{j=1\\ j\neq i}}^{n} |a_{ij}|^{\alpha}(|a_{ij}|^{1-\alpha}|x_j|) \\
&\leqslant \left(\sum_{\substack{j=1\\ j\neq i}}^{n} (|a_{ij}|^{\alpha})^{1/\alpha}\right)^{\alpha} \left(\sum_{\substack{j=1\\ j\neq i}}^{n} (|a_{ij}|^{1-\alpha}|x_j|)^{1/(1-\alpha)}\right)^{1-\alpha} \\
&= R_i^{\alpha}\left(\sum_{\substack{j=1\\ j\neq i}}^{n} |a_{ij}||x_j|^{1/(1-\alpha)}\right)^{1-\alpha}.
\end{aligned}
$$

由 $R_i>0$ 知,上式等价于

$$
\frac{|\lambda-a_{ii}|}{R_i^{\alpha}}|x_i| \leqslant \left(\sum_{\substack{j=1\\ j\neq i}}^{n} |a_{ij}||x_j|^{1/(1-\alpha)}\right)^{1-\alpha}.
$$

所以

$$
\left(\frac{|\lambda-a_{ii}|}{R_i^{\alpha}}\right)^{1/(1-\alpha)} |x_i|^{1/(1-\alpha)} \leqslant \sum_{\substack{j=1\\ j\neq i}}^{n} |a_{ij}||x_j|^{1/(1-\alpha)}, \tag{4-13}
$$

将式(4-13)对 i 求和得

$$
\begin{aligned}
\sum_{i=1}^{n}\left(\frac{|\lambda-a_{ii}|}{R_i^{\alpha}}\right)^{1/(1-\alpha)} |x_i|^{1/(1-\alpha)} &\leqslant \sum_{i=1}^{n}\sum_{\substack{j=1\\ j\neq i}}^{n} |a_{ij}||x_j|^{1/(1-\alpha)} \\
&= \sum_{j=1}^{n} C_j|x_j|^{1/(1-\alpha)},
\end{aligned} \tag{4-14}
$$

若对满足 $x_i\neq 0$ 的所有 i 都有

$$
\left(\frac{|\lambda-a_{ii}|}{R_i^{\alpha}}\right)^{1/(1-\alpha)} > C_i,
$$

则与式(4-14)矛盾.因而,至少有一满足 $x_i\neq 0$ 的 i 使得

$$
\left(\frac{|\lambda-a_{ii}|}{R_i^{\alpha}}\right)^{1/(1-\alpha)} \leqslant C_i,
$$

得 $|\lambda-a_{ii}|\leqslant R_i^{\alpha}C_i^{1-\alpha}$. 证毕

例 1 估计矩阵

$$
A=\begin{pmatrix} 1 & -0.8 \\ 0.5 & 1 \end{pmatrix}
$$

的特征值范围.

解 $R_1=0.8, R_2=0.5, C_1=0.5, C_2=0.8$,取 $\alpha=\frac{1}{2}$,则由定理 1 得知 A 的特征值 λ 满足

$$
\begin{aligned}
|\lambda-1| &\leqslant R_2^{1/2} C_2^{1-(1/2)} \\
&= R_2^{1/2} C_2^{1-(1/2)} = \sqrt{0.4}.
\end{aligned}
$$

事实上,由实际计算得 A 的特征值 $\lambda_{1,2}=1\pm \mathrm{i}\sqrt{0.4}$. 因而 $|\lambda-1|=\sqrt{0.4}$,可见,这里的估计是很精确的.

引理 设 σ 和 τ 为非负实数,$0\leqslant\alpha\leqslant 1$,则

$$\tau^{\alpha}\sigma^{1-\alpha}\leqslant \alpha\tau+(1-\alpha)\sigma.$$

由定理 1 和引理即得

定理 2 设 $A=(a_{ij})\in \mathbf{C}^{n\times n}$,则 A 的特征值位于如下并集之中

$$\bigcup_{i=1}^{n}\{z\in\mathbf{C}: |z-a_{ii}|\leqslant \alpha R_i+(1-\alpha)C_i\}.$$

由定理 1 和定理 2 可得如下推论:

推论 1 设 $A=(a_{ij})\in\mathbf{C}^{n\times n}$,$\alpha\in[0,1]$,则 A 的谱半径满足

(1) $r(A)\leqslant \max\limits_i\{|a_{ii}|+R_i^{\alpha}C_i^{1-\alpha}\}$;

(2) $r(A)\leqslant \max\limits_i\{|a_{ii}|+\alpha R_i+(1-\alpha)C_i\}$;

(3) $r(A)\leqslant \max\limits_i\{P_i^{\alpha}T_i^{1-\alpha}\}$,

其中

$$P_i=\sum_{j=1}^{n}|a_{ij}|,\quad T_i=\sum_{j=1}^{n}|a_{ji}|.$$

证 (1),(2)显然.

(3) 当 $\alpha=0$ 或 $\alpha=1$ 时,结论显然成立. 当 $\alpha\in(0,1)$ 时,由(1)和 Hölder 不等式,可得

$$
\begin{aligned}
r(A) &\leqslant \max_i\{|a_{ii}|^{\alpha}|a_{ii}|^{1-\alpha}+R_i^{\alpha}C_i^{1-\alpha}\} \\
&\leqslant \max_i\{(|a_{ii}|+R_i)^{\alpha}(|a_{ii}|+C_i)^{1-\alpha}\} \\
&= \max_i\{P_i^{\alpha}T_i^{1-\alpha}\}.
\end{aligned}
$$

证毕

推论 2 (1) (A.B.Farnell)

$$r(A)\leqslant \max_i(P_iT_i)^{1/2};$$

(2) (A.Brauer)

$$r(A)\leqslant \min\{\max_i P_i, \max_i T_i\};$$

(3) (W.V.Parker)

$$r(A)\leqslant\frac{1}{2}\max_i(P_i+T_i);$$

(4) (E.T.Browne)

$$r(A)\leqslant\frac{1}{2}(\max_i P_i+\max_i T_i).$$

定理 3(Brauer) 设 $A=(a_{ij})\in\mathbf{C}^{n\times n}$,则 A 的所有特征值都属于 $\frac{n(n-1)}{2}$ 个 Cassini 卵形的并集

$$\bigcup_{\substack{i,j\\ i\neq j}}^{n}\{z\in\mathbf{C}:|z-a_{ii}||z-a_{jj}|\leqslant R_iR_j\}$$

之中.

证 设 $x=(x_1,x_2,\cdots,x_n)^{\mathrm{T}}\neq0$ 为 A 的属于特征值 λ 的特征向量,即

$$Ax=\lambda x,$$

设 $r,t(r\neq t)$ 满足 $|x_r|\geqslant|x_t|\geqslant|x_i|,i\neq r$;

若 $x_t=0$,则 $x_i=0,i\neq r$,此时,$x_r\neq0$,于是,由 $Ax=\lambda x$,有

$$\lambda x_r=\sum_{j=1}^{n}a_{rj}x_j=a_{rr}x_r,$$

即 $\lambda=a_{rr}$.于是

$$|\lambda-a_{rr}||\lambda-a_{tt}|=0\leqslant R_rR_t.$$

若 $x_t\neq0$,则由

$$(\lambda-a_{ii})x_i=\sum_{\substack{j=1\\ j\neq i}}^{n}a_{ij}x_j\quad(i=1,2,\cdots,n),$$

可得

$$|\lambda-a_{rr}||x_r|\leqslant\sum_{\substack{j=1\\ j\neq r}}^{n}|a_{rj}||x_j|\leqslant|x_t|R_r,$$

$$|\lambda-a_{tt}||x_t|\leqslant\sum_{\substack{j=1\\ j\neq t}}^{n}|a_{tj}||x_j|\leqslant|x_r|R_t,$$

所以有

$$|\lambda-a_{rr}||\lambda-a_{tt}||x_r||x_t|\leqslant|x_t||x_r|R_rR_t,$$

由 $|x_r|\geqslant|x_t|>0$ 得

$$|\lambda-a_{rr}||\lambda-a_{tt}|\leqslant R_rR_t.$$

证毕

推论 1 设 $A=(a_{ij})\in\mathbf{C}^{n\times n}(n\geqslant2)$,若

(1) $|a_{ii}||a_{jj}|>R_iR_j,\forall i\neq j$;

或

(2) 对某 $\alpha\in[0,1]$，$|a_{ii}|>\alpha R_i+(1-\alpha)C_i$，$i=1,2,\cdots,n$；则 A 非奇.

证　(1) 若 $\det A=0$，则 $\lambda=0$ 为 A 的一个特征值，则由定理 3 知，必有 $r\neq t$ 使

$$|a_{rr}||a_{tt}|\leqslant R_rR_t,$$

与假设矛盾，故 $\det A\neq 0$.

(2) 同理，由定理 2 知结论成立.　　　　证毕

显然，该推论改进了 §2 中定理 4 的(1).

例 2　判定矩阵

$$A=\begin{pmatrix}-2 & 1.1 & -1\\ 0.8 & 3 & 2\\ 1.2 & 1.1 & 3\end{pmatrix}$$

的奇异性.

解　$R_1=2.1, R_2=2.8, R_3=2.3$

$$|a_{11}||a_{22}|=6>2.1\times 2.8=R_1R_2,$$
$$|a_{11}||a_{33}|=6>2.1\times 2.3=R_1R_3,$$
$$|a_{22}||a_{33}|=9>2.8\times 2.3=R_2R_3,$$

于是由推论 1 知 A 非奇.

由于 A^{T} 与 A 有相同的特征值，因而对 A^{T} 应用定理 3 有

推论 2　设 $A=(a_{ij})\in\mathbf{C}^{n\times n}$，则 A 的所有特征值均位于 $\frac{n(n-1)}{2}$ 个 Cassini 卵形的并集

$$\bigcup_{\substack{i,j\\ i\neq j}}^{n}\{z\in\mathbf{C}:|z-a_{ii}||z-a_{jj}|\leqslant C_iC_j\}$$

之中.

§4　Hermite 矩阵特征值的变分特征

在实际问题中，经常会遇到 Hermite 矩阵.如用等距的差分格式求解调和方程的第一类边值问题所产生的矩阵；用有限元法求解某些结构问题时所产生的刚度矩阵等等.而且在理论研究中，Hermite 矩阵占有重要的地位.本节讨论 Hermite 矩阵特征值的一些特性.

对于 Hermite 矩阵，特征值可以表征为一系列最优化问题的解.

因为 Hermite 矩阵 $A\in\mathbf{C}^{n\times n}$ 的特征值均为实数，可把它们记作

$$\lambda_{\min}=\lambda_n\leqslant\lambda_{n-1}\leqslant\cdots\leqslant\lambda_2\leqslant\lambda_1=\lambda_{\max}.$$

定义 设 $A\in\mathbf{C}^{n\times n}$ 为 Hermite 矩阵，$x\in\mathbf{C}^n$，称

$$R(x)=\frac{x^HAx}{x^Hx},x\neq0$$

为 A 的 Rayleigh 商.

定理 1（Rayleigh-Ritz） 设 $A\in\mathbf{C}^{n\times n}$ 为 Hermite 矩阵，则

$$\lambda_nx^Hx\leqslant x^HAx\leqslant\lambda_1x^Hx\quad(\forall x\in\mathbf{C}^n),$$

$$\lambda_{\max}=\lambda_1=\max_{x\neq0}R(x)=\max_{x^Hx=1}x^HAx,$$

$$\lambda_{\min}=\lambda_n=\min_{x\neq0}R(x)=\min_{x^Hx=1}x^HAx.$$

证 由 A 为 Hermite 矩阵知，存在酉矩阵 U，使得

$$A=U\Lambda U^H,\Lambda=\operatorname{diag}(\lambda_1,\lambda_2,\cdots,\lambda_n),$$

$\forall x\in\mathbf{C}^n$，有

$$x^HAx=x^HU\Lambda U^Hx=(U^Hx)^H\Lambda(U^Hx)$$

$$=\sum_{i=1}^n\lambda_i|(U^Hx)_i|^2,$$

这是 $\lambda_1,\lambda_2,\cdots,\lambda_n$ 的一个凸组合，因而

$$\lambda_{\min}\sum_{i=1}^n|(U^Hx)_i|^2\leqslant x^HAx$$

$$=\sum_{i=1}^n\lambda_i|(U^Hx)_i|^2\leqslant\lambda_{\max}\sum_{i=1}^n|(U^Hx)_i|^2,$$

因 U 为酉阵，所以

$$\sum_{i=1}^n|(U^Hx)_i|^2=\sum_{i=1}^n|x_i|^2=x^Hx,$$

于是得到

$$\lambda_nx^Hx=\lambda_{\min}x^Hx\leqslant x^HAx\leqslant\lambda_{\max}x^Hx=\lambda_1x^Hx.\tag{4-15}$$

若 x 是 A 的对应于 λ_n 的特征向量，则

$$x^HAx=x^H\lambda_nx=\lambda_nx^Hx,$$

且对于 λ_1 也有类似结果，因而，式(4-15)中不等式可取等式.

若 $x\neq0$，则

$$\frac{x^HAx}{x^Hx}\leqslant\lambda_1,$$

当 x 为 A 的对应于 λ_1 的特征向量时，等式成立.所以

$$\max_{x\neq0}R(x)=\lambda_1.\tag{4-16}$$

若 $x\neq0$，则有

$$R(x)=\left(\frac{x}{\sqrt{x^Hx}}\right)^H A\left(\frac{x}{\sqrt{x^Hx}}\right),$$

$$\left(\frac{x}{\sqrt{x^Hx}}\right)^H\cdot\left(\frac{x}{\sqrt{x^Hx}}\right)=1,$$

故(4-16)等价于

$$\max_{x^Hx=1} x^HAx=\lambda_1.$$

关于 λ_n 的证明类似. 证毕

由定理 1 可知,当 x 取在 $\mathbf{C}^n$ 中的单位球面上时,x^HAx 的最大值为 λ_1,且还可得到如下特征值包含结论.

推论 1 设 $A\in\mathbf{C}^{n\times n}$ 为 Hermite 矩阵,$x\in\mathbf{C}^n$ 为给定非零向量,$a=\frac{x^HAx}{x^Hx}$,则在 $(-\infty,a]$ 中至少有 A 的一个特征值,在 $[a,+\infty)$ 内也至少有 A 的一个特征值.

由定理 1 的证明知

推论 2 设 $A\in\mathbf{C}^{n\times n}$ 为 Hermite 矩阵,$p_i(i=1,\cdots,n)$ 为 A 的对应于 λ_i $(i=1,\cdots,n)$ 的标准正交特征向量,则在 $\|x\|_2=1$ 上,p_1,p_n 分别是 $R(x)$ 的一个极小点和极大点,即

$$R(p_1)=\lambda_n,\quad R(p_n)=\lambda_1.$$

下面著名的 Courant-Fischer"极小—极大"定理用 Rayleigh 商的极小—极大值描述了 Hermite 矩阵的所有特征值的特征,而不需知道特征向量的信息.

定理 2(Courant-Fischer) 设 $A\in\mathbf{C}^{n\times n}$ 为 Hermite 矩阵,特征值为 $\lambda_n\leqslant\lambda_{n-1}\leqslant\cdots\leqslant\lambda_1$,$k$ 为给定的整数,$1\leqslant k\leqslant n$,则

$$\min_{\omega_1,\omega_2,\cdots,\omega_{n-k}\in\mathbf{C}^n}\ \max_{\substack{x\neq0,x\in\mathbf{C}^n\\ x\perp\omega_1,\omega_2,\cdots,\omega_{n-k}}} R(x)=\lambda_k, \tag{4-17}$$

$$\max_{\omega_1,\omega_2,\cdots,\omega_{k-1}\in\mathbf{C}^n}\ \min_{\substack{x\neq0,x\in\mathbf{C}^n\\ x\perp\omega_1,\omega_2,\cdots,\omega_{k-1}}} R(x)=\lambda_k. \tag{4-18}$$

证 在式(4-17)中 $k=n$ 或在式(4-18)中 $k=1$ 时,定理结论即定理 1 的结论.

下面只证式(4-17)、式(4-18)的证法类似.

由 A 为 Hermite 矩阵知,存在酉阵 U,使得

$$A=U\Lambda U^H,\Lambda=\operatorname{diag}(\lambda_1,\lambda_2,\cdots,\lambda_n),$$

设 $1<k\leqslant n$,若 $x\neq0$,则

$$R(x)=\frac{(U^Hx)^H\Lambda(U^Hx)}{x^Hx}$$

$$=\frac{(U^H x)^H \Lambda (U^H x)}{(U^H x)^H (U^H x)},$$

且

$$\{U^H x : x\in \mathbf{C}^n \text{ 且 } x\neq 0\}=\{y\in \mathbf{C}^n : y\neq 0\},$$

所以,若给定 $\omega_1,\omega_2,\cdots,\omega_{n-k}\in \mathbf{C}^n$,则有

$$\begin{aligned}
\sup_{\substack{x\neq 0\\ x\perp \omega_1,\omega_2,\cdots,\omega_{n-k}}} R(x) &= \sup_{\substack{y\neq 0\\ y\perp U^H\omega_1,\cdots,U^H\omega_{n-k}}} \frac{y^H \Lambda y}{y^H y}\\
&= \sup_{\substack{y^H y=1\\ y\perp U^H\omega_1,\cdots,U^H\omega_{n-k}}} \sum_{i=1}^{n} \lambda_i |y_i|^2\\
&\geqslant \sup_{\substack{y^H y=1\\ y\perp U^H\omega_1,\cdots,U^H\omega_{n-k}\\ y_1=y_2=\cdots=y_{k-1}=0}} \sum_{i=1}^{n} \lambda_i |y_i|^2\\
&= \sup_{\substack{|y_k|^2+|y_{k+1}|^2+\cdots+|y_n|^2=1\\ y\perp U^H\omega_1,\cdots,U^H\omega_{n-k}}} \sum_{i=1}^{n} \lambda_i |y_i|^2 \geqslant \lambda_k,
\end{aligned}$$

因此,对任意 $n-k$ 个向量 $\omega_1,\omega_2,\cdots,\omega_{n-k}$,

$$\sup_{\substack{x\neq 0\\ x\perp \omega_1,\cdots,\omega_{n-k}}} R(x)\geqslant \lambda_k. \tag{4-19}$$

另一方面,考虑诸向量 ω_i 特殊的选取,即取

$$\omega_i=u_{n-i+1}, \text{ 其中 } U=(u_1,\cdots,u_n),$$

则有式(4-19)中等式成立.因而

$$\inf_{\omega_1,\cdots,\omega_{n-k}} \sup_{\substack{x\neq 0\\ x\perp \omega_1,\cdots,\omega_{n-k}}} R(x)=\lambda_k,$$

因为极值是可以达到的,故可用“min”和“max”分别代替“inf”和“sup”.

证毕

Courant-Fischer 定理有许多重要的应用,最简单而重要的应用是下面的 Weyl 定理,它讨论了 $A+B$ 的特征值与 A 的特征值的比较问题.

下面,假设特征值 λ_i 按上述递减顺序排列.

定理 3(Weyl) 设 $A,B\in \mathbf{C}^{n\times n}$ 为 Hermite 矩阵,则 $\forall k=1,2,\cdots,n$,有

$$\lambda_k(A)+\lambda_n(B)\leqslant \lambda_k(A+B)\leqslant \lambda_k(A)+\lambda_1(B).$$

证 $\forall x\neq 0, x\in \mathbf{C}^n$,有

$$\lambda_n(B)\leqslant \frac{x^H B x}{x^H x}\leqslant \lambda_1(B),$$

所以,$\forall k=1,2,\cdots,n$,有

$$\begin{aligned}\lambda_k(A+B)&=\min_{\omega_1,\cdots,\omega_{n-k}\in\mathbf{C}^n}\ \max_{\substack{x\neq 0,\\ x\perp\omega_1,\cdots,\omega_{n-k}}}\frac{x^H(A+B)x}{x^Hx}\\&=\min_{\omega_1,\cdots,\omega_{n-k}\in\mathbf{C}^n}\ \max_{\substack{x\neq 0\\ x\perp\omega_1,\cdots,\omega_{n-k}}}\left(\frac{x^HAx}{x^Hx}+\frac{x^HBx}{x^Hx}\right)\\&\geqslant\min_{\omega_1,\cdots,\omega_{n-k}\in\mathbf{C}^n}\ \max_{\substack{x\neq 0\\ x\perp\omega_1,\cdots,\omega_{n-k}}}\left(\frac{x^HAx}{x^Hx}+\lambda_n(B)\right)\\&=\lambda_k(A)+\lambda_n(B).\end{aligned}$$

类似可证上界成立. 证毕

如果给予矩阵 B 附加信息,如 Hermite 半正定,则可得到更为精细的结论.

推论 设 $A,B\in\mathbf{C}^{n\times n}$ 为 Hermite 矩阵,B 为半正定矩阵,则 $\forall k=1,2,\cdots,n$,有

$$\lambda_k(A)\leqslant\lambda_k(A+B).$$

§5 摄动定理

在实际应用中,矩阵 $A=(a_{ij})$ 的元素 a_{ij} 往往带有误差,记为 δ_{ij},称 $\delta=(\delta_{ij})$ 为 A 的摄动矩阵,这时特征值如何变化呢? 因为 A 的特征值是 A 的元素的连续函数,所以,如果摄动矩阵 δ 有一个足够小的变化,则特征值不会有太大的变化,但是需要有准确的界限,以便知道怎样小才是所谓的"小"的变化.

定理 1 设 $A=P\Lambda P^{-1}\in\mathbf{C}^{n\times n}$,$\Lambda=\mathrm{diag}\,(\lambda_1,\lambda_2,\cdots,\lambda_n)$,$\delta\in\mathbf{C}^{n\times n}$,$A+\delta$ 的特征值为 $\mu_1,\mu_2,\cdots,\mu_n$,则对任一 μ_j 存在 λ_i 使得

$$|\lambda_i-\mu_j|\leqslant\|P^{-1}\delta P\|_\infty,$$

此外,若 λ_i 是一个重数 m 的特征值,且圆盘

$$S_i=\{z\in\mathbf{C}:|z-\lambda_i|\leqslant\|P^{-1}\delta P\|_\infty\}$$

和圆盘 $S_k=\{z\in\mathbf{C}:|z-\lambda_k|\leqslant\|P^{-1}\delta P\|_\infty\}$ $(\lambda_k\neq\lambda_i)$ 不相交,则 S_i 正好包含着 $A+\delta$ 的 m 个特征值.

证 令

$$C=P^{-1}(A+\delta)P=(c_{ij})_{n\times n},$$

则 C 的特征值为 $\mu_1,\mu_2,\cdots,\mu_n$,记 $P^{-1}\delta P=B=(b_{ij})_{n\times n}$,则

$$c_{ii}=\lambda_i+b_{ii}\quad(i=1,\cdots,n),$$

由 Gerschgorin 圆盘定理知,存在 i 使

$$|\mu_j-(\lambda_i+b_{ii})|\leqslant R_i(C)=R_i(B),$$

于是

$$|\lambda_i-\mu_j|=|\mu_j-\lambda_i|$$
$$\leqslant R_i(B)+|b_{ii}|\leqslant \|P^{-1}\delta P\|_\infty,$$

因 $R_i(C)=R_i(B)$,所以 C 的第 k 个 Gerschgorin 圆盘

$$G_k(C)=\{z\in \mathbf{C}:|z-(\lambda_k+b_{kk})|\leqslant R_k(B)\}\subset S_k \quad (k=1,\cdots,n),$$

设 A 的 m 重特征值 λ_i 在 Λ 的对角线上的序号为 $i_1,\cdots,i_m$,即 $\lambda_{i_1}=\cdots=\lambda_{i_m}=\lambda_i$,则

$$G_{i_t}(C)=\{z\in \mathbf{C}:|z-(\lambda_i+b_{i_ti_t})|\leqslant R_{i_t}(B)\}\subset S_i \quad (t=1,\cdots,m)$$

即 S_i 中包含着 C 的 m 个 Gerschgorin 圆. 证毕

下面推广定理 1.

定义 设 $\|\cdot\|$ 为 $\mathbf{C}^{n\times n}$ 上一相容矩阵范数.若对任一对角矩阵 $D=\operatorname{diag}(\lambda_1,\lambda_2,\cdots,\lambda_n)$满足

$$\|D\|=\max_i|\lambda_i|,$$

则称它是单调(或绝对)范数.

定理 2(Bauer-Fike) 设 $A=PDP^{-1}\in\mathbf{C}^{n\times n}$,$D=\operatorname{diag}(\lambda_1,\lambda_2,\cdots,\lambda_n)$,则对 $A+\delta$ 的任一特征值 μ,恒有

$$\min_i|\lambda_i-\mu|\leqslant\|P^{-1}\delta P\|,$$

这里,$\|\cdot\|$ 为单调矩阵范数.

证 设 $B=P^{-1}\delta P$,记

$$C=P^{-1}(A+\delta)P=D+B.$$

由于 μ 是 $A+\delta$ 的特征值,所以 μ 为 C 的特征值.

若 $D-\mu E$ 奇异,则必存在 i 使 $\mu=\lambda_i$.于是结论成立.

若 $D-\mu E$ 非奇异,由于

$$C-\mu E=(D-\mu E)[E+(D-\mu E)^{-1}B]$$

奇异,所以 $E+(D-\mu E)^{-1}B$ 奇异,因而 -1 为$(D-\mu E)^{-1}B$ 的一个特征值.故有

$$\|(D-\mu E)^{-1}\|\ \|B\|\geqslant\|(D-\mu E)^{-1}B\|\geqslant 1,$$

由 $\|\cdot\|$ 为单调范数知

$$\|(D-\mu E)^{-1}\|=\max_i\frac{1}{|\lambda_i-\mu|}$$
$$=\frac{1}{\min_i|\lambda_i-\mu|},$$

故得

$$\min_i |\lambda_i-\mu| \leqslant \| B \| = \| P^{-1}\delta P \|. \qquad \text{证毕}$$

因为矩阵的算子范数 $\|\cdot\|_1, \|\cdot\|_\infty, \|\cdot\|_2$ 均为单调范数,所以定理 2 对于这些范数都是成立的.

由定理 2,显然有

$$\min_i |\lambda_i-\mu| \leqslant \| P^{-1}\| \| P \| \| \delta \| = k(P) \| \delta \|,$$

其中,$k(P)=\|P^{-1}\| \|P\|$ 叫做 P 关于单调矩阵范数 $\|\cdot\|$ 的条件数.由上式得

$$\frac{\min_i |\lambda_i-\mu|}{\| \delta \|} \leqslant k(P),$$

此不等式左端表示因摄动矩阵 δ 产生的特征值的相对误差,$k(P)$ 是该相对误差的上界.

推论　设 $A\in \mathbf{C}^{n\times n}$ 为正规矩阵,特征值为 $\lambda_1,\cdots,\lambda_n$,$\delta=(\delta_{ij})\in \mathbf{C}^{n\times n}$.若 μ 为 $A+\delta$ 的特征值,则

$$\min_i |\lambda_i-\mu| \leqslant \| \delta \|_2.$$

证　因 A 为正规矩阵,故存在酉矩阵 U,使得

$$U^H AU = \mathrm{diag}(\lambda_1,\cdots,\lambda_n) = \Lambda,$$

$\|\cdot\|_2$ 为单调矩阵范数,$k_2(U)=\|U\|_2\cdot\|U^{-1}\|_2=1$,故据定理 2 知结论成立.　　　　证毕

设 λ 为矩阵 A 的近似特征值,x 为对应于 λ 的近似特征向量,为了描述这些近似量的精确度,常考虑残余向量

$$r = Ax-\lambda x.$$

若 $r=0$,则 λ 和 x 是精确的;若 $r\neq 0$,即使 $\|r\|$ 很小,λ 的差异也可能很大.能否从残余向量 $r=Ax-\lambda x$ 很小就断言 λ 是 A 的近似特征值,而 x 是对应于 λ 的近似特征向量呢?

例如,

$$A=\begin{pmatrix} n & -(n-1)10^n \\ 0 & n \end{pmatrix},\quad x=\begin{pmatrix} 1 \\ 10^{-n} \end{pmatrix},$$

则

$$\| Ax-x \|_\infty = (n-1)10^{-n} \xrightarrow{n\to\infty} 0,$$

但是 1 与 n 的差趋于∞,不能由此断定 1 是 A 的近似特征值.

对此,有

定理 3　设 $A=PDP^{-1}\in \mathbf{C}^{n\times n}$,$D=\mathrm{diag}(\lambda_1,\cdots,\lambda_n)$,则对任一单调矩

阵范数 $\|\cdot\|$，若 λ 和 $x(\|x\|'=1)$ 满足 $\|Ax-\lambda x\|'\leqslant\varepsilon$，那么

$$\min_i|\lambda_i-\lambda|\leqslant\varepsilon\|P^{-1}\|\|P\|=\varepsilon k(P),$$

这里，$\|\cdot\|'$ 为与 $\|\cdot\|$ 相容的一种向量范数，ε 是任意给定的正数.

证 若 $D-\lambda E$ 奇异，则结论显然.

若 $D-\lambda E$ 非奇异，则

$$r=Ax-\lambda x=P(D-\lambda E)P^{-1}x,$$
$$x=P(D-\lambda E)^{-1}P^{-1}r,$$

从而

$$\begin{aligned}1=\|x\|'&=\|P(D-\lambda E)^{-1}P^{-1}r\|'\\&\leqslant\|P\|\|(D-\lambda E)^{-1}\|\|P^{-1}\|\|r\|'\\&\leqslant\|P\|\cdot\frac{1}{\min\limits_i|\lambda_i-\lambda|}\cdot\|P^{-1}\|\cdot\varepsilon,\end{aligned}$$

所以 $$\min_i|\lambda_i-\lambda|\leqslant\varepsilon\|P^{-1}\|\|P\|=\varepsilon k(P).$$ 证毕

定理 4 设 A 满足定理 2 的条件，δ 满足

$$\delta=Q\Lambda Q^{-1}\qquad \Lambda=\mathrm{diag}\,(\mu_1,\mu_2,\cdots,\mu_n)$$

μ 为 $A+\delta$ 的一个特征值，则存在 A 的一个特征值 λ_i 使得

$$|\mu-\lambda_i|\leqslant\inf_{P,Q}k(P^{-1}Q)\max_{1\leqslant j\leqslant n}|\mu_j|.$$

证 由定理 2 的证明易知

$$\begin{aligned}\min_{1\leqslant i\leqslant n}|\mu-\lambda_i|&\leqslant\|P^{-1}\delta P\|\\&=\|P^{-1}Q\Lambda Q^{-1}P\|\\&\leqslant\|P^{-1}Q\|\cdot\|Q^{-1}P\|\max_{1\leqslant j\leqslant n}|\mu_j|\\&=k(P^{-1}Q)\max_{1\leqslant j\leqslant n}|\mu_j|,\end{aligned}$$

对 P,Q 取下确界即得定理结果. 证毕

下面，我们来讨论正规矩阵的摄动定理，前面，我们研究了单纯矩阵的摄动定理，得到了

$$\frac{|\mu-\lambda_i|}{\|\delta\|}\leqslant k(P).$$

如果 $k(P)$ 较小（接近 1），则小的数据摄动可以使特征值产生摄动，但特征值的变化范围以数据变化的相同数量级为界. 如果 $k(P)$ 很大，则小的数据摄动可能引起特征值的比较大的变化，从而确定 A 的特征值问题就可能是病态的.

但是，若 P 为酉矩阵，则 P 的谱条件数将会很小（等于 1），此时，确定 A 的特征值问题一定是良态的. 熟知，矩阵可酉对角化的充要条件是它

为正规矩阵.因此,定理 2 给出了关于整个正规矩阵类的摄动定理,与原来对角矩阵的论断具有同样简单的形式.正规矩阵关于特征值的计算是优态的.

由定理 2 直接得

定理 5　设 $A\in\mathbf{C}^{n\times n}$ 为具有特征值 $\lambda_1,\cdots,\lambda_n$ 的正规矩阵,$\delta\in\mathbf{C}^{n\times n}$,$\mu$ 为 $A+\delta$ 的特征值,则存在 A 的某个特征值 λ_i,使得

$$|\mu-\lambda_i|\leqslant\|\delta\|_2.$$

注意,δ 和 $A+\delta$ 都不一定是正规矩阵.定理 5 常应用于实对称矩阵 A 的情形.

在很多实际应用中(如数值分析中),A 和 $A+\delta$ 均为正规矩阵的情形是常见的.对于这种情形,有一个对所有特征值都适用的涉及全局的界,我们不加证明地给出如下著名的定理.

定理 6(Hoffman-Wielandt)　设 $A,\delta\in\mathbf{C}^{n\times n}$,$A,A+\delta$ 均为正规矩阵,设 $\lambda_1,\lambda_2,\cdots,\lambda_n$ 为按某个顺序给定的 A 的特征值,$\mu_1,\mu_2,\cdots,\mu_n$ 为按某个顺序给定的 $A+\delta$ 的特征值,则存在整数 $1,2,\cdots,n$ 的一个排列 $\sigma(i)$,使得

$$\left(\sum_{i=1}^{n}|\mu_{\sigma(i)}-\lambda_i|^2\right)^{1/2}\leqslant\|\delta\|_2.$$

定理 6 说明,正规矩阵的特征值存在很强的全局稳定性,但没有说明究竟特征值的哪个排列满足所述不等式.事实上,至少存在特征值的一个排列,可使定理中不等式反向.但是,对于 Hermite 阵,特征值的自然顺序能满足定理 6 中的不等式.

推论　设 $A,\delta\in\mathbf{C}^{n\times n}$,$A$ 为 Hermite 矩阵,$A+\delta$ 为正规矩阵,设 $\{\lambda_1,\cdots,\lambda_n\}$ 为 A 的特征值,且排成 $\lambda_1\leqslant\lambda_2\leqslant\cdots\leqslant\lambda_n$.$\mu_1,\mu_2,\cdots,\mu_n$ 为 $A+\delta$ 的特征值,且

$$\operatorname{Re}\mu_1\leqslant\operatorname{Re}\mu_2\leqslant\cdots\leqslant\operatorname{Re}\mu_n,$$

则

$$\left(\sum_{i=1}^{n}|\mu_i-\lambda_i|^2\right)^{1/2}\leqslant\|\delta\|_2.$$

证　由定理 6 知,存在 $A+\delta$ 的特征值的给定顺序的某个排列 σ,使得

$$\left(\sum_{i=1}^{n}|\mu_{\sigma(i)}-\lambda_i|^2\right)^{1/2}\leqslant\|\delta\|_2,$$

若 $A+\delta$ 的特征值在 $\mu_{\sigma(1)},\cdots,\mu_{\sigma(n)}$ 中已使它们的实部成递增顺序,则结论已证明.否则,在 $\mu_{\sigma(1)},\cdots,\mu_{\sigma(n)}$ 中有两个相邻特征值,其实部不按递增顺

序排列,不妨设对某个适合 $1\leqslant k<n$ 的 k,

$$\operatorname{Re}\mu_{\sigma(k)}>\operatorname{Re}\mu_{\sigma(k+1)}$$

由于

$$\begin{aligned}&|\mu_{\sigma(k)}-\lambda_k|^2+|\mu_{\sigma(k+1)}-\lambda_{k+1}|^2\\&=|\mu_{\sigma(k+1)}-\lambda_k|^2+|\mu_{\sigma(k)}-\lambda_{k+1}|^2+\\&\quad 2(\lambda_k-\lambda_{k+1})(\operatorname{Re}\mu_{\sigma(k+1)}-\operatorname{Re}\mu_{\sigma(k)})\end{aligned}$$

和 $\lambda_k-\lambda_{k+1}\leqslant 0$,得

$$\begin{aligned}&|\mu_{\sigma(k)}-\lambda_k|^2+|\mu_{\sigma(k+1)}-\lambda_{k+1}|^2\\&\geqslant|\mu_{\sigma(k+1)}-\lambda_k|^2+|\mu_{\sigma(k)}-\lambda_{k+1}|^2.\end{aligned}$$

所以,可交换两个特征值 $\mu_{\sigma(k)}$ 和 $\mu_{\sigma(k+1)}$ 且不增加平方差之和,通过有限次这样的交换,$\mu_{\sigma(1)},\cdots,\mu_{\sigma(n)}$ 可交换成 $\mu_1,\mu_2,\cdots,\mu_n$ 使之实部是递增的,且所确定的界成立. 证毕

这个推论经常应用于 A 和 $A+\delta$ 都是 Hermite 矩阵的情形.

习 题 四

1. 证明:实对称矩阵 A 的所有特征值在区间 $[a,b]$ 上的充要条件是对任何 $\lambda_0<a$,$A-\lambda_0E$ 是正定矩阵;而对任何 $\lambda_0>b$,$A-\lambda_0E$ 是负定矩阵.

2. 设 A,B 都是实对称矩阵,A 的一切特征值在区间 $[a,b]$ 上,B 的一切特征值在区间 $[c,d]$ 上.试利用题 1 的结论证明:$A+B$ 的特征值必在区间 $[a+c,b+d]$ 上.

3. 设 P 是酉矩阵,$A=\operatorname{diag}(a_1,a_2,\cdots,a_n)$,证明 PA 的特征值 μ 满足不等式

$$m\leqslant|\mu|\leqslant M,$$

其中,$m=\min\limits_i\{|a_i|\}$,$M=\max\limits_i\{|a_i|\}$.

4. 用圆盘定理证明

$$A=\begin{pmatrix}9&1&-2&1\\0&8&1&1\\-1&0&4&0\\1&0&0&1\end{pmatrix}$$

至少有两个实特征根.

5. 用圆盘定理估计

$$A=\begin{pmatrix}1&-\frac{1}{2}&-\frac{1}{2}&0\\-\frac{1}{2}&\frac{3}{2}&\mathrm{i}&0\\0&-\frac{1}{2}\mathrm{i}&5&\frac{1}{2}\mathrm{i}\\-1&0&0&5\mathrm{i}\end{pmatrix}$$

的特征值分布范围.

6. 用圆盘定理估计

$$A=\begin{pmatrix} 7 & -16 & 8 \\ -16 & 7 & -8 \\ 8 & -8 & -5 \end{pmatrix}$$

的特征值和 A 的谱半径.然后选取一组正数 p_1, p_2, p_3 对 A 的特征值作更精细的估计.

7. 证明

$$A=\begin{pmatrix} 1/4 & 1/4 & 1/4 & 1/4 \\ 1/5 & 2/5 & 1/5 & 1/5 \\ 1/6 & 1/6 & 3/6 & 1/6 \\ 1/7 & 1/7 & 1/7 & 3/7 \end{pmatrix}$$

的谱半径 $r(A)<1$.

8. 证明

$$B=\begin{pmatrix} 1/4 & 1/4 & 1/4 & 1/4 \\ 1/5 & 2/5 & 1/5 & 1/5 \\ 1/6 & 1/6 & 3/6 & 1/6 \\ 1/7 & 1/7 & 1/7 & 4/7 \end{pmatrix}$$

的谱半径 $r(B)=1$.

9. 举例说明：

(1) 在由两个盖尔圆构成的连通部分中,可以在每一个盖尔圆中恰有一个特征值;

(2) 不一定每个盖尔圆中必有一个特征值.

10. 应用 Ostrowski 定理(或推论),证明

$$A=\begin{pmatrix} 6 & 5 & 1 & 2 \\ 1 & 7 & 0 & 2 \\ 0 & 4 & 7 & 5 \\ 2 & 0 & 1 & 5 \end{pmatrix}$$

的谱半径 $r(A)<13$.

11. 设 $A=(a_{ij})\in \mathbf{C}^{n\times n}$ 满足

$$|a_{ii}|>\sum_{j\neq i}|a_{ij}| \quad (i=1,2,\cdots,n),$$

则

(1) A 可逆;

(2) $|\det A|\geqslant \prod_{i=1}^{n}\left(|a_{ii}|-\sum_{j\neq i}|a_{ij}|\right)$.

12. 若 $A\in \mathbf{C}^{n\times n}$ 奇异,则存在某个 i_0,使

$$|a_{i_0 i_0}|\leqslant \sum_{j\neq i_0}|a_{i_0 j}|.$$

13. 设 $A\in\mathbf{C}^{n\times n}$ 可逆，λ 为特征值，则

$$\|A^{-1}\|_2^{-1}\leqslant|\lambda|\leqslant\|A\|_2.$$

14. 设 $R_A(x)$ 是 $A=A^H\in\mathbf{C}^{n\times n}$ 的 Rayleigh 商，证明：

(1) $R_A(\lambda x)=R_A(x)$，$\forall\,0\neq\lambda\in\mathbf{C},\theta\neq x\in\mathbf{C}^n$；

(2) 存在 $\theta\neq x_i\in\mathbf{C}^n(i=1,\cdots,n)$，使 $R_A(x_i)=\lambda_i(A)$.

15. 设实对称阵 A 和 B 的特征值分别是

$$\lambda_1\leqslant\lambda_2\leqslant\cdots\leqslant\lambda_n \text{ 和 } \mu_1\leqslant\mu_2\leqslant\cdots\leqslant\mu_n,$$

若对任单位向量 x，恒有

$$|x^{\mathrm{T}}(B-A)x|\leqslant\varepsilon\quad(\varepsilon>0),$$

则 $|\mu_k-\lambda_k|\leqslant\varepsilon\quad(k=1,\cdots,n)$.

16. (Weyl 定理)　设实对称阵 $A,A+Q$ 和 Q 的特征值分别是 $\lambda_1\leqslant\lambda_2\leqslant\cdots\leqslant\lambda_n$，$\mu_1\leqslant\mu_2\leqslant\cdots\leqslant\mu_n$ 和 $\gamma_1\leqslant\gamma_2\leqslant\cdots\leqslant\gamma_n$，则

$$\lambda_i+\gamma_1\leqslant\mu_i\leqslant\lambda_i+\gamma_n\quad(i=1,2,\cdots,n).$$

第五章 矩阵分析

前面我们研究了矩阵的代数运算,但在数学的许多分支和工程实际中,特别是涉及到多元分析,系统与控制理论研究,还要用到矩阵的分析运算.

本章首先讨论矩阵序列的极限和矩阵级数,然后介绍矩阵函数和它的计算,最后介绍矩阵的微积分,以及矩阵分析在解微分方程组中的应用.

§1 矩阵序列与矩阵级数

$m\times n$ 阶矩阵序列 $A^{(1)},A^{(2)},\cdots,A^{(k)},\cdots$,简记为 $\{A^{(k)}\}$,其中

$$A^{(k)}=\begin{pmatrix} a_{11}^{(k)} & a_{12}^{(k)} & \cdots & a_{1n}^{(k)} \\ a_{21}^{(k)} & a_{22}^{(k)} & \cdots & a_{2n}^{(k)} \\ \vdots & \vdots & & \vdots \\ a_{m1}^{(k)} & a_{m2}^{(k)} & \cdots & a_{mn}^{(k)} \end{pmatrix},k=1,2,\cdots,$$

矩阵序列 $\{A^{(k)}\}$ 中各矩阵的对应元素 $a_{ij}^{(k)},i=1,2,\cdots,m,j=1,2,\cdots,n$ 构成了 $m\times n$ 个数列.

定义 1 设有 $\mathbf{C}^{m\times n}$ 中的矩阵序列 $\{A^{(k)}\}$,$A^{(k)}=(a_{ij}^{(k)})_{m\times n}$.若

$$\lim_{k\to\infty}a_{ij}^{(k)}=a_{ij},i=1,2,\cdots,m;j=1,2,\cdots,n,$$

则称矩阵序列 $\{A^{(k)}\}$ 收敛于 $A=(a_{ij})$,或称矩阵 A 为矩阵序列 $\{A^{(k)}\}$ 的极限,记为

$$\lim_{k\to+\infty}A^{(k)}=A \quad 或\ A^{(k)}\to A\ (k\to+\infty).$$

若矩阵序列不收敛,则称发散.

由定义可见,$\mathbf{C}^{m\times n}$ 中一个矩阵序列的收敛相当于 mn 个数列同时收敛.因此,可以用初等分析的方法来研究它.例如,

$$\lim_{k\to+\infty}\begin{pmatrix} \dfrac{(-1)^k}{k} & -1 \\ \dfrac{1}{k} & \left(1+\dfrac{1}{k}\right)^k \end{pmatrix}=\begin{pmatrix} 0 & -1 \\ 0 & \mathrm{e} \end{pmatrix}.$$

根据矩阵序列收敛性定义容易证明矩阵序列的极限运算有下述性质

定理 1 设 $\lim\limits_{k\to+\infty} A^{(k)}=A$, $\lim\limits_{k\to+\infty} B^{(k)}=B$,其中 $A^{(k)}$, $B^{(k)}$, A, B 为适当阶的矩阵,$a,b\in\mathbf{C}$,则

(1) $\lim\limits_{k\to+\infty}(aA^{(k)}+bB^{(k)})=aA+bB$;

(2) $\lim\limits_{k\to+\infty} A^{(k)}B^{(k)}=AB$;

(3) 当 $A^{(k)}$ 与 A 均可逆时,$\lim\limits_{k\to+\infty}(A^{(k)})^{-1}=A^{-1}$.

研究矩阵序列收敛性的常用而简单的方法,是利用矩阵的范数理论来研究矩阵序列的极限.类似于第二章 §1 的定理,不难证明:

定理 2 设 $\|\cdot\|$ 是 $\mathbf{C}^{m\times n}$ 上任一矩阵范数,$\mathbf{C}^{m\times n}$ 中矩阵序列 $\{A^{(k)}\}$ 收敛于矩阵 A 的充分必要条件是

$$\lim_{k\to\infty}\|A^{(k)}-A\|=0.$$

在矩阵序列中,最常见的是由一个方阵的幂构成的序列.关于这样的矩阵序列有以下的概念和收敛定理.

定义 2 设 $A\in\mathbf{C}^{n\times n}$,若 $\lim\limits_{k\to\infty}A^k=O$,则称 A 为收敛矩阵.

定理 3 设 $A\in\mathbf{C}^{n\times n}$,则 A 为收敛矩阵的充分必要条件是谱半径 $r(A)<1$.

证 设 A 的 Jordan 标准形为 J,则存可逆阵 P 使

$$A=PJP^{-1}.$$

于是有

$$A^k=PJ^kP^{-1}.$$

可见,$A^k\to 0$ 等价于 $J^k\to 0$,又

$$J^k=\mathrm{diag}\,(J_{r_1}^k(\lambda_1),\cdots,J_{r_s}^k(\lambda_s)),$$

其中,$\lambda_1,\lambda_2,\cdots,\lambda_s$ 为 A 的特征值,并且 A 没有其他不同于它们的特征值.

显然,$J^k\to 0$ 等价于 $J_{r_i}^k(\lambda_i)\to 0\quad(\forall\, i=1,2,\cdots,s)$,而

$$J_{r_i}^k(\lambda_i)=\begin{bmatrix} f_k(\lambda_i) & f'_k(\lambda_i) & \cdots & \dfrac{f_k^{(r_i-1)}(\lambda_i)}{(r_i-1)!} \\ & f_k(\lambda_i) & \cdots & \dfrac{f_k^{(r_i-2)}(\lambda_i)}{(r_i-2)!} \\ & & & \vdots \\ & & & f_k(\lambda_i) \end{bmatrix},\quad k>r_i,$$

其中,$f_k(\lambda_i)=\lambda_i^k$.所以,当 $|\lambda_i|<1$ 时有

$$f_k^{(l)}(\lambda_i)\to 0\quad(l=0,1,2,\cdots,r_i-1),$$

故

$$J_{r_i}^k(\lambda_i)\to 0.$$

从而 $J^k\to 0, A^k\to 0$.

反之,若 $A^k\to 0$,则 $J_{r_i}^k(\lambda_i)\to 0(\ \forall i=1,2,\cdots,s)$. 由此,$\lambda_i^k\to 0$,所以,$|\lambda_i|<1$. 证毕

有时我们需要估计当 $k\to\infty$ 时 A^k 元素的界,由定理 3 可以得如下一个有用的界.

推论 设 $A\in\mathbf{C}^{n\times n}$, $\forall\varepsilon>0$,则存在与 A,ε 有关的常数 $c=c(A,\varepsilon)$ 使得

$$|(A^k)_{ij}|\leqslant c[r(A)+\varepsilon]^k, k=1,2,\cdots;i,j=1,\cdots,n.$$

证 令

$$\widetilde{A}=\frac{A}{r(A)+\varepsilon},$$

则 $r(\widetilde{A})<1$,故由定理 3

$$(\widetilde{A})^k\to 0\quad(k\to\infty),$$

即

$$\lim_{k\to\infty}(\widetilde{A})_{ij}^k\to 0\quad(i,j=1,2,\cdots,n).$$

因而存在有限常数 $c>0$,使得

$$|(\widetilde{A})_{ij}^k|\leqslant c\quad(k=1,2,\cdots;i,j=1,2,\cdots,n),$$

故 $|(A^k)_{ij}|\leqslant c[r(A)+\varepsilon]^k$. 证毕

定义 3 设 $\{A^{(k)}\}$ 是 $\mathbf{C}^{m\times n}$ 的矩阵序列,称无穷和

$$A^{(1)}+A^{(2)}+\cdots+A^{(k)}+\cdots$$

为矩阵级数,记为 $\sum\limits_{k=1}^{\infty}A^{(k)}$,对任一正整数 N,称 $S^{(N)}=\sum\limits_{k=1}^{N}A^{(k)}$ 为矩阵级数的部分和. 如果由部分和构成的矩阵序列 $\{S^{(N)}\}$ 收敛于 S,即 $\lim\limits_{N\to\infty}S^{(N)}=S$,则称矩阵级数 $\sum\limits_{k=1}^{\infty}A^{(k)}$ 收敛而且有和 S,记为

$$S=\sum_{k=1}^{\infty}A^{(k)}.$$

不收敛的矩阵级数称为发散的.

由定义可知,矩阵级数 $\sum\limits_{k=1}^{\infty}A^{(k)}$ 收敛的充分必要条件是 mn 个数项级数 $\sum\limits_{k=1}^{\infty}a_{ij}^{(k)}(i=1,2,\cdots,m;j=1,2,\cdots,n)$ 都收敛.

定义 4 如果 mn 个数项级数

$$\sum_{k=1}^{\infty} a_{ij}^{(k)}, i=1,2,\cdots,m; j=1,2,\cdots,n$$

都是绝对收敛的,则称矩阵级数 $\sum\limits_{k=1}^{\infty} A^{(k)}$ 是绝对收敛的.

利用矩阵范数,可以将判定矩阵级数是否绝对收敛化为判定一个正项级数是否收敛的问题.

定理 4 在 $\mathbf{C}^{m\times n}$ 中,矩阵级数 $\sum\limits_{k=1}^{\infty} A^{(k)}$ 绝对收敛的充分必要条件是正项级数 $\sum\limits_{k=1}^{\infty} \| A^{(k)} \|$ 收敛,这里 $\| \cdot \|$ 是任一矩阵范数.

证 若 $\sum\limits_{k=1}^{\infty} A^{(k)}$ 绝对收敛,则存在一个正数 M,它与 N,i,j 无关,使得

$$\sum_{k=1}^{M} |a_{ij}^{(k)}| < M, N \geqslant 1, i=1,2,\cdots,m, j=1,2,\cdots,n.$$

从而

$$\sum_{k=1}^{N} \| A^{(k)} \|_1 = \sum_{k=1}^{N} \left(\sum_{i=1}^{m} \sum_{j=1}^{n} |a_{ij}^{(k)}| \right) < mnM,$$

故 $\sum\limits_{k=1}^{\infty} \| A^{(k)} \|_1$ 收敛.再由矩阵范数的等价性和正项级数的比较判别法知 $\sum\limits_{k=1}^{\infty} \| A^{(k)} \|$ 收敛.

反之,如果 $\sum\limits_{k=1}^{\infty} \| A^{(k)} \|$ 收敛,则 $\sum\limits_{k=1}^{\infty} \| A^{(k)} \|_1$ 收敛,于是由

$$|a_{ij}^{(k)}| \leqslant \| A^{(k)} \|_1, i=1,2,\cdots,m, j=1,2,\cdots,n$$

知 mn 个级数 $\sum\limits_{k=1}^{\infty} a_{ij}^{(k)}(i=1,2,\cdots,m, j=1,2,\cdots,n)$ 中的每一个级数都是绝对收敛的.故 $\sum\limits_{k=1}^{\infty} A^{(k)}$ 绝对收敛. 证毕

与数项级数类似,若矩阵级数 $\sum\limits_{k=1}^{\infty} A^{(k)}$ 绝对收敛,则它一定收敛,并且任意交换各项在和式中的次序所得的新的级数仍收敛,和也不变.

下面开始建立矩阵幂级数的理论.

定理 5 方阵 A 的幂级数(Neumann 级数)

$$\sum_{k=0}^{\infty} A^k = E + A + A^2 + \cdots + A^k + \cdots \tag{5-1}$$

收敛的充分必要条件是 A 为收敛矩阵.此时,该幂级数的和为 $(E-A)^{-1}$.

证 必要性.式(5-1)的第 i 行第 j 列的元素为数项级数

$$\delta_{ij}+(A)_{ij}+(A^2)_{ij}+\cdots+(A^k)_{ij}+\cdots.$$

级数(5-1)收敛当且仅当上面每一个数项级数收敛.但后者收敛的必要条件是其一般项

$$(A^k)_{ij}\to 0, k\to+\infty,$$

即

$$A^k=((A^k)_{ij})\to 0, k\to+\infty,$$

即级数(5-1)收敛的必要条件为 $r(A)<1$.

充分性.因 $r(A)<1$,故 $E-A$ 可逆,从而 $(E-A)^{-1}$ 存在.又

$$(E+A+A^2+\cdots+A^k)(E-A)=E-A^{k+1},$$

因而

$$E+A+A^2+\cdots+A^k=(E-A)^{-1}-A^{k+1}(E-A)^{-1}.$$

由于

$$A^{k+1}(E-A)^{-1}\to 0, k\to+\infty.$$

故得 $E+A+A^2+\cdots+A^k\to(E-A)^{-1}, k\to+\infty$. 证毕

定理 6 设幂级数

$$f(z)=\sum_{k=0}^{\infty} c_k z^k$$

的收敛半径为 r,如果方阵 A 满足 $r(A)<r$,则矩阵幂级数

$$\sum_{k=0}^{\infty} c_k A^k$$

绝对收敛;如果 $r(A)>r$,则矩阵幂级数 $\sum\limits_{k=0}^{\infty} c_k A^k$ 发散.

证 当 $r(A)<r$ 时,选取正数 ε,使满足

$$r(A)+\varepsilon<r,$$

于是存在相容矩阵范数 $\|\cdot\|$ 使得

$$\|A\|\leqslant r(A)+\varepsilon.$$

从而有

$$\|c_kA^k\|\leqslant|c_k|\|A\|^k\leqslant|c_k|(r(A)+\varepsilon)^k.$$

因为 $r(A)+\varepsilon<r$,所以 $\sum\limits_{k=0}^{\infty} c_k(r(A)+\varepsilon)^k$ 绝对收敛,从而 $\sum\limits_{k=0}^{\infty}\|c_kA^k\|$ 收敛.故 $\sum\limits_{k=0}^{\infty} c_kA^k$ 绝对收敛.

当 $r(A)>r$ 时,设 A 的 n 个特征值为 $\lambda_1,\lambda_2,\cdots,\lambda_n$,则有某个 λ_l 满足 $|\lambda_l|>r$.于是存在可逆矩阵 P,使得

$$P^{-1}AP=\begin{pmatrix}\lambda_1 & b_{12} & \cdots & b_{1n}\\ & \lambda_2 & \cdots & b_{2n}\\ & & \ddots & \vdots\\ & & & \lambda_n\end{pmatrix}=B.$$

而 $\sum\limits_{k=0}^{\infty}c_kB^k$ 的对角元为 $\sum\limits_{k=0}^{\infty}c_k\lambda_i^k\ (i=1,2,\cdots,n)$. 因为 $|\lambda_l|>r$, 所以 $\sum\limits_{k=0}^{\infty}c_k\lambda_l^k$ 发散,从而 $\sum\limits_{k=0}^{\infty}c_kB^k$ 发散.于是不难得到

$$\sum_{k=0}^{\infty}c_kA^k=\sum_{k=0}^{\infty}c_kPB^kP^{-1}$$

也发散. 证毕

推论 如果幂级数 $f(z)=\sum\limits_{k=0}^{\infty}c_kz^k$ 在整个复平面上是收敛的,那么不论 A 是任何矩阵, $\sum\limits_{k=0}^{\infty}c_kA^k$ 总是绝对收敛的.

§2 矩阵函数

在本节中,我们利用矩阵幂级数定义矩阵函数,并介绍计算矩阵函数的方法.

一、矩阵函数的定义

定义 设幂级数 $\sum\limits_{k=0}^{\infty}a_kz^k$ 的收敛半径为 r,且当 $|z|<r$ 时,幂级数收敛于函数 $f(z)$,即

$$f(z)=\sum_{k=0}^{\infty}a_kz^k,\ |z|<r.$$

如果 $A\in\mathbf{C}^{n\times n}$ 满足 $r(A)<r$,则称收敛的矩阵幂级数 $\sum\limits_{k=0}^{\infty}a_kA^k$ 的和为矩阵函数,记为 $f(A)$,即

$$f(A)=\sum_{k=0}^{\infty}a_kA^k.$$

类似于数学分析中一些函数的幂级数展开式,我们引进以下常用的矩阵函数:

$$e^A = \sum_{k=0}^{\infty} \frac{1}{k!} A^k, \qquad A \in \mathbf{C}^{n\times n};$$

$$\sin A = \sum_{k=0}^{\infty} \frac{(-1)^k}{(2k+1)!} A^{2k+1}, \quad A \in \mathbf{C}^{n\times n};$$

$$\cos A = \sum_{k=0}^{\infty} \frac{(-1)^k}{(2k)!} A^{2k}, \qquad A \in \mathbf{C}^{n\times n};$$

$$(E-A)^{-1} = \sum_{k=0}^{\infty} A^k, \qquad r(A) < 1;$$

$$\ln(E+A) = \sum_{k=0}^{\infty} \frac{(-1)^k}{k+1} A^{k+1}, \quad r(A) < 1.$$

我们称 e^A 为矩阵指数函数，$\sin A$ 为矩阵正弦函数，$\cos A$ 为矩阵余弦函数.不难推出

$$\left.\begin{aligned} & e^{iA} = \cos A + i\sin A, \quad i = \sqrt{-1} \\ & \cos A = \frac{1}{2}(e^{iA} + e^{-iA}) \\ & \sin A = \frac{1}{2i}(e^{iA} - e^{-iA}) \\ & \cos(-A) = \cos A, \sin(-A) = -\sin A \end{aligned}\right\} \tag{5-2}$$

如果把矩阵函数 $f(A)$ 的变元方阵 A 换为 At，t 为参数，则得到

$$f(At) = \sum_{k=0}^{\infty} a_k (At)^k.$$

二、矩阵函数值的计算

在实际应用中，常常是给定了解析函数 $f(z)$ 和方阵 A，要计算 $f(A)$. 下面介绍其常用计算方法. 注意：我们以下总事先约定所计算的矩阵幂级数收敛.

1. 利用相似对角化

设 A 相似于对角矩阵 D，即存在可逆矩阵 P 使

$$P^{-1}AP = \operatorname{diag}(\lambda_1, \lambda_2, \cdots, \lambda_n),$$

$$\begin{aligned} f(A) &= \sum_{k=0}^{\infty} a_k A^k = \sum_{k=0}^{\infty} a_k (PDP^{-1})^k \\ &= P\left(\sum_{k=0}^{\infty} a_k D^k\right) P^{-1} \end{aligned}$$

$$=P\begin{pmatrix}\sum_{k=0}^{\infty}a_k\lambda_1^k & & \\ & \ddots & \\ & & \sum_{k=0}^{\infty}a_k\lambda_n^k\end{pmatrix}P^{-1}=P\begin{pmatrix}f(\lambda_1) & & \\ & \ddots & \\ & & f(\lambda_n)\end{pmatrix}P^{-1}.$$

同理

$$f(At)=P\mathrm{diag}\,(f(\lambda_1 t),f(\lambda_2 t),\cdots,f(\lambda_n t))P^{-1}.$$

例 1 设 $A=\begin{pmatrix}4 & 6 & 0\\ -3 & -5 & 0\\ -3 & -6 & 1\end{pmatrix}$,求 e^{At}, $\cos A$.

解 $\det(\lambda E-A)=(\lambda+2)(\lambda-1)^2$,所以 $\lambda_1=-2,\lambda_2=\lambda_3=1$.求得对应的特征向量:

$$\lambda_1=-2:\quad \xi_1=(-1,1,1)^{\mathrm{T}},$$

$$\lambda_2=\lambda_3=1:\quad \xi_2=(-2,1,0)^{\mathrm{T}},\xi_3=(0,0,1)^{\mathrm{T}}.$$

于是可取 $P=\begin{pmatrix}-1 & -2 & 0\\ 1 & 1 & 0\\ 1 & 0 & 1\end{pmatrix}$,故

$$e^{At}=P\begin{pmatrix}e^{-2t} & & \\ & e^{t} & \\ & & e^{t}\end{pmatrix}P^{-1}=\begin{pmatrix}2e^{t}-e^{-2t} & 2e^{t}-2e^{-2t} & 0\\ e^{-2t}-e^{t} & 2e^{-2t}-e^{t} & 0\\ e^{-2t}-e^{t} & 2e^{-2t}-2e^{t} & e^{t}\end{pmatrix},$$

$$\cos A=P\begin{pmatrix}\cos(-2) & & \\ & \cos 1 & \\ & & \cos 1\end{pmatrix}P^{-1}=\begin{pmatrix}2\cos 1-\cos 2 & 2\cos 1-2\cos 2 & 0\\ \cos 2-\cos 1 & 2\cos 2-\cos 1 & 0\\ \cos 2-\cos 1 & 2\cos 2-2\cos 1 & \cos 1\end{pmatrix}.$$

2. Jordan 标准形法

设 A 的 Jordan 标准形为 J,则有可逆矩阵 P,使

$$P^{-1}AP=J=\begin{pmatrix}J_1 & & \\ & \ddots & \\ & & J_s\end{pmatrix},J_i=\begin{pmatrix}\lambda_i & 1 & & \\ & \ddots & \ddots & \\ & & \lambda_i & 1\\ & & & \lambda_i\end{pmatrix}_{m_i\times m_i},$$

$$f(J_i)=\sum_{k=0}^{\infty}a_kJ_i^k=\sum_{k=0}^{\infty}a_k\begin{pmatrix}\lambda_i^k & C_k^1\lambda_i^{k-1} & \cdots & C_k^{m_i-1}\lambda_i^{k-m_i+1}\\ & \lambda_i^k & & \vdots\\ & & \ddots & C_k^1\lambda_i^{k-1}\\ & & & \lambda_i^k\end{pmatrix}$$

$$
=\begin{pmatrix}
f(\lambda_i) & \frac{1}{1!}f'(\lambda_i) & \cdots & \frac{1}{(m_i-1)!}f^{(m_i-1)}(\lambda_i) \\
 & f(\lambda_i) & & \vdots \\
 & & \ddots & \frac{1}{1!}f'(\lambda_i) \\
 & & & f(\lambda_i)
\end{pmatrix},
$$

$$
f(A)=\sum_{k=0}^{\infty} a_k P J^k P^{-1} = P\left(\sum_{k=0}^{\infty} a_k J^k\right) P^{-1}
$$

$$
= P\begin{pmatrix}
\sum_{k=0}^{\infty} a_k J_1^k & & \\
 & \ddots & \\
 & & \sum_{k=0}^{\infty} a_k J_s^k
\end{pmatrix} P^{-1} = P\begin{pmatrix}
f(J_1) & & \\
 & \ddots & \\
 & & f(J_s)
\end{pmatrix} P^{-1}.
$$

可见,求 $f(A)$ 可转化为求 A 的 Jordan 标准形及变换矩阵的问题.

例 2 设 $A=\begin{pmatrix} \pi & 0 & 0 & 0 \\ 0 & -\pi & 0 & 0 \\ 0 & 0 & 0 & 1 \\ 0 & 0 & 0 & 0 \end{pmatrix}$,求 $\sin A$.

解 该矩阵已为 Jordan 标准形,

$$
J_1=\pi, J_2=-\pi, J_3=\begin{pmatrix} 0 & 1 \\ 0 & 0 \end{pmatrix},
$$

$$
\sin J_1=0, \sin J_2=0, \sin J_3=\begin{pmatrix} \sin 0 & \frac{1}{1!}\cos 0 \\ 0 & \sin 0 \end{pmatrix}=\begin{pmatrix} 0 & 1 \\ 0 & 0 \end{pmatrix}.
$$

于是(取 $P=E$),

$$
\sin A=\begin{pmatrix} 0 & 0 & 0 & 0 \\ 0 & 0 & 0 & 0 \\ 0 & 0 & 0 & 1 \\ 0 & 0 & 0 & 0 \end{pmatrix}.
$$

3. 数项级数求和法

对于每个方阵 A,总存在次数小于等于 A 的阶数的首项系数为 1 的多项式

$$
\Psi(\lambda)=\lambda^m+b_1\lambda^{m-1}+\cdots+b_{m-1}\lambda+b_m, 1\leqslant m\leqslant n \tag{5-3}
$$

满足 $\Psi(A)=0$,即

$$
A^m+b_1A^{m-1}+\cdots+b_{m-1}A+b_mE=0,
$$

或者

$$A^m=k_0E+k_1A+\cdots+k_{m-1}A^{m-1},k_i=-b_{m-i}. \tag{5-4}$$

由此可求出

$$\begin{cases}A^{m+1}=k_0^{(1)}E+k_1^{(1)}A+\cdots+k_{m-1}^{(1)}A^{m-1}\\ \quad\vdots\\ A^{m+l}=k_0^{(l)}E+k_1^{(l)}A+\cdots+k_{m-1}^{(l)}A^{m-1}\\ \quad\vdots\end{cases}$$

于是

$$\begin{aligned}f(A)=&\sum_{k=0}^{\infty}c_kA^k=(c_0E+c_1A+\cdots+c_{m-1}A^{m-1})+\\ &c_m(k_0E+k_1A+\cdots+k_{m-1}A^{m-1})+\cdots+\\ &c_{m+l}(k_0^{(l)}E+k_1^{(l)}A+\cdots+k_{m-1}^{(l)}A^{m-1})+\cdots\\ =&\Big(c_0+\sum_{l=0}^{\infty}c_{m+l}k_0^{(l)}\Big)E+\Big(c_1+\sum_{l=0}^{\infty}c_{m+l}k_1^{(l)}\Big)A+\cdots+\\ &\Big(c_{m-1}+\sum_{l=0}^{\infty}c_{m+l}k_{m-1}^{(l)}\Big)A^{m-1}.\end{aligned} \tag{5-5}$$

可见，利用式(5-5)可将一个矩阵幂级数的求和问题转化为 m 个数项级数的求和问题，当式(5-4)中只有少数几个系数不为零时，式(5-5)中需要计算的数项级数也只有少数几个.

例 3 设 A 同例 2 中的 A，求 $\sin A$.

解 令 $\phi(\lambda)=\det(\lambda E-A)=\lambda^4-\pi^2\lambda^2$. 由于 $\varphi(A)=0$，所以 $A^4=\pi^2A^2$，$A^5=\pi^2A^3$，$A^7=\pi^4A^3$，…，于是

$$\begin{aligned}\sin A&=A-\frac{1}{3!}A^3+\frac{1}{5!}A^5-\frac{1}{7!}A^7+\frac{1}{9!}A^9-\cdots\\ &=A-\frac{1}{3!}A^3+\frac{1}{5!}\pi^2A^3-\frac{1}{7!}\pi^4A^3+\frac{1}{9!}\pi^6A^3-\cdots\\ &=A+\left(-\frac{1}{3!}+\frac{1}{5!}\pi^2-\frac{1}{7!}\pi^4+\frac{1}{9!}\pi^6-\cdots\right)A^3\\ &=A+\frac{\sin\pi-\pi}{\pi^3}A^3=A-\pi^{-2}A^3\\ &=\begin{pmatrix}0&0&0&0\\0&0&0&0\\0&0&0&1\\0&0&0&0\end{pmatrix}.\end{aligned}$$

三、矩阵函数的一些性质

值得注意的是，在数学分析中有 $e^{z_1}e^{z_2}=e^{z_2}e^{z_1}=e^{z_1+z_2}$，但是这里，$e^Ae^B=$

$e^Be^A=e^{A+B}$一般不再成立.例如,设

$$A=\begin{pmatrix}1&1\\0&0\end{pmatrix},B=\begin{pmatrix}1&-1\\0&0\end{pmatrix},$$

则 $A^2=A,B^2=B$,且

$$A=A^2=A^3=\cdots,B=B^2=B^3=\cdots.$$

于是

$$e^A=E+(e-1)A=\begin{pmatrix}e&e-1\\0&1\end{pmatrix},$$

$$e^B=E+(e-1)B=\begin{pmatrix}e&1-e\\0&1\end{pmatrix}.$$

因此

$$e^Ae^B=\begin{pmatrix}e^2&-(e-1)^2\\0&1\end{pmatrix}\neq e^Be^A=\begin{pmatrix}e^2&(e-1)^2\\0&1\end{pmatrix}.$$

又 $A+B=\begin{pmatrix}2&0\\0&0\end{pmatrix}$,可得

$$(A+B)^2=2(A+B),$$
$$(A+B)^k=2^{k-1}(A+B),k=1,2,\cdots.$$

容易得到

$$e^{A+B}=E+\frac{1}{2}(e^2-1)(A+B)=\begin{pmatrix}e^2&0\\0&1\end{pmatrix}.$$

可见 e^Ae^B,e^Be^A,e^{A+B}互不相等.

定理 1　若 $AB=BA$,则 $e^Ae^B=e^Be^A=e^{A+B}$.

证　只需证明 $e^Ae^B=e^{A+B}$.注意到 e^A,e^B 的幂级数是绝对收敛的,可得

$$\begin{aligned}e^Ae^B&=\left(E+A+\frac{1}{2!}A^2+\cdots\right)\left(E+B+\frac{1}{2!}B^2+\cdots\right)\\&=E+(A+B)+\frac{1}{2!}(A^2+AB+BA+B^2)+\\&\quad\frac{1}{3!}(A^3+3A^2B+3AB^2+B^3)+\cdots\\&=E+(A+B)+\frac{1}{2!}(A+B)^2+\frac{1}{3!}(A+B)^3+\cdots=e^{A+B}.\end{aligned}$$

证毕

推论 1　$e^Ae^{-A}=e^{-A}e^A=E,(e^A)^{-1}=e^{-A}$.

推论 2　设 m 为整数,则$(e^A)^m=e^{mA}$.

定理 2　设 $AB=BA$,则

$$\cos(A+B)=\cos A\cos B-\sin A\sin B,$$

$$\cos 2A=\cos^2 A-\sin^2 A,$$
$$\sin(A+B)=\sin A\cos B+\cos A\sin B,$$
$$\sin 2A=2\sin A\cos A.$$

该定理的证明是容易的，留给读者.

§3　矩阵的微分和积分

一、函数矩阵的微分积分

定义 1　以变量 t 的函数为元素的矩阵 $A(t)=(a_{ij}(t))_{m\times n}$ 称为函数矩阵，其中 $a_{ij}(t)(i=1,2,\cdots,m;j=1,2,\cdots,n)$ 都是变量 t 的函数. 若 $t\in[a,b]$，则称 $A(t)$ 是定义在 $[a,b]$ 上的；又若每个 $a_{ij}(t)$ 在 $[a,b]$ 上连续、可微、可积，则称 $A(t)$ 在 $[a,b]$ 上是连续、可微、可积的. 当 $A(t)$ 可微时，规定其导数为

$$A'(t)=(a'_{ij}(t))_{m\times n}\text{或}\frac{\mathrm{d}}{\mathrm{d}t}A(t)=\left(\frac{\mathrm{d}}{\mathrm{d}t}a_{ij}(t)\right)_{m\times n}.$$

而当 $A(t)$ 在 $[a,b]$ 上可积时，规定 $A(t)$ 在 $[a,b]$ 上的积分为

$$\int_a^b A(t)\,\mathrm{d}t=\left(\int_a^b a_{ij}(t)\,\mathrm{d}t\right)_{m\times n}.$$

由定义 1 不难证明

定理 1　设 $A(t),B(t)$ 是可进行相应矩阵运算的两个可微矩阵，则

$$\frac{\mathrm{d}}{\mathrm{d}t}(A(t)+B(t))=\frac{\mathrm{d}}{\mathrm{d}t}A(t)+\frac{\mathrm{d}}{\mathrm{d}t}B(t),$$

$$\frac{\mathrm{d}}{\mathrm{d}t}(A(t)B(t))=\frac{\mathrm{d}}{\mathrm{d}t}A(t)\cdot B(t)+A(t)\cdot\frac{\mathrm{d}}{\mathrm{d}t}B(t),$$

$$\frac{\mathrm{d}}{\mathrm{d}t}(aA(t))=\frac{\mathrm{d}a}{\mathrm{d}t}\cdot A(t)+a\frac{\mathrm{d}}{\mathrm{d}t}A(t),$$

这里 $a=a(t)$ 为 t 的可微函数.

定理 2　设 $A\in\mathbf{C}^{n\times n}$，则

$$\frac{\mathrm{d}}{\mathrm{d}t}\mathrm{e}^{tA}=A\mathrm{e}^{tA}=\mathrm{e}^{tA}A,$$

$$\frac{\mathrm{d}}{\mathrm{d}t}\cos(tA)=-A(\sin(tA))=-(\sin(tA))A,$$

$$\frac{\mathrm{d}}{\mathrm{d}t}\sin(tA)=A(\cos(tA))=(\cos(tA))A.$$

定理 3　设 $A(t),B(t)$ 是 $[a,b]$ 上适当阶的可积矩阵，A,B 是适当阶的常数矩阵，$\lambda\in\mathbf{C}$，则

$$\int_a^b (A(t)+B(t))\,dt=\int_a^b A(t)\,dt+\int_a^b B(t)\,dt;$$

$$\int_a^b \lambda A(t)\,dt=\lambda\int_a^b A(t)\,dt;$$

$$\int_a^b A(t)B\,dt=\left(\int_a^b A(t)\,dt\right)B,\ \int_a^b AB(t)\,dt=A\int_a^b B(t)\,dt;$$

当 $A(t)$ 在 $[a,b]$ 上连续时，$\forall t\in(a,b)$，有

$$\frac{d}{dt}\left(\int_a^t A(\tau)\,d\tau\right)=A(t);$$

当 $A(t)$ 在 $[a,b]$ 上连续可微时，有

$$\int_a^b A'(t)\,dt=A(b)-A(a).$$

二、数量函数对矩阵变量的导数

定义 2 设 $f(X)$ 是以矩阵 $X=(x_{ij})_{m\times n}$ 为自变量的 mn 元函数，且 $\frac{\partial f}{\partial x_{ij}}(i=1,2,\cdots,m;j=1,2,\cdots,n)$ 都存在，规定 f 对 X 的导数 $\frac{df}{dX}$ 为

$$\frac{df}{dX}=\left(\frac{\partial f}{\partial x_{ij}}\right)_{m\times n}=\begin{pmatrix}\frac{\partial f}{\partial x_{11}} & \cdots & \frac{\partial f}{\partial x_{1n}}\\ \vdots & & \vdots\\ \frac{\partial f}{\partial x_{m1}} & \cdots & \frac{\partial f}{\partial x_{mn}}\end{pmatrix}.$$

特别地，以 $x=(x_1,x_2,\cdots,x_n)^T$ 为自变量的函数 $f(x)$ 的导数

$$\frac{df}{dx}=\left(\frac{\partial f}{\partial x_1},\frac{\partial f}{\partial x_2},\cdots,\frac{\partial f}{\partial x_n}\right)^T$$

称为数量函数对向量变量的导数.

例 1 设 $a=(a_1,a_2,\cdots,a_n)^T$ 为给定的向量，$x=(x_1,x_2,\cdots,x_n)^T$ 是向量变量，且

$$f(x)=a^Tx=x^Ta,$$

求 $\frac{df}{dx}$.

解 由 $f(x)=\sum_{i=1}^n a_ix_i$ 得

$$\frac{\partial f}{\partial x_i}=a_i,\ i=1,2,\cdots,n,$$

所以

$$\frac{df}{dx}=(a_1,a_2,\cdots,a_n)^T=a.$$

例 2 设 $A=(a_{ij})_{n\times n}$ 为给定的矩阵，$x=(x_1,\cdots,x_n)^{\mathrm{T}}$ 是向量变量，$f(x)=x^{\mathrm{T}}Ax$，求 $\dfrac{\mathrm{d}f}{\mathrm{d}x}$.

解 由 $f(x)=x^{\mathrm{T}}Ax=\sum\limits_{s=1}^{n}\sum\limits_{k=1}^{n}x_s a_{sk}x_k$，

$$\frac{\partial f}{\partial x_j}=\sum_{s=1}^{n}a_{sj}x_s+\sum_{k=1}^{n}a_{jk}x_k,$$

所以

$$\frac{\mathrm{d}f}{\mathrm{d}x}=A^{\mathrm{T}}x+Ax=(A^{\mathrm{T}}+A)x.$$

特别地，当 A 是对称矩阵时，有

$$\frac{\mathrm{d}f}{\mathrm{d}x}=2Ax.$$

三、矩阵值函数对矩阵变量的导数

定义 3 设 $X=(x_{ij})_{m\times n}$. 由 mn 元函数 $f_{ij}(X)$ $(i=1,2,\cdots,r;j=1,2,\cdots,s)$ 定义的矩阵值函数 $F(X)=(f_{ij}(X))_{r\times s}$ 对矩阵 X 的导数为

$$\frac{\mathrm{d}F}{\mathrm{d}X}=\begin{pmatrix}\dfrac{\partial F}{\partial x_{11}} & \cdots & \dfrac{\partial F}{\partial x_{1n}}\\ \vdots & & \vdots\\ \dfrac{\partial F}{\partial x_{m1}} & \cdots & \dfrac{\partial F}{\partial x_{mn}}\end{pmatrix},$$

其中

$$\frac{\partial F}{\partial x_{ij}}=\begin{pmatrix}\dfrac{\partial f_{11}}{\partial x_{ij}} & \cdots & \dfrac{\partial f_{1s}}{\partial x_{ij}}\\ \vdots & & \vdots\\ \dfrac{\partial f_{r1}}{\partial x_{ij}} & \cdots & \dfrac{\partial f_{rs}}{\partial x_{ij}}\end{pmatrix},\quad i=1,2,\cdots,r;\quad j=1,2,\cdots,s.$$

例 3 设 $x=(x_1,x_2,\cdots,x_n)^{\mathrm{T}}$，$n$ 元函数 $f(x)=f(x_1,x_2,\cdots,x_n)$，求 $\dfrac{\mathrm{d}}{\mathrm{d}x^{\mathrm{T}}}\left(\dfrac{\mathrm{d}f}{\mathrm{d}x}\right)$.

解 $\dfrac{\mathrm{d}f}{\mathrm{d}x}=\left(\dfrac{\partial f}{\partial x_1},\dfrac{\partial f}{\partial x_2},\cdots,\dfrac{\partial f}{\partial x_n}\right)^{\mathrm{T}}$. 于是由定义 3 得

$$\frac{\mathrm{d}}{\mathrm{d}x^{\mathrm{T}}}\left(\frac{\mathrm{d}f}{\mathrm{d}x}\right)=\begin{pmatrix}\frac{\partial^2 f}{\partial x_1^2} & \frac{\partial^2 f}{\partial x_1\partial x_2} & \cdots & \frac{\partial^2 f}{\partial x_1\partial x_n}\\ \frac{\partial^2 f}{\partial x_2\partial x_1} & \frac{\partial^2 f}{\partial x_2^2} & \cdots & \frac{\partial^2 f}{\partial x_2\partial x_n}\\ \vdots & & & \vdots\\ \frac{\partial^2 f}{\partial x_n\partial x_1} & \frac{\partial^2 f}{\partial x_n\partial x_2} & \cdots & \frac{\partial^2 f}{\partial x_n^2}\end{pmatrix}.$$

例 4　设 $x=(x_1,x_2,\cdots,x_n)$，n 元函数 $f_j(x)=f_j(x_1,x_2,\cdots,x_n)$ $(j=1,2,\cdots,n)$ 令

$$F(x)=(f_1(x),f_2(x),\cdots,f_n(x))^{\mathrm{T}}.$$

求 $\frac{\mathrm{d}f}{\mathrm{d}x}$.

解

$$\frac{\mathrm{d}F}{\mathrm{d}x}=\left(\frac{\partial F}{\partial x_1},\frac{\partial F}{\partial x_2},\cdots,\frac{\partial F}{\partial x_n}\right)=\begin{pmatrix}\frac{\partial f_1}{\partial x_1} & \frac{\partial f_1}{\partial x_2} & \cdots & \frac{\partial f_1}{\partial x_n}\\ \frac{\partial f_2}{\partial x_1} & \frac{\partial f_2}{\partial x_2} & \cdots & \frac{\partial f_2}{\partial x_n}\\ \vdots & & & \vdots\\ \frac{\partial f_n}{\partial x_1} & \frac{\partial f_n}{\partial x_2} & \cdots & \frac{\partial f_n}{\partial x_n}\end{pmatrix}.$$

该矩阵被称为函数 $f_1(x),f_2(x),\cdots,f_n(x)$ 的 Jacobi 矩阵，它在求解非线性方程组的 Newton 方法中有重要应用.

§4　一阶线性常系数微分方程组

我们经常要求一阶常系数微分方程组

$$\begin{cases}\frac{\mathrm{d}x_1(t)}{\mathrm{d}t}=a_{11}x_1(t)+a_{12}x_2(t)+\cdots+a_{1n}x_n(t)+f_1(t),\\ \frac{\mathrm{d}x_2(t)}{\mathrm{d}t}=a_{21}x_1(t)+a_{22}x_2(t)+\cdots+a_{2n}x_n(t)+f_2(t),\\ \cdots\\ \frac{\mathrm{d}x_n(t)}{\mathrm{d}t}=a_{n1}x_1(t)+a_{n2}x_2(t)+\cdots+a_{nn}x_n(t)+f_n(t).\end{cases}$$

满足初始条件

$$x_i(t_0)=c_i,i=1,2,\cdots,n$$

的解.记

$$A=(a_{ij})_{n\times n},c=(c_1,c_2,\cdots,c_n)^{\mathrm{T}},$$
$$x(t)=(x_1(t),x_2(t),\cdots,x_n(t))^{\mathrm{T}},$$
$$f(t)=(f_1(t),f_2(t),\cdots,f_n(t))^{\mathrm{T}},$$

则上述微分方程组的初值问题可写为

$$\begin{cases}\dfrac{\mathrm{d}x(t)}{\mathrm{d}t}=Ax(t)+f(t),\\ x(t_0)=c.\end{cases}$$

注意到

$$\begin{aligned}\frac{\mathrm{d}}{\mathrm{d}t}(\mathrm{e}^{-At}x(t))&=\mathrm{e}^{-At}(-A)x(t)+\mathrm{e}^{-At}\frac{\mathrm{d}x(t)}{\mathrm{d}t}\\&=\mathrm{e}^{-At}\left(\frac{\mathrm{d}x(t)}{\mathrm{d}t}-Ax(t)\right),\end{aligned}$$

在方程两端左乘 e^{-At},然后在$[t_0,t]$上积分得

$$\mathrm{e}^{-At}x(t)-\mathrm{e}^{-At_0}x(t_0)=\int_{t_0}^{t}\mathrm{e}^{-A\tau}f(\tau)\,\mathrm{d}\tau.$$

由此可知,问题的解为

$$x(t)=\mathrm{e}^{A(t-t_0)}c+\mathrm{e}^{At}\int_{t_0}^{t}\mathrm{e}^{-A\tau}f(\tau)\,\mathrm{d}\tau.$$

例 1 求解如下初值问题

$$\begin{cases}\dfrac{\mathrm{d}x_1(t)}{\mathrm{d}t}=-x_1(t)+x_3(t)+1,\\ \dfrac{\mathrm{d}x_2(t)}{\mathrm{d}t}=x_1(t)+2x_2(t)-1,\\ \dfrac{\mathrm{d}x_3(t)}{\mathrm{d}t}=-4x_1(t)+3x_3(t)+2,\\ x_1(0)=1,x_2(0)=0,x_3(0)=1.\end{cases}$$

解 记

$$A=\begin{pmatrix}-1&0&1\\1&2&0\\-4&0&3\end{pmatrix},c=\begin{pmatrix}1\\0\\1\end{pmatrix},$$

$$x(t)=\begin{pmatrix}x_1(t)\\x_2(t)\\x_3(t)\end{pmatrix},f(t)=\begin{pmatrix}1\\-1\\2\end{pmatrix},$$

则

$$e^{At}=\begin{pmatrix} e^t-2te^t & 0 & te^t \\ -e^{2t}+e^t+2te^t & e^{2t} & e^{2t}-e^t-te^t \\ -4te^t & 0 & 2te^t+e^t \end{pmatrix},$$

$$e^{At}c=\begin{pmatrix} e^t-te^t \\ te^t \\ e^t-2te^t \end{pmatrix},$$

$$\int_0^t e^{-A\tau}f(\tau)\,d\tau=\int_0^t \begin{pmatrix} e^{-\tau} \\ -e^{-\tau} \\ 2e^{-\tau} \end{pmatrix} d\tau=\begin{pmatrix} 1-e^{-t} \\ -1+e^{-t} \\ 2-2e^{-t} \end{pmatrix},$$

$$e^{At}\int_0^t e^{-A\tau}f(\tau)\,d\tau=\begin{pmatrix} e^t-1 \\ -e^t+1 \\ 2e^t-2 \end{pmatrix},$$

因此,方程组的解为

$$x(t)=\begin{pmatrix} x_1(t) \\ x_2(t) \\ x_3(t) \end{pmatrix}=\begin{pmatrix} e^t-te^t \\ te^t \\ e^t-2te^t \end{pmatrix}+\begin{pmatrix} e^t-1 \\ -e^t+1 \\ 2e^t-2 \end{pmatrix}$$

$$=\begin{pmatrix} (2-t)e^t-1 \\ (t-1)e^t+1 \\ (3-2t)e^t-2 \end{pmatrix}.$$

定义 设 A 是 n 阶常数矩阵,如果对任意的 t_0 和 x_0,初值问题

$$\begin{cases} \dfrac{dx}{dt}=Ax(t), \\ x(t_0)=x_0 \end{cases} \tag{5-6}$$

的解 $x(t)$ 满足 $\lim\limits_{t\to+\infty}x(t)=0$,则称 $\dfrac{dx}{dt}=Ax(t)$ 的解是渐近稳定的.

微分方程组 $\dfrac{dx}{dt}=Ax(t)$ 解的渐近稳定性是系统与控制理论的基本问题,对此有

定理 对任意的 t_0 和 x_0,初值问题(5-6)的解 $x(t)$ 渐近稳定的充分必要条件是 A 的特征值都有负实部.

证 必要性.(反证)若 A 有一个特征值

$$\lambda_1=\alpha_1+i\beta_1,\ \alpha_1\geqslant 0.$$

设 ξ_1 是对应于 λ_1 的特征向量,则

$$A\xi_1=\lambda_1\xi_1.$$

于是初值问题

$$\begin{cases}\dfrac{\mathrm{d}x}{\mathrm{d}t}=Ax(t),\\ x(0)=\xi_1\end{cases}$$

的解为

$$\begin{aligned}x(t)=\mathrm{e}^{At}\xi_1&=\mathrm{e}^{\lambda_1 t}\xi_1\\&=\mathrm{e}^{\alpha_1 t}(\cos\beta_1 t+\mathrm{i}\sin\beta_1 t)\xi_1.\end{aligned}$$

因 $\alpha_1\geqslant 0$,所以当 $t\to+\infty$,$x(t)$不收敛,矛盾.

充分性.对任意的 t_0 和 x_0,初值问题(5-6)的解为

$$x(t)=\mathrm{e}^{A(t-t_0)}x_0.$$

若 A 的特征值都有负实部,则

$$\lim_{t\to+\infty}\mathrm{e}^{A(t-t_0)}=0,$$

故 $\lim\limits_{t\to+\infty}x(t)=0.$ 证毕

事实上,在求解一阶线性变系数齐次和非齐次微分方程组时,也需要利用矩阵值函数,但比以上所述复杂得多,在此不作进一步讨论.

习 题 五

1. 设 $A=\begin{pmatrix}0&c&c\\c&0&c\\c&c&0\end{pmatrix}$.讨论 c 取何值时 A 为收敛矩阵.

2. 若 $\lim\limits_{k\to\infty}A^{(k)}=A$,证明 $\lim\limits_{k\to\infty}\|A^{(k)}\|=\|A\|$,其中 $A^{(k)},A\in\mathbf{C}^{m\times n}$,$\|\cdot\|$ 为 $\mathbf{C}^{m\times n}$ 中的任何一种矩阵范数,并问该命题的逆命题是否成立,为什么?

3. 设 $A^{(k)}\in\mathbf{C}^{m\times n}$,$B^{(k)}\in\mathbf{C}^{n\times l}$,$\lim\limits_{k\to\infty}A^{(k)}=A$,$\lim\limits_{k\to\infty}B^{(k)}=B$,证明 $\lim\limits_{k\to\infty}A^{(k)}B^{(k)}=AB$.

4. 设 $A^{(k)}\in\mathbf{C}^{n\times n}$,$\lim\limits_{k\to\infty}A^{(k)}=A$,$(A^{(k)})^{-1}$和 A^{-1}都存在,证明 $\lim\limits_{k\to\infty}(A^{(k)})^{-1}=A^{-1}$.

5. 设矩阵级数 $\sum\limits_{k=0}^{\infty}A^{(k)}$ 收敛(绝对收敛),证明 $\sum\limits_{k=0}^{\infty}PA^{(k)}Q$ 也收敛(绝对收敛),且

$$\sum_{k=0}^{\infty}PA^{(k)}Q=P\left(\sum_{k=0}^{\infty}A^{(k)}\right)Q,$$

其中 $A^{(k)}\in\mathbf{C}^{m\times n}$,$P\in\mathbf{C}^{s\times m}$,$Q\in\mathbf{C}^{n\times l}$.

6. 讨论下列幂级数的敛散性:

(1) $\sum\limits_{k=1}^{\infty}\dfrac{1}{k^2}\begin{pmatrix}1&7\\-1&-3\end{pmatrix}^k$;(2) $\sum\limits_{k=0}^{\infty}\dfrac{k}{6^k}\begin{pmatrix}1&-8\\-2&1\end{pmatrix}^k$.

7. 计算 $\sum_{k=0}^{\infty}\begin{pmatrix}0.1 & 0.7\\0.3 & 0.6\end{pmatrix}^k$.

8. 设 $A,B\in\mathbf{C}^{n\times n}$, $AB=BA$, 证明

$$\sin(A+B)=\sin A\cos B+\cos A\sin B,$$

$$\cos(A+B)=\cos A\cos B-\sin A\sin B.$$

9. 设 $A=\begin{pmatrix}2 & 1 & 0\\0 & 0 & 1\\0 & 1 & 0\end{pmatrix}$, 求 e^{At}, $\sin At$.

10. 设 $A=\begin{pmatrix}-1 & -2 & 6\\-1 & 0 & 3\\-1 & -1 & 4\end{pmatrix}$, 求 e^{At}, $\cos At$.

11. 设 $A=\begin{pmatrix}1 & 0 & 0 & 0\\1 & 1 & 0 & 0\\0 & 1 & 1 & 0\\0 & 0 & 1 & 1\end{pmatrix}$, 求 $\ln A$.

12. 设 $A(t)$ 和 $A^{-1}(t)$ 均为 n 阶可微矩阵, 证明

$$\frac{\mathrm{d}}{\mathrm{d}t}A^{-1}(t)=-A^{-1}(t)\left(\frac{\mathrm{d}}{\mathrm{d}t}A(t)\right)A^{-1}(t).$$

13. 设 $f(X)=\mathrm{tr}(X^{\mathrm{T}}X)$, $X\in\mathbf{R}^{m\times n}$, 求 $\frac{\mathrm{d}f}{\mathrm{d}X}$.

14. 设 $A\in\mathbf{R}^{m\times n}$, $x\in\mathbf{R}^{n}$, $F(x)=Ax$, 求 $\frac{\mathrm{d}F(x)}{\mathrm{d}x}$, $\frac{\mathrm{d}F(x)}{\mathrm{d}x^{\mathrm{T}}}$.

15. 设 $X\in\mathbf{R}^{n\times n}$, $\det X\neq 0$, $f(X)=\det X$. 证明 $\frac{\mathrm{d}f}{\mathrm{d}X}=(\det X)(X^{-1})^{\mathrm{T}}$.

第六章 广义逆矩阵

早在20世纪20年代初期，E. H. Moore就提出了广义逆矩阵的概念，但是，长期以来，对广义逆矩阵的研究却没有受到人们的注意.直到1955年，随着科学技术的迅猛发展，特别是电子计算机的出现，推动了计算科学的进步.R. Penrose又独立地提出广义逆矩阵的概念后，情况才开始发生了变化，这被人们称之为广义逆矩阵的再生，这是历史的必然.由于广义逆矩阵在测量学、统计学、经济学以及数学规划等许多领域中得到广泛应用，其重要性逐渐为人们所认识，从而对广义逆矩阵的理论与应用的研究，产生了巨大的推动力量，使得这一理论在近四十年来得到迅速的发展.现在广义逆矩阵的理论已经形成了一套既系统又完整的理论，成为矩阵理论中的一个重要方面，它是处理线性数学模型的一种有力工具，并在系统理论、优化计算和统计等方面得到了广泛的应用.在计算数学中，特别是由于它具有处理奇异性问题的能力，也日益显示出不可忽视的作用.

在线性代数的学习中已经知道，对于任何矩阵 $A\in\mathbf{C}^{n\times n}$，如果 $\det A\neq 0$，则必存在 A 的唯一逆矩阵 A^{-1}，使得

$$A^{-1}A=AA^{-1}=E_n$$

在 A 可逆的条件下，求解非齐次线性方程组 $Ax=b$ 就变得如此的简单，即方程组的唯一解是 $x=A^{-1}b$.但是，当 A 不是方阵、或 A 是满足 $\det A=0$ 的方阵时，上述矩阵就不存在了，因而求解 $Ax=b$ 也就有一定的麻烦.为了解决各种问题的需要，将逆矩阵推广到非方阵或奇异方阵上，从而产生了广义逆矩阵的概念.这种广义逆矩阵同样能求解上述问题并进行理论分析.具有通常逆矩阵的部分性质，并且当 A 为可逆的方阵时，广义逆矩阵就变为通常的逆矩阵了.

1955年R. Penrose证明了下面的命题，对于任何矩阵 $A\in\mathbf{C}^{m\times n}$，存在唯一的矩阵 $G\in\mathbf{C}^{n\times m}$，同时满足下面4个方程：

$$AGA=A; \tag{6-1}$$

$$GAG=G; \tag{6-2}$$

$$(GA)^H=GA; \tag{6-3}$$

$$(AG)^H=AG. \tag{6-4}$$

由于R. Penrose的这个结果是在Moore(1922年)的论文基础上做出来

的,因而把矩阵 G 称为矩阵 A 的 Moore-Penrose 逆.

一般说来,我们将满足上述 4 个矩阵方程中的一部分或全部的 G 都称为 A 的广义逆矩阵.由此可见,总共有 15 类广义逆矩阵.但常用的广义逆矩阵的种类并不多.本章我们仅讨论如下三类广义逆矩阵:

(1) 满足方程(6-1)的广义逆矩阵;

(2) 满足方程(6-1)、(6-2)的广义逆矩阵;

(3) 满足全部 4 个方程的广义逆矩阵.

在相容方程组和不相容方程组的求解中,还用到了下面两类广义逆矩阵:

(4) 满足方程(6-1)、(6-3)的广义逆矩阵;

(5) 满足方程(6-1)、(6-4)的广义逆矩阵.

§1　矩阵的单边逆

在讨论广义逆矩阵之前,我们先介绍矩阵的单边逆,所谓矩阵的单边逆是指矩阵的左逆或右逆.

定义 1　设 $A\in \mathbf{C}^{m\times n}$,如果存在矩阵 $G\in \mathbf{C}^{n\times m}$,使得

$$GA=E_n(AG=E_m), \tag{6-5}$$

则称 G 是 A 的左(右)逆矩阵,记为 $G=A_L^{-1}(G=A_R^{-1})$.如果 A 有左(右)逆矩阵,则称 A 是左(右)可逆的.

显然,当 $m=n$ 且 A 可逆时,有 $A^{-1}=A_L^{-1}=A_R^{-1}$.

定理 1　设 $A\in \mathbf{C}^{m\times n}$,则

(1) A 是左可逆的充要条件是 A 为列满秩矩阵;

(2) A 是右可逆的充要条件是 A 为行满秩矩阵.

证　(1) 充分性.因为 A 是列满秩矩阵,由第三章 §5 定理 1 可知,A^HA 是 n 阶满秩方阵,令

$$G=(A^HA)^{-1}A^H, \tag{6-6}$$

则验算可得

$$GA=(A^HA)^{-1}A^HA=E_n,$$

故 G 是 A 的一个左逆矩阵,因而 A 存在左逆矩阵.

必要性.因 A 有左逆矩阵 A_L^{-1},由定义可知

$$A_L^{-1}A=E_n,$$

于是有

$$\mathrm{rank}(A)\geqslant \mathrm{rank}(A_L^{-1}A)=\mathrm{rank}(E_n)=n,$$

显然有 $\mathrm{rank}(A)=n$，则 A 是列满秩阵.

（2）只要注意到

$$G=A^H(AA^H)^{-1} \tag{6-7}$$

是 A 的一个右逆矩阵，其余证明类似于(1)的证明. 证毕

推论 1 设 $A\in \mathbf{C}^{m\times n}$，则

（1）A 是左可逆的充要条件是 $N(A)=\{0\}$；

（2）A 是右可逆的充要条件是 $R(A)=C^m$.

证 （1）充分性：因 $N(A)=\{0\}$，则齐次方程组 $Ax=0$ 仅有零解，所以由线性代数的知识可知 $\mathrm{rank}A=n$，即 A 是列满秩矩阵，由定理 1 可知 A 是左可逆的.

必要性.若 A 是左可逆的，其左逆矩阵为 A_L^{-1}，对 $\forall x\in N(A)$，即 $Ax=0$，于是有

$$x=E_nx=(A_L^{-1}A)x=A_L^{-1}(Ax)=A_L^{-1}0=0,$$

故 $N(A)=\{0\}$.

（2）充分性.因 $R(A)=\mathbf{C}^m$，易知 $\mathrm{rank}(A)=m$，所以 A 是行满秩矩阵，则 A 右可逆.

必要性：任取 $x\in\mathbf{C}^m$，由于 A 右可逆，其右逆矩阵为 A_R^{-1}，故有

$$x=E_mx=(AA_R^{-1})x=A(A_R^{-1}x)\in R(A),$$

故 $\mathbf{C}^m\subset R(A)$，反向包含关系显然成立. 证毕

由于式(6-6)或式(6-7)本身就是 A 的左逆或右逆矩阵.这也告诉了我们求左(右)逆的办法.由于利用式(6-6)或式(6-7)求左或右逆矩阵时，要涉及求 A^HA 或 AA^H 的逆矩阵问题，其计算量也是很大的.为了方便计算，我们在下面介绍一种利用初等变换求左(右)逆矩阵的方法.

设 $A\in\mathbf{C}_n^{m\times n}$，利用初等行变换可把矩阵 $(A\quad E_m)$ 化为 $\begin{pmatrix}E_n & G\\ 0 & *\end{pmatrix}$，则 G 就是 A 的一个左逆矩阵.

事实上，对 A 进行一系列初等行变换，就相当于存在一个 m 阶可逆矩阵 P，使

$$P(A\quad E_m)=\begin{pmatrix}E_n & G\\ 0 & *\end{pmatrix}, \tag{6-8}$$

令 $P=\begin{pmatrix}P_1\\ P_2\end{pmatrix}$，其中 P_1 是 $n\times m$ 阶矩阵，P_2 是 $(m-n)\times m$ 阶矩阵，代入式(6-8)可知

$$\begin{pmatrix}P_1A & P_1\\ P_2A & P_2\end{pmatrix}=\begin{pmatrix}E_n & G\\ 0 & *\end{pmatrix},$$

故有

$$G=P_1,\quad GA=P_1A=E_n,$$

故 G 是 A 的一个左逆矩阵.

类似地,设 $A\in \mathbf{C}_m^{m\times n}$,利用初等列变换将矩阵 $\begin{pmatrix}A\\E_n\end{pmatrix}$ 变换为 $\begin{pmatrix}E_m & 0\\G & *\end{pmatrix}$,

则 G 是 A 的一个右逆矩阵.

例 1 设矩阵 A 为

$$A=\begin{pmatrix}1 & -2\\0 & 1\\0 & 0\end{pmatrix},$$

求 A 的一个左逆矩阵 A_L^{-1}.

解 将矩阵 $(A\quad E_3)$ 通过初等行变换有

$$(A\quad E_3)=\begin{pmatrix}1 & -2 & 1 & 0 & 0\\0 & 1 & 0 & 1 & 0\\0 & 0 & 0 & 0 & 1\end{pmatrix}\to\begin{pmatrix}1 & 0 & 1 & 2 & 0\\0 & 1 & 0 & 1 & 0\\0 & 0 & 0 & 0 & 1\end{pmatrix},$$

则 $A_L^{-1}=\begin{pmatrix}1 & 2 & 0\\0 & 1 & 0\end{pmatrix}$.

例 2 设矩阵 A 为

$$A=\begin{pmatrix}1 & 2 & -1\\0 & -1 & 2\end{pmatrix},$$

求矩阵 A 的一个右逆矩阵 A_R^{-1}.

解 将矩阵 $\begin{pmatrix}A\\E_3\end{pmatrix}$ 经过初等列变换有

$$\begin{pmatrix}A\\E_3\end{pmatrix}=\begin{pmatrix}1 & 2 & -1\\0 & -1 & 2\\1 & 0 & 0\\0 & 1 & 0\\0 & 0 & 1\end{pmatrix}\to\begin{pmatrix}1 & 0 & 0\\0 & -1 & 2\\1 & -2 & 1\\0 & 1 & 0\\0 & 0 & 1\end{pmatrix}$$

$$\to\begin{pmatrix}1 & 0 & 0\\0 & -1 & 0\\1 & -2 & -3\\0 & 1 & 2\\0 & 0 & 1\end{pmatrix}\to\begin{pmatrix}1 & 0 & 0\\0 & 1 & 0\\1 & 2 & -3\\0 & -1 & 2\\0 & 0 & 1\end{pmatrix},$$

所以 $A_R^{-1}=\begin{pmatrix}1 & 2\\ 0 & -1\\ 0 & 0\end{pmatrix}$.

由定理 1 可知，只有列满秩或行满秩的矩阵，才有单边逆，从例 2 可知，如果我们取

$$G=\begin{pmatrix}1 & 1/2\\ 0 & 0\\ 0 & 1/2\end{pmatrix},$$

则 G 也是 A 的一个右逆矩阵，与例 2 的右逆矩阵不相同，故可知 A 的单边逆矩阵不唯一.

定理 2 设 $A\in \mathbf{C}^{m\times n}$ 是左可逆的矩阵，则

$$G=(A_1^{-1}-BA_2A_1^{-1}\quad B)P \tag{6-9}$$

是 A 的一个左逆矩阵. 其中 $B\in \mathbf{C}^{n\times(m-n)}$ 为任意矩阵. 行初等变换对应的矩阵 P 满足 $PA=\begin{pmatrix}A_1\\ A_2\end{pmatrix}$，$A_1$ 是 n 阶可逆方阵.

证 直接验证

$$GA=(A_1^{-1}-BA_2A_1^{-1}\quad B)\begin{pmatrix}A_1\\ A_2\end{pmatrix}=E_n.$$ 证毕

定理 3 若 $A\in \mathbf{C}^{m\times n}$ 是右可逆矩阵，则

$$G=Q\begin{pmatrix}A_1^{-1}-A_1^{-1}A_2D\\ D\end{pmatrix} \tag{6-10}$$

是 A 的一个右逆矩阵，其中 $D\in \mathbf{C}^{(n-m)\times m}$ 为任意矩阵，列初等变换对应的矩阵 Q 满足 $AQ=(A_1\quad A_2)$，A_1 是 m 阶可逆方阵.

作为本节的结束，我们介绍单边逆与求解方程组 $Ax=b$ 之间的关系.

定理 4 设 $A\in \mathbf{C}^{m\times n}$ 是左可逆的矩阵，A_L^{-1} 是 A 的一个左逆矩阵，则方程组 $Ax=b$ 有解的充要条件是

$$(E_m-AA_L^{-1})b=0. \tag{6-11}$$

若式(6-11)成立，则方程组 $Ax=b$ 有唯一解，且解为

$$x=(A^HA)^{-1}A^Hb. \tag{6-12}$$

证 必要性. 设 x_0 是方程组 $Ax=b$ 的解，用 AA_L^{-1} 左乘方程组两端可得

$$(AA_L^{-1})(Ax_0)=(AA_L^{-1})b=A(A_L^{-1}A)x_0=AE_nx_0=Ax_0=b,$$

即 $(E_m-AA_L^{-1})b=0.$

充分性：若式(6-11)成立，令 $x_0=A_L^{-1}b$，则有

$$Ax_0=AA_L^{-1}b=b,$$

则 x_0 是方程组的一个解.

最后证解唯一，若 x_0,x_1 都是方程组 $Ax=b$ 的解，则有

$$A(x_1-x_0)=Ax_1-Ax_0=b-b=0,$$

由推论 1 可知 $x_1-x_0=0$，即 $x_1=x_0$.　　证毕

定理 5　设 $A\in\mathbf{C}^{m\times n}$ 是右可逆矩阵，则方程组 $Ax=b$ 对任何 $b\in\mathbf{C}^m$ 都有解.若 $b\neq0$ 时，则方程组的解可表示成

$$x=A_R^{-1}b, \tag{6-13}$$

其中 A_R^{-1} 是 A 的一个右逆矩阵.

证　因为 A 是右可逆矩阵，由推论 1 可知，对 $\forall\, b\in\mathbf{C}^m$，方程组 $Ax=b$ 均有解.设 A 的右逆矩阵为 A_R^{-1}，于是有

$$A(A_R^{-1}b)=(AA_R^{-1})b=E_mb=b,$$

故式(6-13)是方程组 $Ax=b$ 的解.　　证毕

特别地，方程组 $Ax=b$ 的一个解为

$$x=A^H(AA^H)^{-1}b.$$

§2　广义逆矩阵 A^-

前面讨论了行(列)满秩矩阵的逆矩阵问题，但是对许多矩阵并非是行(列)满秩矩阵，因而我们现在来讨论更一般矩阵的逆矩阵问题.

对于线性方程组

$$Ax=b \tag{6-14}$$

的求解问题，其中 $A\in\mathbf{C}^{m\times n}$，$x\in\mathbf{C}^n$，$b\in\mathbf{C}^m$.如果 A 是 n 阶可逆矩阵，则方程组(6-14)有唯一解，且可表示为

$$x=A^{-1}b.$$

但是在一般情况下，A 不是 n 阶方阵或者在 n 阶方阵的条件下，矩阵的秩小于 n.由线性代数中已经知道，方程组(6-14)有解的充要条件是

$$\operatorname{rank}A=\operatorname{rank}(A\quad b) \tag{6-15}$$

人们自然而然地会想到，是否也存在某个矩阵 $G\in\mathbf{C}^{n\times m}$，把解表示为

$$x=Gb \tag{6-16}$$

的形式.如果可以，如何求 G 以及 G 应满足的条件.

条件(6-15)是方程组(6-14)有解的充要条件，但解一般不唯一，因此表示解(6-16)的矩阵 G 如果存在，一般也不唯一.

把使方程组(6-14)有解的一切 $b\in\mathbf{C}^m$ 所组成的集合记为 $R(A)$,则对于任何 $b\in R(A)$,必有 $u\in\mathbf{C}^n$,使 $Au=b$;反之对任何 $u\in\mathbf{C}^n$,也必有 $Au\in R(A)$.下面我们来讨论矩阵 G 的问题.

定义 1 $A\in\mathbf{C}^{m\times n}$,若存在 $G\in\mathbf{C}^{n\times m}$,使得

$$AGb=b \quad (\forall\, b\in R(A)), \tag{6-17}$$

则称 G 是 A 的广义逆矩阵,并记为 $G=A^-$.

从后面 §3 定理 1 可以看出任何矩阵都有广义逆矩阵.下面我们来讨论广义逆矩阵的一些性质.

定理 1 设 $A\in\mathbf{C}^{m\times n}$,则 $G\in\mathbf{C}^{n\times m}$ 是 A 的广义逆矩阵的充要条件是它满足

$$AGA=A. \tag{6-18}$$

证 必要性.任取 $u\in\mathbf{C}^n$,则 $b=Au\in R(A)$.设 $G\in\mathbf{C}^{n\times m}$ 是 A 的广义逆矩阵,则 $AGb=b$,所以

$$AGAu=AGb=b=Au,$$

由于 u 的任意性,故式(6-18)成立.

充分性.$\forall\, b\in R(A)$,取 $x\in\mathbf{C}^n$ 满足 $Ax=b$,由式(6-18)可知

$$AGb=AGAx=Ax=b,$$

即 G 是 A 的一个广义逆矩阵. 证毕

推论 1 设 $A\in\mathbf{C}^{m\times n}$,且 $A^-\in\mathbf{C}^{n\times m}$ 是 A 的一个广义逆矩阵,则

$$\operatorname{rank}(A^-)\geqslant\operatorname{rank}(A).$$

证 由定理 1 可知

$$\operatorname{rank}(A)=\operatorname{rank}(AA^-A)\leqslant\operatorname{rank}(AA^-)\leqslant\operatorname{rank}(A^-).$$ 证毕

由定理 1 可知,A 的广义逆矩阵 A^- 是满足 Penrose 第一个矩阵方程的广义逆矩阵,由 A^- 的定义可知,A^- 一般不唯一,因而满足 Penrose 第一个矩阵方程的 G 一般也不唯一,因此,我们用 $A\{1\}$ 来表示满足 Penrose 第一个矩阵方程的 G 的集合,即

$$A\{1\}=\{G\mid AGA=A,\ \forall\, G\in\mathbf{C}^{n\times m}\},$$

由此可知,$A\{1\}$ 中任何一个矩阵 G 都是 A 的广义逆矩阵 A^-.下面我们将给出 $A\{1\}$ 的一般表示形式.

定理 2 设 $A\in\mathbf{C}^{m\times n}$,$A^-$ 是 A 的任意给定的广义逆矩阵,则有

$$\begin{aligned}A\{1\}&=\{G\mid G=A^-+U-A^-AUAA^-,\ \forall\, U\in\mathbf{C}^{n\times m}\}\\&=\{G\mid G=A^-+(E_n-A^-A)V+W(E_m-AA^-),\\&\qquad\forall\, V,W\in\mathbf{C}^{n\times m}\}.\end{aligned} \tag{6-19}$$

证 任取 $G\in A\{1\}$,则有 $AGA=A$,故

$$G=A^-+G-A^- -A^-A(G-A^-)AA^-,$$

令 $U=G-A^-$,则有

$$G=A^-+U-A^-AUAA^-,$$

于是有

$$A\{1\}\subset\{G\mid G=A^-+U-A^-AUAA^-,\ \forall\, U\in\mathbf{C}^{n\times m}\},\tag{6-20}$$

任取 $U\in\mathbf{C}^{n\times m}$,令

$$G=A^-+U-A^-AUAA^-,$$

则

$$\begin{aligned}G&=A^-+U-UAA^-+UAA^--A^-AUAA^-\\&=A^-+(E_n-A^-A)UAA^-+U(E_m-AA^-),\end{aligned}$$

令 $V=UAA^-$, $W=U$,于是可知

$$\{G\mid G=A^-+U-A^-AUAA^-,\ \forall\, U\in\mathbf{C}^{n\times m}\}\subset$$

$$\{G\mid G=A^-+(E_n-A^-A)V+W(E_m-AA^-),\ \forall\, V,W\in\mathbf{C}^{n\times m}\},\tag{6-21}$$

反之,对于任意的 $V,W\in\mathbf{C}^{n\times m}$,令

$$G=A^-+(E_n-A^-A)V+W(E_m-AA^-),$$

上式两端左,右各乘以 A 有

$$\begin{aligned}AGA&=A[A^-+(E_n-A^-A)V+W(E_m-AA^-)]A\\&=AA^-A+(A-AA^-A)VA+AW(A-AA^-A)\\&=A+(A-A)VA+AW(A-A)\\&=A,\end{aligned}$$

于是 $G\in A\{1\}$,因而有

$$\{G\mid G=A^-+(E_n-A^-A)V+W(E_m-AA^-),\ \forall\, V,\ W\in\mathbf{C}^{n\times m}\}\subset A\{1\},\tag{6-22}$$

由式(6-20)、式(6-21)和式(6-22)可知式(6-19)成立. 证毕

如果 A 是可逆方阵,则 $A^-=A^{-1}$,此时式(6-19)只有唯一的普通逆矩阵.由此可见,广义逆矩阵 A^- 确是普通逆矩阵概念的推广.下面我们给出 A^- 具有的一些性质.

定理 3 设 $A\in\mathbf{C}^{m\times n}$, $\lambda\in\mathbf{C}$,则

(1) $(A^{\mathrm{T}})^-=(A^-)^{\mathrm{T}}$, $(A^H)^-=(A^-)^H$;

(2) AA^- 与 A^-A 均为幂等矩阵,且

$$\operatorname{rank}(A)=\operatorname{rank}(AA^-)=\operatorname{rank}(A^-A);$$

(3) λ^-A^- 是 λA 的广义逆矩阵,其中 $\lambda^-=\begin{cases}0 & \lambda=0,\\ \lambda^{-1} & \lambda\neq 0;\end{cases}$

(4) 设 S 是 m 阶可逆矩阵, T 是 n 阶可逆矩阵,且 $B=SAT$,则 $T^{-1}A^-S^{-1}$ 是 B 的广义逆矩阵;

(5) $R(AA^-)=R(A)$, $N(A^-A)=N(A)$;

(6) 若 $ABA=A$, $(AB)^H=AB$, 则 $AB=P_{R(A)}$.

证 (1) 由 $AA^-A=A$ 可知, $A^T=A^T(A^-)^TA^T$, 于是有

$$(A^-)^T=(A^T)^-,$$

同理可证 $$(A^-)^H=(A^H)^-.$$

(2) $(AA^-)^2=AA^-AA^-=(AA^-A)A^-=AA^-$.

故 AA^- 是幂等矩阵, 同理可证 A^-A 也是幂等矩阵. 由于

$$\text{rank}(A)\geqslant\text{rank}(AA^-)\geqslant\text{rank}(AA^-A)=\text{rank}(A),$$

因此有 $\text{rank}(A)=\text{rank}(AA^-)$, 同理可证 $\text{rank}(A)=\text{rank}(A^-A)$.

(3) 若 $\lambda=0$ 时, 有 $(\lambda A)(\lambda^-A^-)(\lambda A)=0=\lambda A$;

若 $\lambda\neq0$ 时, $(\lambda A)(\lambda^-A^-)(\lambda A)=\lambda\lambda^{-1}\lambda AA^-A=\lambda A$;

于是可知 λ^-A^- 是 λA 的广义逆矩阵.

(4) 令 $B^-=T^{-1}A^-S^{-1}$, 因为

$$\begin{aligned}BB^-B&=BT^{-1}A^-S^-B=SATT^{-1}A^-S^{-1}SAT\\&=SAA^-AT=SAT=B,\end{aligned}$$

故 $B^-=T^{-1}A^-S^{-1}$ 是 B 的广义逆矩阵.

(5) 显然有

$$R(AA^-)\subset R(A),N(A^-A)\supset N(A),$$

又由(2)可知, $\text{rank}(A)=\text{rank}(AA^-)=\text{rank}(A^-A)$, 故有

$$R(AA^-)=R(A),N(A^-A)=N(A).$$

(6) 由于 $(AB)^2=ABAB=AB$ 及 $(AB)^H=AB$, 故由第一章 §7 定理 7 可知, AB 是从 $\mathbf{C}^m$ 到 $R(AB)$ 上的正交投影. 又由(5)有 $R(AB)=R(A)$, 故有

$$AB=P_{R(A)}.$$

证毕

推论 2 设 $A\in\mathbf{C}^{m\times n}$, 则

(1) $\text{rank}(A)=n$ 的充要条件是 $A^-A=E_n$;

(2) $\text{rank}(A)=m$ 的充要条件是 $AA^-=E_m$.

证 (1) 充分性. 由定理 3 之(2)可知

$$\text{rank}(A)=\text{rank}(A^-A)=n.$$

必要性: 由于 $\text{rank}(A^-A)=\text{rank}(A)=n$, 则 A^-A 是 n 阶可逆矩阵, 于是有

$$\begin{aligned}E_n&=(A^-A)(A^-A)^{-1}=A^-(AA^-A)(A^-A)^{-1}\\&=A^-A(A^-A)(A^-A)^{-1}=A^-AE_n=A^-A.\end{aligned}$$

(2) 同理可证. 证毕

上面仅介绍了矩阵的广义逆矩阵及其性质,下面介绍具有如下分块的矩阵

$$A=\begin{pmatrix} A_{11} & A_{12} \\ A_{21} & A_{22} \end{pmatrix}$$

的广义逆矩阵 A^- 的计算法,我们先给出两个引理.

引理 1 设 $A\in\mathbf{C}^{m\times n}$;而 $P\in\mathbf{C}^{m\times m}$, $Q\in\mathbf{C}^{n\times n}$ 均是可逆矩阵,则

$$Q(PAQ)^-P\in A\{1\}. \tag{6-23}$$

证 由 $(PAQ)(PAQ)^-(PAQ)=PAQ$ 可知

$$A[Q(PAQ)^-P]A=A,$$

因此有

$$Q(PAQ)^-P\in A\{1\}.$$

证毕

引理 2 设 $A=\begin{pmatrix} A_{11} & 0 \\ 0 & A_{22} \end{pmatrix}$,如果 X_{12}、X_{21} 满足 $A_{11}X_{12}A_{22}=0$, $A_{22}X_{21}A_{11}=0$,则

$$\begin{pmatrix} A_{11}^- & X_{12} \\ X_{21} & A_{22}^- \end{pmatrix}\in A\{1\}. \tag{6-24}$$

证 直接验证可知

$$A\begin{pmatrix} A_{11}^- & X_{12} \\ X_{21} & A_{22}^- \end{pmatrix}A=A.$$

证毕

定理 4 设 $A=\begin{pmatrix} A_{11} & A_{12} \\ A_{21} & A_{22} \end{pmatrix}$,我们有

(1) 如果 A_{11}^{-1} 存在,则存在矩阵 X_{12}、X_{21} 满足

$$X_{12}(A_{22}-A_{21}A_{11}^{-1}A_{12})=0,\ (A_{22}-A_{21}A_{11}^{-1}A_{12})X_{21}=0,$$

使得

$$\begin{pmatrix} E_r & -A_{11}^{-1}A_{12} \\ 0 & E_{n-r} \end{pmatrix}\begin{pmatrix} A_{11}^{-1} & X_{12} \\ X_{21} & (A_{22}-A_{21}A_{11}^{-1}A_{12})^- \end{pmatrix}\cdot$$

$$\begin{pmatrix} E_r & 0 \\ -A_{21}A_{11}^{-1} & E_{m-r} \end{pmatrix}\in A\{1\}. \tag{6-25}$$

(2) 如果 A_{22}^{-1} 存在,则存在矩阵 Y_{21}、Y_{12} 满足

$$Y_{21}(A_{11}-A_{12}A_{22}^{-1}A_{21})=0,\ (A_{11}-A_{12}A_{22}^{-1}A_{21})Y_{12}=0,$$

使得

$$\begin{pmatrix} E_r & 0 \\ -A_{22}^{-1}A_{21} & E_{n-r} \end{pmatrix}\begin{pmatrix} (A_{11}-A_{12}A_{22}^{-1}A_{21})^- & Y_{12} \\ Y_{21} & A_{22}^{-1} \end{pmatrix}$$

$$\begin{pmatrix} E_r & -A_{12}A_{22}^{-1} \\ 0 & E_{m-r} \end{pmatrix} \in A\{1\} \tag{6-26}$$

证 (1) 由于

$$\begin{pmatrix} E_r & 0 \\ -A_{21}A_{11}^{-1} & E_{m-r} \end{pmatrix}\begin{pmatrix} A_{11} & A_{12} \\ A_{21} & A_{22} \end{pmatrix}\begin{pmatrix} E_r & -A_{11}^{-1}A_{12} \\ 0 & E_{n-r} \end{pmatrix}$$
$$=\begin{pmatrix} A_{11} & 0 \\ 0 & A_{22}-A_{21}A_{11}^{-1}A_{12} \end{pmatrix},$$

由引理1和引理2可知，式(6-25)成立.

(2) 同理可证式(6-26)成立. 证毕

§3 自反广义逆矩阵 A_r^-

对于满秩方阵 A，我们知道 A 是可逆矩阵.由 $(A^{-1})^{-1}=A$ 可得

$$AA^{-1}A=A, A^{-1}AA^{-1}=A^{-1}$$

同时成立.这一事实对于广义逆矩阵一般不成立，也就是说，矩阵 A 未必是其广义逆矩阵 A^- 的广义逆矩阵.例如，考虑矩阵 A 为

$$A=\begin{pmatrix} 1 & 0 \\ 1 & 0 \\ 1 & 0 \end{pmatrix},$$

则它有一个广义逆矩阵 A^- 为

$$A^-=\begin{pmatrix} 1 & 0 & 0 \\ 0 & 1 & 0 \end{pmatrix},$$

即有 $AA^-A=A$，但是

$$A^-AA^-=\begin{pmatrix} 1 & 0 & 0 \\ 0 & 1 & 0 \end{pmatrix}\begin{pmatrix} 1 & 0 \\ 1 & 0 \\ 1 & 0 \end{pmatrix}\begin{pmatrix} 1 & 0 & 0 \\ 0 & 1 & 0 \end{pmatrix}$$
$$=\begin{pmatrix} 1 & 0 & 0 \\ 1 & 0 & 0 \end{pmatrix} \neq A^-,$$

即 $(A^-)^- \neq A$.对于 A 与 A^- 是互为广义逆矩阵的情形，我们给出如下定义.

定义 1 设 $A \in \mathbf{C}^{m\times n}$，如果存在 $G \in \mathbf{C}^{n\times m}$，使得

$$AGA=A, GAG=G \tag{6-27}$$

同时成立，则称 G 是 A 的自反广义逆矩阵，记为 $G=A_r^-$.

值得注意的是，A 的自反广义逆矩阵 A_r^- 是同时满足 Penrose 第一、二

两个矩阵方程的广义逆矩阵.此时有$(A_r^-)^- = A$,故满足式(6-27)的A也称为G的自反广义逆矩阵,并记为$A = G_r^-$.

例 1 设$A = (\alpha_1, \alpha_2, \cdots, \alpha_r) \in \mathbf{C}^{m\times r}$,且

$$\alpha_i^H \alpha_j = \begin{cases} 1 & j = i, \\ 0 & j \neq i, \end{cases} (i, j = 1, 2, \cdots, r),$$

则A^H是A的自反广义逆矩阵.

事实上,因为

$$AA^H A = AE_r = A, A^H AA^H = E_r A^H = A^H,$$

故A^H是A的自反广义逆矩阵.

例 2 设$A \in \mathbf{C}^{m\times n}$是行满秩矩阵,则$A$的右逆矩阵$A_R^{-1}$是$A$的自反广义逆矩阵.

解 因为A是行满秩矩阵,故A有右逆矩阵A_R^{-1},并且使得

$$AA_R^{-1} = E_m,$$

故有

$$AA_R^{-1}A = E_m A = A, A_R^{-1}AA_R^{-1} = A_R^{-1}E_m = A_R^{-1},$$

故A_R^{-1}是A的自反广义逆矩阵.

下面我们证明自反广义逆矩阵的存在性.

定理 1 任何矩阵都有自反广义逆矩阵.

证 任取$A \in \mathbf{C}^{m\times n}$,如果$A = 0$,则$A_r^- = 0$,结论成立.

如果$A \neq 0$设$\mathrm{rank}(A) = r > 0$,则存在m阶可逆矩阵P和n阶可逆矩阵Q使得

$$A = P\begin{pmatrix} E_r & 0 \\ 0 & 0 \end{pmatrix} Q.$$

设

$$G = Q^{-1}\begin{pmatrix} E_r & X \\ Y & YX \end{pmatrix} P^{-1}, \tag{6-28}$$

其中,$X \in \mathbf{C}^{r\times(n-r)}$,$Y \in \mathbf{C}^{(m-r)\times r}$是任意矩阵,则有

$$\begin{aligned} AGA &= P\begin{pmatrix} E_r & 0 \\ 0 & 0 \end{pmatrix} QQ^{-1}\begin{pmatrix} E_r & X \\ Y & YX \end{pmatrix} P^{-1}P\begin{pmatrix} E_r & 0 \\ 0 & 0 \end{pmatrix} Q \\ &= P\begin{pmatrix} E_r & 0 \\ 0 & 0 \end{pmatrix}\begin{pmatrix} E_r & X \\ Y & YX \end{pmatrix}\begin{pmatrix} E_r & 0 \\ 0 & 0 \end{pmatrix} Q \\ &= P\begin{pmatrix} E_r & X \\ 0 & 0 \end{pmatrix}\begin{pmatrix} E_r & 0 \\ 0 & 0 \end{pmatrix} Q \end{aligned}$$

$$=P\begin{pmatrix}E_r & 0\\ 0 & 0\end{pmatrix}Q=A,$$

$$GAG=Q^{-1}\begin{pmatrix}E_r & X\\ Y & YX\end{pmatrix}P^{-1}P\begin{pmatrix}E_r & 0\\ 0 & 0\end{pmatrix}QQ^{-1}\begin{pmatrix}E_r & X\\ Y & YX\end{pmatrix}P^{-1}$$

$$=Q^{-1}\begin{pmatrix}E_r & 0\\ Y & 0\end{pmatrix}\begin{pmatrix}E_r & X\\ Y & YX\end{pmatrix}P^{-1}$$

$$=Q^{-1}\begin{pmatrix}E_r & X\\ Y & YX\end{pmatrix}P^{-1}=G,$$

故 G 是 A 的自反广义逆矩阵. 证毕

由此可看出,自反广义逆矩阵比单边逆矩阵更具有一般性(因为单边逆有时不存在).从定理 1 的证明中的式(6-28)可知,自反广义逆矩阵一般不是唯一的,我们用 $A\{1,2\}$ 来表示 A 的所有自反广义逆矩阵的集合.定理 1 的证明是构造性的证明,下面我们给出自反广义逆矩阵的一种表达式.

定理 2 设 X、$Y\in\mathbf{C}^{n\times m}$ 均为 $A\in\mathbf{C}^{m\times n}$ 的广义逆矩阵,则

$$Z=XAY \tag{6-29}$$

是 A 的自反广义逆矩阵.

证 因为 X、Y 均为 A 的广义逆矩阵,于是有

$$AXA=A,AYA=A, \tag{6-30}$$

由式(6-30)可知,

$$AZA=AXAYA=AYA=A,$$
$$ZAZ=XAYAXAY=XAXAY=XAY=Z,$$

故 Z 是 A 的自反广义逆矩阵. 证毕

定理 2 给出了矩阵 A 的自反广义逆矩阵 A_r^- 的一种具体构造法.A 的自反广义逆矩阵 A_r^- 显然也是 A 的广义逆矩阵 A^-,反之,不一定成立.下面我们给出 A^- 也是 A_r^- 的条件.

定理 3 $A\in\mathbf{C}^{m\times n}$,$A^-$是 A 的广义逆矩阵,则 A^-是 A 的自反广义逆矩阵的充要条件是

$$\operatorname{rank}(A)=\operatorname{rank}(A^-). \tag{6-31}$$

证 必要性.设 A^-是 A 的自反广义逆矩阵,则有

$$AA^-A=A,A^-AA^-=A^-,$$

于是有

$$\operatorname{rank}(A)=\operatorname{rank}(AA^-A)\leqslant\operatorname{rank}(A^-)=\operatorname{rank}(A^-AA^-)\leqslant\operatorname{rank}(A),$$

因而有式(6-31)成立.

充分性.由于 $AA^-A=A$ 且 $\mathrm{rank}(A)=\mathrm{rank}(A^-)$,又由于$R(A^-A)\subset R(A^-)$及 $\mathrm{rank}(A)=\mathrm{rank}(AA^-A)\leqslant\mathrm{rank}(A^-A)\leqslant\mathrm{rank}(A^-)=\mathrm{rank}(A)$,于是有

$$\mathrm{rank}(A^-A)=\mathrm{rank}(A^-),$$

即

$$R(A^-A)=R(A^-),$$

由于 $A^-E_m=A^-\in R(A^-)=R(A^-A)$,故存在 $X\in\mathbf{C}^{n\times m}$,使得

$$A^-=A^-AX,$$

则有

$$A=AA^-A=A(A^-AX)A=(AA^-A)XA=AXA,$$

故 X 也是 A 的一个广义逆矩阵.由定理 2 可知,$A^-=A^-AX$ 是 A 的一个自反广义逆矩阵. 证毕

定理2给出了自反广义逆矩阵的一种具体构造法,定理3则给出了在广义逆矩阵中,区分自反广义逆矩阵的一种有效方法.

定理 4 设 $A\in\mathbf{C}^{m\times n}$、$X\in\mathbf{C}^{n\times m}$,则从下列任意两个等式成立都可推得第三个等式成立.

(1) $\mathrm{rank}(A)=\mathrm{rank}(X)$;

(2) $AXA=A$;

(3) $XAX=X$.

证 由(1)、(2)可推出(3),事实上,由(2)可知 $X=A^-$,再由条件(1)及定理 3,X 是 A 的自反广义逆矩阵,故(3)成立.

同理可由(1)、(3)推出(2).

显然,由(2)、(3)可推出(1). 证毕

定理 5 设 $A\in\mathbf{C}^{m\times n}$,则

$$X=(A^HA)^-A^H, \tag{6-32}$$

$$Y=A^H(AA^H)^-$$

均是 A 的自反广义逆矩阵.

证 对任意 $A\in\mathbf{C}^{m\times n}$,总有

$$R(A^H)=R(A^HA),N(A)=N(A^HA),$$

由于 $A^H=A^HE_m\in R(A^H)=R(A^HA)$,故存在 $D\in\mathbf{C}^{n\times m}$,使

$$A^H=A^HAD,$$

于是有

$$AXA=D^HA^HA(A^HA)^-A^HA=D^HA^HA=A,$$

故 X 是 A 的广义逆矩阵.由于

$$\mathrm{rank}(X)=\mathrm{rank}[(A^HA)^-A^H]\leqslant\mathrm{rank}(A^H),$$

及

$$A^HA=A^HA(A^HA)^-(A^HA)=A^HAXA,$$

可知

$$\operatorname{rank}(X)\leqslant \operatorname{rank}(A^H)=\operatorname{rank}(A^HA)=\operatorname{rank}(A^HAXA)\leqslant \operatorname{rank}(X),$$

于是有

$$\operatorname{rank}(A^H)=\operatorname{rank}(X)=\operatorname{rank}(A),$$

则由定理 3 可知 X 是 A 的自反广义逆矩阵.

同理可证,Y 也是 A 的自反广义逆矩阵. 证毕

下面讨论 AA_r^- 和 A_r^-A 的几何性质,这对于理解自反广义逆矩阵 A_r^- 和满足 Penrose 四个矩阵方程的广义逆矩阵很有好处.

定理 6 AA_r^- 和 A_r^-A 都是幂等矩阵.

证 $(AA_r^-)^2=AA_r^-AA_r^-=AA_r^-$,

故 AA_r^- 是幂等矩阵.

同理可证 A_r^-A 也是幂等矩阵. 证毕

值得注意的是,若 A 是 n 阶可逆矩阵,则有

$$R(A)\oplus N(A^{-1})=\mathbf{C}^n\oplus\{0\}=\mathbf{C}^n,$$
$$N(A)\oplus R(A^{-1})=\{0\}\oplus\mathbf{C}^n=\mathbf{C}^n.$$

在 A 不是可逆的方阵时,是否还有这种结论呢?我们可得类似的结论.

定理 7 设 $A\in\mathbf{C}^{m\times n}$,则有

$$R(A)\oplus N(A_r^-)=\mathbf{C}^m, \tag{6-33}$$
$$N(A)\oplus R(A_r^-)=\mathbf{C}^n. \tag{6-34}$$

证 首先证明

$$R(AA_r^-)=R(A), \tag{6-35}$$

显然有

$$R(AA_r^-)\subset R(A). \tag{6-36}$$

任取 $y\in R(A)$,故存在 $x\in\mathbf{C}^n$,使得 $y=Ax$,注意到 A_r^- 是 A 的自反广义逆矩阵可知

$$y=Ax=AA_r^-Ax=AA_r^-(Ax)\in R(AA_r^-),$$

故有

$$R(A)\subset R(AA_r^-), \tag{6-37}$$

由式(6-36)、式(6-37)可知式(6-35)成立.

下面再证

$$N(A_r^-)=N(AA_r^-), \tag{6-38}$$

显然有

$$N(A_r^-)\subset N(AA_r^-), \tag{6-39}$$

由于 A_r^- 是 A 的自反广义逆矩阵及定理 3 可知

$$\operatorname{rank}(A)=\operatorname{rank}(A_r^-)=\operatorname{rank}(AA_r^-),\tag{6-40}$$

于是有

$$\dim N(A_r^-)=m-\operatorname{rank}(A_r^-)=m-\operatorname{rank}(AA_r^-)=\dim N(AA_r^-),$$

则式(6-38)成立.由于 AA_r^- 是幂等矩阵,由投影算子的知识可知

$$\mathbf{C}^m=R(AA_r^-)\oplus N(AA_r^-)=R(A)\oplus N(A_r^-),$$

则式(6-33)成立.

同理可证式(6-34)成立. 证毕

推论 1 设 $A\in\mathbf{C}^{m\times n}$,$A_r^-$ 是 A 的一个自反广义逆矩阵,则有

$$R(AA_r^-)=R(A),N(AA_r^-)=N(A_r^-),$$
$$R(A_r^-A)=R(A_r^-),N(A_r^-A)=N(A).$$

定理 7 表明,自反广义逆矩阵 A_r^- 在 $\mathbf{C}^m$ 上决定了 $R(A)$ 的一个补空间 $N(A_r^-)$,在 $\mathbf{C}^n$ 上决定了 $N(A)$ 的一个补空间 $R(A_r^-)$,反之也成立.

定理 8 设 $A\in\mathbf{C}^{m\times n}$,令 V_1、V_2 分别是 $\mathbf{C}^m$ 和 $\mathbf{C}^n$ 的子空间,且使

$$R(A)\oplus V_1=\mathbf{C}^m,N(A)\oplus V_2=\mathbf{C}^n,\tag{6-41}$$

则存在 A 的自反广义逆矩阵 A_r^-,使得

$$V_1=N(A_r^-),V_2=R(A_r^-).\tag{6-42}$$

证 设 $\operatorname{rank}(A)=r$,则存在可逆矩阵 P、Q,使

$$A=P\begin{pmatrix}E_r & 0\\ 0 & 0\end{pmatrix}Q=PBQ,$$

其中,$B=\begin{pmatrix}E_r & 0\\ 0 & 0\end{pmatrix}$,记 $QN(A)=\{Qx\mid Ax=0,\ \forall x\in\mathbf{C}^n\}$,$PR(B)=\{Py\mid y\in R(B),\ \forall y\in\mathbf{C}^m\}$,首先我们证明有

$$QN(A)=N(B),R(A)=PR(B).\tag{6-43}$$

任取 $Qx\in QN(A)$,则有 $Ax=0=PBQx=P[BQx]$,由 P 的可逆性可知,$B(Qx)=0$,于是有

$$Qx\in N(B),$$

即

$$QN(A)\subset N(B).\tag{6-44}$$

反之,任取 $y\in N(B)$,则有

$$By=0=P^{-1}PBQQ^{-1}y=P^{-1}AQ^{-1}y,$$

即由 $AQ^{-1}y=0$ 可知 $Q^{-1}y\in N(A)$,令 $x_0=Q^{-1}y$,则有 $y=Qx_0\in QN(A)$,于是有

$$N(B)\subset QN(A),\tag{6-45}$$

由式(6-44)和式(6-45)可知,式(6-43)的第一个等式成立.

任取 $y\in R(A)$,则存在 $x\in\mathbf{C}^n$,使得

$$y=Ax=PB(Qx)\in PR(B),$$

于是有

$$R(A)\subset PR(B). \tag{6-46}$$

任取 $z\in PR(B)$，则有 $y\in R(B)$，使 $z=Py$，进而有 $x\in \mathbf{C}^n$，使 $y=Bx$，于是可得

$$z=Py=PBx=PBQQ^{-1}x=A(Q^{-1}x)\in R(A),$$

即

$$PR(B)\subset R(A), \tag{6-47}$$

由式(6-46)和式(6-47)可知式(6-43)的第二个等式成立.

因为 $V_1=P^{-1}V_1$ 和 $V_2=QV_2$，故由式(6-41)有

$$R(B)\oplus P^{-1}V_1=\mathbf{C}^m, N(B)\oplus QV_2=\mathbf{C}^n,$$

于是存在矩阵 $D_1\in \mathbf{C}^{r\times(m-r)}$ 和 $D_2\in \mathbf{C}^{(n-r)\times r}$，使得

$$V_1=PR\left(\begin{pmatrix}D_1\\E_{m-r}\end{pmatrix}\right), V_2=Q^{-1}R\left(\begin{pmatrix}E_r\\D_2\end{pmatrix}\right).$$

现在定义

$$A_r^-=Q^{-1}\begin{pmatrix}E_r & -D_1\\D_2 & -D_2D_1\end{pmatrix}P^{-1}. \tag{6-48}$$

容易验证，该 A_r^- 满足定理的要求. 证毕

§4 A^-的计算方法

前面介绍了 A 的广义逆矩阵 A^- 的概念及其有关性质，本节主要介绍怎样计算 A^-.由于 A^- 的不唯一性，采用不同的方法求出的 A^- 可以不相同，由§2 定理 2 可知，求出一个广义逆矩阵 A^-，其他的广义逆矩阵可由 A^- 表示出来.因而我们给出的 A^- 的计算法仅算出 A 的一个特殊广义逆矩阵.

一、利用矩阵 A 的满秩分解求 A^-

定理 1 设 $A\in \mathbf{C}_r^{m\times n}$，且 $A=BD$ 是 A 的最大秩分解，则有

$$A\{1,2\}=\{G\mid G=D_R^{-1}B_L^{-1}, B_L^{-1}B=DD_R^{-1}=E_r, \forall B_L^{-1}\in \mathbf{C}^{r\times m}, \forall D_R^{-1}\in \mathbf{C}^{n\times r}\}. \tag{6-49}$$

证 记 $G_1=\{G\mid G=D_R^{-1}B_L^{-1}, B_L^{-1}B=DD_R^{-1}=E_r, \forall B_L^{-1}\in \mathbf{C}^{r\times m}, \forall D_r^{-1}\in \mathbf{C}^{n\times r}\}$，任取 $A^-\in G_1$，从而有

$$AA^-A=BDD_R^{-1}B_L^{-1}BD=BD=A,$$
$$A^-AA^-=D_R^{-1}B_L^{-1}BDD_R^{-1}B_L^{-1}=D_R^{-1}B_L^{-1}=A^-,$$

可推知 $A^- \in A\{1,2\}$.于是有

$$G_1 \subseteq A\{1,2\}. \tag{6-50}$$

反之,任取 $G \in A\{1,2\}$,则有

$$AGA = A, GAG = G, \tag{6-51}$$

于是有

$$BDGBD = BD,$$

即
$$E_r = B_L^{-1} BDD_R^{-1} = B_L^{-1}[BDGBD]D_R^{-1} = DGB, \tag{6-52}$$

令 $B_L^{-1} = DG, D_R^{-1} = GB$,由式(6-52)可知,$B_L^{-1}$ 是 B 的左逆矩阵,D_R^{-1} 是 D 的右逆矩阵,由式(6-51)可推得

$$G = GAG = GBDG = D_R^{-1} B_L^{-1} \in G_1,$$

即
$$A\{1,2\} \subset G_1. \tag{6-53}$$

由式(6-50)和式(6-53)知式(6-49)成立. 证毕

由定理 1 可知,如果 $A \in \mathbf{C}_r^{m\times n}$ 的最大秩分解为 $A = BD$,则 D 的右逆矩阵与 B 的左逆矩阵的乘积是 A 的一个广义逆矩阵,由式(6-49)可知 $A^- = D_R^{-1} B_L^{-1}$ 还是 A 的自反广义逆矩阵.这样就给出了 A^- 的一种计算法.

例 1 试利用矩阵的最大秩分解求如下矩阵 A 的一个广义逆矩阵 A^-.

$$A = \begin{pmatrix} 1 & 2 & 0 \\ 0 & 0 & 2 \\ 2 & 4 & 0 \end{pmatrix}.$$

解 利用第三章 §4 最大的秩分解定理可计算出 A 的分解为

$$A = \begin{pmatrix} 1 & 0 \\ 0 & 2 \\ 2 & 0 \end{pmatrix} \begin{pmatrix} 1 & 2 & 0 \\ 0 & 0 & 1 \end{pmatrix} = BD,$$

用初等变换可求出 B、D 的单边逆,由

$$\begin{pmatrix} 1 & 0 & 1 & 0 & 0 \\ 0 & 2 & 0 & 1 & 0 \\ 2 & 0 & 0 & 0 & 1 \end{pmatrix} \to \begin{pmatrix} 1 & 0 & 1 & 0 & 0 \\ 0 & 1 & 0 & 1/2 & 0 \\ 0 & 0 & -2 & 0 & 1 \end{pmatrix},$$

可知 $B_L^{-1} = \begin{pmatrix} 1 & 0 & 0 \\ 0 & 1/2 & 0 \end{pmatrix}$,再由

$$\begin{pmatrix}1&2&0\\0&0&1\\1&0&0\\0&1&0\\0&0&1\end{pmatrix}\to\begin{pmatrix}1&0&2\\0&1&0\\1&0&0\\0&0&1\\0&1&0\end{pmatrix}\to\begin{pmatrix}1&0&0\\0&1&0\\1&0&-2\\0&0&1\\0&1&0\end{pmatrix},$$

可知 $D_R^{-1}=\begin{pmatrix}1&0\\0&0\\0&1\end{pmatrix}$，于是 A 的一个自反广义逆矩阵 A^- 为

$$A^-=D_R^{-1}B_L^{-1}=\begin{pmatrix}1&0\\0&0\\0&1\end{pmatrix}\begin{pmatrix}1&0&0\\0&1/2&0\end{pmatrix}=\begin{pmatrix}1&0&0\\0&0&0\\0&1/2&0\end{pmatrix}.$$

二、利用矩阵的行交换和列交换法求 A^-

引理 1 设 $A\in\mathbf{C}_r^{m\times n}$，则总存在行交换和列交换，使得

$$PAQ=\begin{pmatrix}A_{11}&A_{12}\\A_{21}&A_{22}\end{pmatrix},$$

其中，P 是所有行交换对应的初等矩阵的乘积，Q 是所有列交换对应的初等矩阵的乘积且 $A_{11}\in\mathbf{C}_r^{r\times r}$

证 因为 A 的秩为 r，故至少存在一个 r 阶子式不为零.设这个 r 阶子式所在 A 中的第 $i_1,i_2,\cdots,i_r$ 行（$1\leqslant i_1<i_2<\cdots<i_r\leqslant m$）和第 $j_1,j_2,\cdots,j_r$ 列（$1\leqslant j_1<j_2<\cdots<j_r\leqslant n$）.用 P_{ij} 表示 i,j 两行交换对应的初等矩阵，Q_{ij} 表示 i,j 两列交换对应的初等矩阵，注意到 $P_{ii}=E_m,Q_{ii}=E_n$，于是令

$$P=P_{i_rr}P_{i_{r-1}r-1}\cdots P_{i_22}P_{i_11},\quad Q=Q_{1j_1}Q_{2j_2}\cdots Q_{rj_r},$$

则有

$$PAQ=\begin{pmatrix}A_{11}&A_{12}\\A_{21}&A_{22}\end{pmatrix},$$

由于 $|A_{11}|\neq0$，故 $A_{11}\in\mathbf{C}_r^{r\times r}$. 证毕

引理 2 设 $A_1\in\mathbf{C}_r^{m\times n}$ 的分块矩阵为

$$A_1=\begin{pmatrix}A_{11}&A_{12}\\A_{21}&A_{22}\end{pmatrix},\tag{6-54}$$

其中，A_{11} 是 r 阶可逆矩阵，则有

$$A_{22}=A_{21}A_{11}^{-1}A_{12}.\tag{6-55}$$

证 因为 $\mathrm{rank}(A_1)=r$ 及 A_{11} 是 r 阶可逆矩阵可知，A 的各个列向量都是前 r 个列向量的线性组合，因此必存在 $D\in\mathbf{C}^{r\times(n-r)}$，使得

$$\begin{pmatrix}A_{12}\\A_{22}\end{pmatrix}=\begin{pmatrix}A_{11}\\A_{21}\end{pmatrix}D=\begin{pmatrix}A_{11}D\\A_{21}D\end{pmatrix},$$

于是有

$$A_{12}=A_{11}D,\qquad A_{22}=A_{21}D=A_{21}A_{11}^{-1}A_{12}.$$

证毕

定理 2 设 $A_1\in\mathbf{C}_r^{m\times n}$ 满足式(6-54)，则有

$$A_1^-=\begin{pmatrix}A_{11}^{-1}&0\\0&0\end{pmatrix}.\tag{6-56}$$

证 注意到引理 2 可推得

$$\begin{aligned}A_1\begin{pmatrix}A_{11}^{-1}&0\\0&0\end{pmatrix}A_1&=\begin{pmatrix}A_{11}&A_{12}\\A_{21}&A_{22}\end{pmatrix}\begin{pmatrix}A_{11}^{-1}&0\\0&0\end{pmatrix}\begin{pmatrix}A_{11}&A_{12}\\A_{21}&A_{22}\end{pmatrix}\\&=\begin{pmatrix}E_r&0\\A_{21}A_{11}^{-1}&0\end{pmatrix}\begin{pmatrix}A_{11}&A_{12}\\A_{21}&A_{22}\end{pmatrix}\\&=\begin{pmatrix}A_{11}&A_{12}\\A_{21}&A_{21}A_{11}^{-1}A_{12}\end{pmatrix}\\&=\begin{pmatrix}A_{11}&A_{12}\\A_{21}&A_{22}\end{pmatrix}=A_1,\end{aligned}$$

所以 A_1^- 是 A_1 的一个广义逆矩阵. 证毕

容易看出，A_1^- 是 A_1 的一个自反广义逆矩阵.

定理 3 设 $A\in\mathbf{C}_r^{m\times n}$，则存在可逆矩阵 P 和 Q，使得

$$PAQ=A_1,\qquad A^-=QA_1^-P,\tag{6-57}$$

其中，A_1 满足式(6-54).

证 由引理 1 可知，存在可逆矩阵 P 和 Q，使 $PAQ=A_1=\begin{pmatrix}A_{11}&A_{12}\\A_{21}&A_{22}\end{pmatrix}$，其中 A_{11} 是 r 阶可逆矩阵. 又因为

$$\begin{aligned}AA^-A&=P^{-1}A_1Q^{-1}QA_1^-PP^{-1}A_1Q^{-1}=P^{-1}A_1A_1^-A_1Q^{-1}\\&=P^{-1}A_1Q^{-1}=A,\end{aligned}$$

所以 $A^-=QA_1^-P$ 是 A 的一个广义逆矩阵. 证毕

容易看出(6-57)给出的 A^- 是自反广义逆矩阵.

由定理 3 可知，利用初等行(列)变换，可将矩阵 A 化为 A_1 的形式，然后可求得 A 的广义逆矩阵

$$A^- = Q\begin{pmatrix} A_{11}^{-1} & 0 \\ 0 & 0 \end{pmatrix} P. \tag{6-58}$$

例 2 设矩阵 A 为

$$A = \begin{pmatrix} 1 & 1 & 1 & 0 \\ -1 & -1 & -1 & 0 \\ 1 & 1 & 0 & 0 \end{pmatrix},$$

求 A 的一个广义逆矩阵 A^-.

解 已知 $A \in \mathbf{C}_2^{3\times 4}$,将 A 的第 2,3 行互换,然后再将 A 的第 1,3 列互换可得

$$PAQ = \begin{pmatrix} 1 & 1 & 1 & 0 \\ 1 & 1 & 0 & 0 \\ -1 & -1 & -1 & 0 \end{pmatrix} Q = \begin{pmatrix} 1 & 1 & 1 & 0 \\ 0 & 1 & 1 & 0 \\ -1 & -1 & -1 & 0 \end{pmatrix} = A_1,$$

其中,$P = \begin{pmatrix} 1 & 0 & 0 \\ 0 & 0 & 1 \\ 0 & 1 & 0 \end{pmatrix}$,$Q = \begin{pmatrix} 0 & 0 & 1 & 0 \\ 0 & 1 & 0 & 0 \\ 1 & 0 & 0 & 0 \\ 0 & 0 & 0 & 1 \end{pmatrix}$,且 $A_{11} = \begin{pmatrix} 1 & 1 \\ 0 & 1 \end{pmatrix}$,容易求

$A_{11}^{-1} = \begin{pmatrix} 1 & -1 \\ 0 & 1 \end{pmatrix}$,于是有

$$A^- = \begin{pmatrix} 0 & 0 & 1 & 0 \\ 0 & 1 & 0 & 0 \\ 1 & 0 & 0 & 0 \\ 0 & 0 & 0 & 1 \end{pmatrix} \begin{pmatrix} 1 & -1 & 0 \\ 0 & 1 & 0 \\ 0 & 0 & 0 \\ 0 & 0 & 0 \end{pmatrix} \begin{pmatrix} 1 & 0 & 0 \\ 0 & 0 & 1 \\ 0 & 1 & 0 \end{pmatrix}$$

$$= \begin{pmatrix} 0 & 0 & 0 \\ 0 & 1 & 0 \\ 1 & -1 & 0 \\ 0 & 0 & 0 \end{pmatrix} \begin{pmatrix} 1 & 0 & 0 \\ 0 & 0 & 1 \\ 0 & 1 & 0 \end{pmatrix} = \begin{pmatrix} 0 & 0 & 0 \\ 0 & 0 & 1 \\ 1 & 0 & -1 \\ 0 & 0 & 0 \end{pmatrix}.$$

三、利用矩阵的初等变换将 A 化为标准形求 A^-

设 $A \in \mathbf{C}_r^{m\times n}$,可通过初等变换将 A 化为如下的两种标准形式

$$B_1 = \begin{pmatrix} E_r & B_{12} \\ 0 & 0 \end{pmatrix}; \tag{6-59}$$

$$B_2=\begin{pmatrix}E_r & 0\\ 0 & 0\end{pmatrix}. \tag{6-60}$$

从而存在可逆矩阵 $P\in\mathbf{C}^{m\times m}$, $Q\in\mathbf{C}^{n\times n}$

使
$$PAQ=B_1 \text{或} PAQ=B_2$$

引理 3 B_1的一个广义逆矩阵是

$$B_1^-=\begin{pmatrix}E_r & G_{12}\\ G_{21} & G_{22}\end{pmatrix}$$

其中 $B_{12}G_{21}=0$,且 G_{12}、G_{22}都是满足相应维数的任意矩阵.

证
$$\begin{aligned}B_1B_1^-B_1&=\begin{pmatrix}E_r & B_{12}\\ 0 & 0\end{pmatrix}\begin{pmatrix}E_r & G_{12}\\ G_{21} & G_{22}\end{pmatrix}\begin{pmatrix}E_r & B_{12}\\ 0 & 0\end{pmatrix}\\&=\begin{pmatrix}E_r+B_{12}G_{21} & G_{12}+B_{12}G_{22}\\ 0 & 0\end{pmatrix}\begin{pmatrix}E_r & B_{12}\\ 0 & 0\end{pmatrix}\\&=\begin{pmatrix}E_r & B_{12}\\ 0 & 0\end{pmatrix}=B_1,\end{aligned}$$

所以 B_1^-是 B_1的一个广义逆矩阵.

类似证明,可得

引理 4 B_2的一个广义逆矩阵是

$$B_2^-=\begin{pmatrix}E_r & G_{12}\\ G_{21} & G_{22}\end{pmatrix},$$

其中 G_{12}、G_{21}、G_{22}都是满足相应维数的任意矩阵.

定理 4 设 $A\in\mathbf{C}_r^{m\times n}$,必存在可逆矩阵 P、Q 使得 $PAQ=B_1$或 $PAQ=B_2$,则有

(1) 当 $PAQ=B_1$时,$A^-=QB_1^-P$;

(2) 当 $PAQ=B_2$时,G 是 A 的广义逆矩阵的充要条件是 $G=QB_2^-P$,

其中 B_1,B_2,B_1^-,B_2^-由式(6-59)、(6-60),引理 3 和引理 4 给出的.

证 类似于定理 3 可知(1)成立,今证(2).

必要性.因为 $A=P^{-1}B_2Q^{-1}$,由 $AGA=A$ 可知

$$P^{-1}B_2Q^{-1}GP^{-1}B_2Q^{-1}=P^{-1}B_2Q^{-1}$$

或
$$B_2Q^{-1}GP^{-1}B_2=B_2, \tag{6-61}$$

令
$$Q^{-1}GP^{-1}=\begin{pmatrix}G_{11} & G_{12}\\ G_{21} & G_{22}\end{pmatrix},$$

其中 G_{11}是 r 阶方阵,代入式(6-61),有

$$\begin{pmatrix} E_r & 0 \\ 0 & 0 \end{pmatrix}\begin{pmatrix} G_{11} & G_{12} \\ G_{21} & G_{22} \end{pmatrix}\begin{pmatrix} E_r & 0 \\ 0 & 0 \end{pmatrix}=\begin{pmatrix} G_{11} & G_{12} \\ 0 & 0 \end{pmatrix}\begin{pmatrix} E_r & 0 \\ 0 & 0 \end{pmatrix}$$
$$=\begin{pmatrix} G_{11} & 0 \\ 0 & 0 \end{pmatrix}=\begin{pmatrix} E_r & 0 \\ 0 & 0 \end{pmatrix},$$

即 $G_{11}=E_r$，于是有 $Q^{-1}GP^{-1}=B_2^-$，从而有

$$G=QB_2^-P.$$

充分性类似于定理 3 的证明. 证毕

由定理 4 中 A^-的表达式可知，如果取 $G_{12}=0, G_{21}=0$，则有

$$\text{rank}(A^-)=\text{rank}(A)+\text{rank}(G_{22})=r+\text{rank}(G_{22}),$$

由于 G_{22}任意，所以 A^-的秩可取 r 与 $\min\{m,n\}$ 之间的任意整数. 特别地，如果 A 是方阵，则 A^-可取成非奇异的(尽管 A 可能是奇异的)矩阵.

例 3 设矩阵 A 为

$$A=\begin{pmatrix} 0 & 0 & 2 \\ 1 & 1 & 0 \\ 0 & 0 & 1 \\ 1 & 1 & 1 \end{pmatrix},$$

求 A 的一个广义逆矩阵 A^-.

解

$$\begin{pmatrix} 0 & 0 & 2 & 1 & 0 & 0 & 0 \\ 1 & 1 & 0 & 0 & 1 & 0 & 0 \\ 0 & 0 & 1 & 0 & 0 & 1 & 0 \\ 1 & 1 & 1 & 0 & 0 & 0 & 1 \end{pmatrix}$$

$$\to\begin{pmatrix} 0 & 0 & 2 & 1 & 0 & 0 & 0 \\ 1 & 1 & 0 & 0 & 1 & 0 & 0 \\ 0 & 0 & 1 & 0 & 0 & 1 & 0 \\ 0 & 0 & 1 & 0 & -1 & 0 & 1 \end{pmatrix}$$

$$\to\begin{pmatrix} 0 & 0 & 0 & 1 & 0 & -2 & 0 \\ 1 & 1 & 0 & 0 & 1 & 0 & 0 \\ 0 & 0 & 1 & 0 & 0 & 1 & 0 \\ 0 & 0 & 0 & 0 & -1 & -1 & 1 \end{pmatrix}$$

$$\to\begin{pmatrix} 0 & 0 & 1 & 0 & 0 & 1 & 0 \\ 1 & 1 & 0 & 0 & 1 & 0 & 0 \\ 0 & 0 & 0 & 1 & 0 & -2 & 0 \\ 0 & 0 & 0 & 0 & -1 & -1 & 1 \end{pmatrix},$$

再将第一、三列交换可得

$$PAQ=\begin{pmatrix}0&0&1&0\\0&1&0&0\\1&0&-2&0\\0&-1&-1&1\end{pmatrix}\begin{pmatrix}0&0&2\\1&1&0\\0&0&1\\1&1&1\end{pmatrix}\begin{pmatrix}0&0&1\\0&1&0\\1&0&0\end{pmatrix}$$

$$=\begin{pmatrix}0&0&1\\1&1&0\\0&0&0\\0&0&0\end{pmatrix}\begin{pmatrix}0&0&1\\0&1&0\\1&0&0\end{pmatrix}=\begin{pmatrix}1&0&0\\0&1&1\\0&0&0\\0&0&0\end{pmatrix},$$

则

$$A^{-}=Q\begin{pmatrix}1&0&0&0\\0&1&0&0\\0&0&0&0\end{pmatrix}P$$

$$=\begin{pmatrix}0&0&1\\0&1&0\\1&0&0\end{pmatrix}\begin{pmatrix}1&0&0&0\\0&1&0&0\\0&0&0&0\end{pmatrix}\begin{pmatrix}0&0&1&0\\0&1&0&0\\1&0&-2&0\\0&-1&-1&1\end{pmatrix}$$

$$=\begin{pmatrix}0&0&0&0\\0&1&0&0\\1&0&0&0\end{pmatrix}\begin{pmatrix}0&0&1&0\\0&1&0&0\\1&0&-2&0\\0&-1&-1&1\end{pmatrix}=\begin{pmatrix}0&0&0&0\\0&1&0&0\\0&0&1&0\end{pmatrix}$$

是 A 的一个广义逆矩阵.

§5 M-P 广义逆矩阵 A^{+}

在自反广义逆矩阵中，还有一种更特殊的也更为重要的广义逆矩阵，这就是 M-P 广义逆矩阵.它有很多重要的性质，在应用上特别重要.本节主要介绍 M-P 广义逆矩阵的存在性、唯一性及其性质.

定义 1 设 $A\in\mathbf{C}^{m\times n}$，如果有 $G\in\mathbf{C}^{n\times m}$，使得

$$AGA=A,\quad GAG=G,$$
$$(AG)^{H}=AG,\quad (GA)^{H}=GA,\tag{6-62}$$

则称 G 是 A 的 M-P 广义逆矩阵，记为 $G=A^{+}$.

从以上定义可以看出，M-P 广义逆矩阵 A^{+} 是全部满足 Penrose 四个矩阵方程的广义逆矩阵.下面我们将证明 A 的广义逆矩阵 A^{+} 是存在唯一的，因而有

$$A\{1,2,3,4\}=\{A^{+}\}.$$

首先我们给出存在性定理.

定理 1 设 $A\in \mathbf{C}_r^{m\times n}$ 且 $A=BD$ 是 A 的最大秩分解,则

$$G=D^H(DD^H)^{-1}(B^HB)^{-1}B^H \tag{6-63}$$

就是 A 的一个 M-P 广义逆矩阵 A^+.

证 当 $r=0$ 时,有 $A=0$,显然有 $G=0$,而且,G 是 A 的 M-P 广义逆矩阵.

当 $r>0$ 时,由第三章矩阵分解可知,存在 $B\in \mathbf{C}_r^{m\times r}$ 和 $D\in \mathbf{C}_r^{r\times n}$,使得

$$\operatorname{rank}(B)=\operatorname{rank}(D)=\operatorname{rank}(A)=\operatorname{rank}(DD^H)=\operatorname{rank}(B^HB)=r$$

于是可知 B^HB、DD^H 均是可逆的 r 阶矩阵.故式(6-63)有意义.又因为

$$\begin{aligned}
AGA&=BD[D^H(DD^H)^{-1}(B^HB)^{-1}B^H]BD\\
&=B[DD^H(DD^H)^{-1}(B^HB)^{-1}(B^HB)]D=BD=A,\\
GAG&=D^H(DD^H)^{-1}(B^HB)^{-1}B^HBDD^H(DD^H)^{-1}(B^HB)^{-1}B^H\\
&=D^H(DD^H)^{-1}(B^HB)^{-1}B^H=G,\\
(AG)^H&=G^HA^H=B[(B^HB)^{-1}]^H[(DD^H)^{-1}]^HDD^HB^H\\
&=B(B^HB)^{-1}(DD^H)^{-1}(DD^H)B^H=B(B^HB)^{-1}B^H\\
&=BDD^H(DD^H)^{-1}(B^HB)^{-1}B^H=AG,\\
(GA)^H&=A^HG^H=D^HB^HB(B^HB)^{-1}(DD^H)^{-1}D\\
&=D^H(DD^H)^{-1}(B^HB)^{-1}(B^HB)D=GA,
\end{aligned}$$

故 G 是 A 的 M-P 广义逆矩阵 A^+. 证毕

定理 2 设 $A\in \mathbf{C}^{m\times n}$,则 A^+ 是唯一的.

证 设 A_1^+、A_2^+ 都是 A 的 M-P 广义逆矩阵,则 A_1^+、A_2^+ 均满足式(6-62)的四个矩阵方程.于是有

$$\begin{aligned}
A_1^+&=A_1^+AA_1^+=A_1^+(AA_2^+A)A_1^+=A_1^+(AA_2^+)^H(AA_1^+)^H\\
&=A_1^+(A_2^+)^HA^H(A_1^+)^HA^H=A_1^+(A_2^+)^H(AA_1^+A)^H\\
&=A_1^+(A_2^+)^HA^H=A_1^+(AA_2^+)^H=A_1^+AA_2^+=A_1^+(AA_2^+A)A_2^+\\
&=(A_1^+A)^H(A_2^+A)^HA_2^+=A^H(A_1^+)^HA^H(A_2^+)^HA_2^+\\
&=(AA_1^+A)^H(A_2^+)^HA_2^+=A^H(A_2^+)^HA_2^+=(A_2^+A)^HA_2^+\\
&=A_2^+AA_2^+=A_2^+.
\end{aligned}$$

证毕

注意,在唯一性的证明中,对 A_1^+ 和 A_2^+ 均用到了方程组(6-62)的四个矩阵方程.下面我们介绍 A^+ 的性质.

定理 3 设 $A\in \mathbf{C}^{m\times n}$,则有

(1) $(A^+)^+=A$;

(2) $(A^{\mathrm{T}})^+=(A^+)^{\mathrm{T}}$, $(A^H)^+=(A^+)^H$;

(3) $A^+=(A^HA)^+A^H=A^H(AA^H)^+$;

(4) $R(A^+)=R(A^H)$;

(5) $AA^+=P_{R(A)}$, $A^+A=R_{R(A^H)}$;

(6) $R(A)=R(A^H)$的充要条件是$AA^+=A^+A$.

证 (1)由于A与A^+满足定义1中全部四个矩阵方程,则可认为A是A^+的一个M-P广义逆矩阵$(A^+)^+$,再由M-P广义逆矩阵的唯一性可知,$A=(A^+)^+$.

(2) 设$A=BD$是A的最大秩分解,故$A^H=D^HB^H(A^T=D^TB^T)$也是$A^H(A^T)$的最大秩分解.此时有B^HB、DD^H均为可逆方阵.所以由定理1可知

$$\begin{aligned}(A^+)^T&=[D^H(DD^H)^{-1}(B^HB)^{-1}B^H]^T\\&=(B^H)^T(B^T(B^H)^T)^{-1}((D^H)^TD^T)^{-1}(D^H)^T\\&=(B^T)^H(B^T(B^T)^H)^{-1}((D^T)^HD^T)^{-1}(D^T)^H\\&=(A^T)^+\end{aligned}$$

将T换成H,类似地可推得$(A^+)^H=(A^H)^+$.

(3) 设$A=BD$是A的最大秩分解,故有

$$A^HA=(BD)^HBD=D^HB^HBD=D^H(B^HBD)=D_1B_1,$$

其中,$D_1=D^H$,$B_1=B^HBD$.因为

$$\operatorname{rank}(A^HA)=\operatorname{rank}(A)=r,$$

及B^HB可逆,故有

$$r=\operatorname{rank}(D)=\operatorname{rank}(D_1)=\operatorname{rank}(B^HBD)=\operatorname{rank}(B_1),$$

所以$A^HA=D_1B_1$是A^HA的最大秩分解,故有

$$\begin{aligned}(A^HA)^+A^H&=[B_1^H(B_1B_1^H)^{-1}(D_1^HD_1)^{-1}D_1^H](BD)^H\\&=D^HB^HB(B^HBDD^HB^HB)^{-1}(DD^H)^{-1}DD^HB^H\\&=D^H(B^HB)(B^HB)^{-1}(DD^H)^{-1}(B^HB)^{-1}B^H\\&=D^H(DD^H)^{-1}(B^HB)^{-1}B^H\\&=A^+.\end{aligned}$$

同样,由于$AA^H=B(DD^HB^H)$是AA^H的最大秩分解,类似地可证得

$$A^H(AA^H)^+=A^+.$$

(4) 由于A^+是自反广义逆矩阵,由§3定理3可知

$$\operatorname{rank}(A^H)=\operatorname{rank}(A)=\operatorname{rank}(A^+).$$

另一方面,由(3)可知,$A^+=A^H(AA^H)^+$,于是有

$$R(A^+)\subset R(A^H),$$

因此可知

$$R(A^+)=R(A^H).$$

(5) 由于 A^+是自反广义逆阵,因而 AA^+和 A^+A 是幂等矩阵.又由于 A 与 A^+均满足式(6-62)四个矩阵方程,由第一章 §7 定理 7 可知

$$AA^+=P_{R(AA^+)}, \qquad A^+A=P_{R(A^+A)},$$

再由 §3 定理 7 之推论有

$$R(AA^+)=R(A), \qquad R(A^+A)=R(A^+),$$

及(4)可知(5)成立.

(6) 充分性.由 $A^+A=AA^+$和 A^+是 A 的自反广义逆矩阵,由 §3 定理 7 的推论和(4)可知

$$R(A)=R(AA^+)=R(A^+A)=R(A^+)=R(A^H).$$

必要性.$R(A)=R(A^H)$及(5)可知

$$AA^+=P_{R(A)}, \qquad A^+A=P_{R(A^H)}=P_{R(A)},$$

于是有 $AA^+=A^+A$.

定理 4 设 $A\in \mathbf{C}^{m\times n}$,则有

(1) $(A^HA)^+=A^+(A^H)^+, (AA^H)^+=(A^H)^+A^+$;

(2) $(A^HA)^+=A^+(AA^H)^+A=A^H(AA^H)^+(A^H)^+$;

(3) $AA^+=(AA^H)(AA^H)^+=(AA^H)^+(AA^H)$,

$A^+A=(A^HA)(A^HA)^+=(A^HA)^+(A^HA)$.

证 (1)设 $A=BD$ 是 A 的最大秩分解,则有

$$\begin{aligned}A^+&=D^H(DD^H)^{-1}(B^HB)^{-1}B^H,\\(A^HA)^+&=(D^HB^HBD)^+\\&=(B^HBD)^H(B^HBDD^HB^HB)^{-1}(DD^H)^{-1}D\\&=D^HB^HB(B^HB)^{-1}(DD^H)^{-1}(B^HB)^{-1}(DD^H)^{-1}D\\&=[D^H(DD^H)^{-1}(B^HB)^{-1}B^H][B(B^HB)^{-1}(DD^H)^{-1}D]\\&=A^+(A^H)^+,\end{aligned}$$

同理可证,$(AA^H)^+=(A^H)^+A^+$.

(2)由(1)及定理 3 之(2)、(3)可得

$$\begin{aligned}(A^HA)^+&=A^+(A^H)^+=A^+(A^+)^H=A^+[A^H(AA^H)^+]^H\\&=A^+[(AA^H)^+]^HA=A^+(AA^H)^+A,\end{aligned}$$

同理可证 $(A^HA)^+=A^H(AA^H)^+(A^H)^+$.

(3) $AA^+=A[A^H(AA^H)^+]=(AA^H)(AA^H)^+$;

$$\begin{aligned}(AA^H)^+(AA^H)&=(BDD^HB^H)^+(BDD^HB^H)\\&=BDD^H(DD^HB^HBDD^H)^{-1}(B^HB)^{-1}B^HBDD^HB^H\\&=B(DD^H)(DD^H)^{-1}(B^HB)^{-1}(DD^H)^{-1}DD^HB^H\\&=BD[D^H(DD^H)^{-1}(B^HB)^{-1}B^H]\\&=AA^+,\end{aligned}$$

因此有

$$AA^+=(AA^H)(AA^H)^+=(AA^H)^+(AA^H).$$

同理可证

$$A^+A=(A^HA)(A^HA)^+=(A^HA)^+(A^HA).$$ 证毕

推论 1 如果 $A=A^H\in\mathbf{C}^{n\times n}$,则有

$$(A^2)^+=(A^+)^2;\qquad A^2(A^2)^+=(A^2)^+A^2=AA^+;$$

$$AA^+=A^+A;\qquad A^2A^+=A^+A^2.$$

定理 5 设 $A\in\mathbf{C}^{m\times l},B\in\mathbf{C}^{l\times n}$,则

$$(AB)^+=B^+A^+ \tag{6-64}$$

的充要条件是

$$R(A^HAB)\subset R(B),\qquad R(BB^HA^H)\subset R(A^H). \tag{6-65}$$

证 必要性.设式(6-64)成立,则

$$\begin{aligned}B^HA^H&=(AB)^H=(AB)^H[(AB)^H]^+(AB)^H=[(AB)^+AB]^H(AB)^H\\&=(AB)^+(AB)(AB)^H=B^+A^+ABB^HA^H,\end{aligned}$$

上式两端左乘以 ABB^HB,注意到定理 3 可得

$$\begin{aligned}ABB^HBB^HA^H&=ABB^HBB^+A^+ABB^HA^H\\&=ABB^HB[(B^HB)^+B^H]A^+ABB^HA^H\\&=ABB^H[(B^H)^H(B^H(B^H)^H)^+]B^HA^+ABB^HA^H\\&=AB[B^H(B^H)^+B^H]A^+ABB^HA^H\\&=ABB^HA^+ABB^HA^H,\end{aligned}$$

即

$$ABB^H(E_l-A^+A)BB^HA^H=0,$$

由于

$$E_l-A^+A=(E_l-A^+A)^2=(E_l-A^+A)^H,$$

于是可得

$$[(E_l-A^+A)BB^HA^H]^H[(E_l-A^+A)BB^HA^H]=0,$$

从而有

$$(E_l-A^+A)BB^HA^H=0,$$

即

$$BB^HA^H=A^+ABB^HA^H,$$

因此有

$$R(BB^HA^H)=R(A^+ABB^HA^H)\subset R(A^+A)=R(A^H).$$

同理可证

$$R(A^HAB)\subset R(B).$$

充分性.由于 $BB^+=P_{R(B)},A^+A=P_{R(A^H)}$ 及式(6-65)成立,则有

$$BB^+A^HAB=A^HAB,\qquad A^+ABB^HA^H=BB^HA^H, \tag{6-66}$$

由第一式可得

$$B^H A^H A=(AB)^H ABB^+,$$

上式两端左乘以$[(AB)^H]^+$,右乘以A^+得

$$\begin{aligned}[(AB)^H]^+(AB)^H AA^+ &= [(AB)^H]^+(AB)^H(AB)B^+A^+\\ &= [(AB)(AB)^+]^H(AB)B^+A^+\\ &= (AB)(AB)^+(AB)B^+A^+\\ &= ABB^+A^+,\end{aligned}$$

即 $$AB(AB)^+AA^+=ABB^+A^+,$$

亦即 $$P_{R(AB)}P_{R(A)}=ABB^+A^+,$$

又 $$P_{R(AB)}P_{R(A)}=P_{R(AB)},$$

于是有

$$(AB)(AB)^+=ABB^+A^+, \tag{6-67}$$

上式两端右乘 AB 可得

$$AB=ABB^+A^+AB, \tag{6-68}$$

于是

$$\operatorname{rank}(AB)\leqslant \operatorname{rank}(B^+A^+)$$

又由于 $A^+=A^H(AA^H)^+$, $B^+=(B^HB)^+B^H$,可得

$$B^+A^+=(B^HB)^+B^HA^H(AA^H)^+,$$

于是有

$$\operatorname{rank}(B^+A^+)\leqslant \operatorname{rank}((AB)^H)=\operatorname{rank}(AB),$$

故 $$\operatorname{rank}(AB)=\operatorname{rank}(B^+A^+),$$

所以有

$$B^+A^+(AB)B^+A^+=B^+A^+, \tag{6-69}$$

再由式(6-66)第二式左乘 B^+右乘$[(AB)^H]^+$得

$$B^+A^+AB(AB)^H[(AB)^H]^+=B^+B(AB)^H((AB)^H)^+,$$

即 $$B^+A^+AB=B^+B(AB)^+(AB)=(AB)^+AB, \tag{6-70}$$

于是由式(6-67)~式(6-70)知 B^+A^+是 AB 的 M-P 广义逆矩阵,即式(6-64)成立. 证毕

定理 6 设 $A\in \mathbf{C}^{n\times l}$, $B\in \mathbf{C}^{l\times n}$,若 $B_1=A^+AB$, $A_1=AB_1B_1^+$,则

$$(AB)^+=B_1^+A_1^+.$$

证 因为

$$A_1B_1=AB_1B_1^+B_1=AB_1=AA^+AB=AB,$$

故只须证明 $B_1^+A_1^+$是 A_1B_1 的 M-P 广义逆矩阵即可.

$$(B_1^+A_1^+)(A_1B_1)(B_1^+A_1^+)=B_1^+A_1^+AB_1B_1^+A_1^+$$

$$=B_1^+A_1^+A_1A_1^+=B_1^+A_1^+,$$

$$(A_1B_1)(B_1^+A_1^+)(A_1B_1)=AB_1B_1^+A_1^+A_1B_1$$
$$=A_1A_1^+A_1B_1=A_1B_1,$$

由$(A_1B_1)(B_1^+A_1^+)=AB_1B_1^+A_1^+=A_1A_1^+$及定理 4 的(3)可知

$$[(A_1B_1)(B_1^+A_1^+)]^H=(A_1A_1^+)^H=[(A_1A_1^H)(A_1A_1^H)^+]^H$$
$$=(A_1A_1^H)(A_1A_1^H)^+=(A_1A_1^+)$$
$$=(A_1B_1)(B_1^+A_1^+),$$

又由于

$$(B_1^+A_1^+)(A_1B_1)=(B_1^+B_1B_1^+)(A_1^+A_1B_1)=B_1^+(A^+AB)B_1^+A_1^+A_1B_1$$
$$=B_1^+A^+AB_1B_1^+A_1^+A_1B_1=B_1^+A^+A_1A_1^+A_1B_1$$
$$=B_1^+A^+A_1B_1=B_1^+A^+AB=B_1^+B_1,$$

注意到定理 4 可知

$$[(B_1^+A_1^+)(A_1B_1)]^H=(B_1^+A_1^+)(A_1B_1),$$

因此 $B_1^+A_1^+$是 A_1B_1的 M-P 广义逆矩阵,亦即

$$(AB)^+=(A_1B_1)^+=B_1^+A_1^+.$$ 证毕

由定理 5 和定理 6 可知,在一般情况下,$(AB)^+\neq B^+A^+$,例如,取

$$A=\begin{pmatrix}1&0\\0&0\end{pmatrix},\quad B=\begin{pmatrix}1&1\\0&1\end{pmatrix},$$

则 $$AB=\begin{pmatrix}1&1\\0&0\end{pmatrix}.$$

$$A^+=\left(\begin{pmatrix}1\\0\end{pmatrix}(1\quad 0)\right)^+=\begin{pmatrix}1&0\\0&0\end{pmatrix},\qquad B^+=B^{-1}=\begin{pmatrix}1&-1\\0&1\end{pmatrix},$$

$$(AB)^+=\left(\begin{pmatrix}1\\0\end{pmatrix}(1\quad 1)\right)^+=\begin{pmatrix}1/2&0\\1/2&0\end{pmatrix},$$

由此可知

$$B^+A^+=\begin{pmatrix}1&0\\0&0\end{pmatrix}\begin{pmatrix}1&-1\\0&1\end{pmatrix}=\begin{pmatrix}1&0\\0&0\end{pmatrix}\neq(AB)^+.$$

§6 A^+的计算方法

对于任何矩阵 A,A 的 M-P 广义逆矩阵 A^+是存在唯一的,同时 A^+还具有许多重要性质,因此,M-P 广义逆矩阵的应用十分广泛.为了适应各种场合的不同需要,寻求 M-P 广义逆矩阵 A^+的各种计算方法就显得尤其必要.下面我们介绍 M-P 广义逆矩阵的几种常用计算方法.

一、最大秩分解法

设$A\in \mathbf{C}_r^{m\times n}$,由第三章§4定理1可知,存在矩阵$B\in \mathbf{C}_r^{m\times r}$,$D\in \mathbf{C}_r^{r\times n}$,使得$A$的最大秩分解为$A=BD$.再由§5定理1可知,$A$的M-P广义逆矩阵为

$$A^+=D^H(DD^H)^{-1}(B^HB)^{-1}B^H. \tag{6-71}$$

对于行满秩或列满秩矩阵,我们有以下引理.

引理1 设$A\in \mathbf{C}^{m\times n}$,我们有

(1) 如果A是行满秩矩阵,则$A^+=A^H(AA^H)^{-1}$; (6-72)

(2) 如果A是列满秩矩阵,则$A^+=(A^HA)^{-1}A^H$. (6-73)

证 (1) 由于A是行满秩矩阵,故

$$A=E_mA=BD$$

是A的最大秩分解.其中$B=E_m$, $D=A$.由式(6-71)可知

$$A^+=A^H(AA^H)^{-1}(E_m^HE_m)^{-1}E_m^H=A^H(AA^H)^{-1}.$$

(2) 同理可证式(6-73)成立. 证毕

定理1 设$A\in \mathbf{C}_r^{m\times n}$,$A=BD$是$A$的最大秩分解,则

$$A^+=D^+B^+. \tag{6-74}$$

证 由式(6-71)及引理1可知式(6-74)成立. 证毕

例1 设矩阵A为

$$A=\begin{pmatrix}1&4&4&5\\-1&-4&-4&-5\end{pmatrix},$$

求A的M-P广义逆矩阵A^+.

解 取$B=\begin{pmatrix}1\\-1\end{pmatrix}$, $D=(1\quad 4\quad 4\quad 5)$,则$A=BD$是$A$的最大秩分解,由引理1可求得

$$B^+=(B^HB)^{-1}B^H=\left((1\quad -1)\begin{pmatrix}1\\-1\end{pmatrix}\right)^{-1}(1\quad -1)$$
$$=\begin{pmatrix}\frac{1}{2}&-\frac{1}{2}\end{pmatrix},$$

$$D^+=D^H(DD^H)^{-1}=\begin{pmatrix}1\\4\\4\\5\end{pmatrix}\left((1\quad 4\quad 4\quad 5)\begin{pmatrix}1\\4\\4\\5\end{pmatrix}\right)^{-1}=\frac{1}{58}\begin{pmatrix}1\\4\\4\\5\end{pmatrix},$$

由定理1可知

$$A^{+}=D^{+}B^{+}=\frac{1}{58}\begin{pmatrix}1\\4\\4\\5\end{pmatrix}\begin{pmatrix}\frac{1}{2} & -\frac{1}{2}\end{pmatrix}=\begin{pmatrix}\frac{1}{116} & -\frac{1}{116}\\ \frac{1}{29} & -\frac{1}{29}\\ \frac{1}{29} & -\frac{1}{29}\\ \frac{5}{116} & -\frac{5}{116}\end{pmatrix}.$$

二、奇异值分解法

定理 2 设 $A\in\mathbf{C}_r^{m\times n}$ 的奇异分解为

$$A=U\begin{pmatrix}D_r & 0\\0 & 0\end{pmatrix}V=UDV,$$

其中,U 是 m 阶酉矩阵,V 是 n 阶酉矩阵,$D_r=\operatorname{diag}(\sigma_1,\sigma_2,\cdots,\sigma_r)$,$\sigma_i(i=1,2,\cdots,r)$是 A 的正奇异值,则有

(1) $A^{+}=V^{H}D^{+}U^{H}$;

(2) $\|A^{+}\|_F^2=\sum\limits_{i=1}^{r}\frac{1}{\sigma_i^2}$;

(3) $\|A^{+}\|_2=\frac{1}{\min\limits_{1\leqslant i\leqslant r}\{\sigma_i\}}$.

证 (1) 若令

$$G=\begin{pmatrix}D_r^{-1} & 0\\0 & 0\end{pmatrix},$$

则有

$$DGD=\begin{pmatrix}D_r & 0\\0 & 0\end{pmatrix}\begin{pmatrix}D_r^{-1} & 0\\0 & 0\end{pmatrix}\begin{pmatrix}D_r & 0\\0 & 0\end{pmatrix}=\begin{pmatrix}D_r & 0\\0 & 0\end{pmatrix}=D,$$

$$GDG=\begin{pmatrix}D_r^{-1} & 0\\0 & 0\end{pmatrix}\begin{pmatrix}D_r & 0\\0 & 0\end{pmatrix}\begin{pmatrix}D_r^{-1} & 0\\0 & 0\end{pmatrix}=\begin{pmatrix}D_r^{-1} & 0\\0 & 0\end{pmatrix}=G,$$

$$(DG)^{H}=DG,$$

$$(GD)^{H}=GD.$$

于是有 $G=D^{+}$,由于 $U^{H}UDD^{H}=D^{2}$,$DD^{H}U^{H}U=D^{2}$,故有

$$R(U^{H}UDD^{H})=R(DD^{H}U^{H}U)=R(D^{2}),$$

于是由 §5 定理 5 可知

$$(UD)^{+}=D^{+}U^{+}=D^{+}U^{H},$$

又由 §5 定理 3 可知

$$
\begin{aligned}
A^+ &= A^H(AA^H)^+ = V^H D U^H (UDVV^H D U^H)^+ \\
&= V^H D U^H [(UD)(UD)^H]^+ \\
&= V^H [(UD)^H((UD)(UD)^H)^+] \\
&= V^H (UD)^+ = V^H D^+ U^H.
\end{aligned}
$$

(2) 由(1)可知

$$
\begin{aligned}
A^+(A^+)^H &= V^H D^+ U^H U D^+ V \\
&= V^H (D^+)^2 V,
\end{aligned}
$$

且 $(D^+)^2 = \begin{pmatrix} D_r^{-1} & 0 \\ 0 & 0 \end{pmatrix}\begin{pmatrix} D_r^{-1} & 0 \\ 0 & 0 \end{pmatrix} = \begin{pmatrix} (D_r^{-1})^2 & 0 \\ 0 & 0 \end{pmatrix} = \begin{pmatrix} \Delta_r^{-1} & 0 \\ 0 & 0 \end{pmatrix}$,

其中,$\Delta_r^{-1} = [D_r^{-1}]^2 = \mathrm{diag}\left(\frac{1}{\sigma_1^2}, \frac{1}{\sigma_2^2}, \cdots, \frac{1}{\sigma_r^2}\right)$,由此可知,$A^+$的正奇异值为 $\frac{1}{\sigma_i}(i=1,2,\cdots,r)$,于是

$$
\| A^+ \|_F^2 = \mathrm{tr}[A^+(A^+)^H] = \sum_{i=1}^{r} \frac{1}{\sigma_i^2}.
$$

(3) $$\| A^+ \|_2 = \max_i \sqrt{\lambda_i[A^+(A^+)^H]} = \max_{1\leqslant i\leqslant r}\left\{\frac{1}{\sigma_i}\right\} = \frac{1}{\min\limits_{1\leqslant i\leqslant r}\{\sigma_i\}}.$$ 证毕

定理 3 设 $A \in \mathbf{C}^{m\times n}$,$\lambda_i(i=1,2,\cdots,r)$是$AA^H$的$r$个非零特征值,$\alpha_i(i=1,2,\cdots,r)$是$AA^H$对应于$\lambda_i$的单位正交的特征向量组,记 $\Delta_r = \mathrm{diag}(\lambda_1, \lambda_2, \cdots, \lambda_r)$,$U_1 = (\alpha_1, \alpha_2, \cdots, \alpha_r)$,则有

$$
A^+ = A^H U_1 \Delta_r^{-1} U_1^H.
$$

证 由奇异值分解可知,存在m阶酉矩阵U及n阶酉矩阵V,使得

$$
A = U\begin{pmatrix} D_r & 0 \\ 0 & 0 \end{pmatrix} V,
$$

其中,$D_r = \mathrm{diag}(\sqrt{\lambda_1}, \sqrt{\lambda_2}, \cdots, \sqrt{\lambda_r})$.设$U = (U_1 \quad U_2)$,则$U_1 \in \mathbf{C}^{m\times r}$满足定理的条件.则有

$$
AA^H = U\begin{pmatrix} D_r & 0 \\ 0 & 0 \end{pmatrix} VV^H \begin{pmatrix} D_r & 0 \\ 0 & 0 \end{pmatrix} U^H = U\begin{pmatrix} \Delta_r & 0 \\ 0 & 0 \end{pmatrix} U^H,
$$

$$
\begin{aligned}
(AA^H)^+ &= U\begin{pmatrix} \Delta_r & 0 \\ 0 & 0 \end{pmatrix}^+ U^H = U\begin{pmatrix} \Delta_r^{-1} & 0 \\ 0 & 0 \end{pmatrix} U^H \\
&= (U_1 \quad U_2)\begin{pmatrix} \Delta_r^{-1} & 0 \\ 0 & 0 \end{pmatrix}\begin{pmatrix} U_1^H \\ U_2^H \end{pmatrix} = U_1 \Delta_r^{-1} U_1^H,
\end{aligned}
$$

由§5定理3可知

$$A^{+}=A^{H}(AA^{H})^{+}=A^{H}U_{1}\Delta_{r}^{-1}U_{1}^{H}.$$ 证毕

例 2 设矩阵 A 为

$$A=\begin{pmatrix}-1&0&1\\2&0&-2\end{pmatrix},$$

求 A 的 M-P 广义逆矩阵 A^{+}.

解 $$AA^{H}=\begin{pmatrix}-1&0&1\\2&0&-2\end{pmatrix}\begin{pmatrix}-1&2\\0&0\\1&-2\end{pmatrix}=\begin{pmatrix}2&-4\\-4&8\end{pmatrix},$$

$$|\lambda E_{2}-AA^{H}|=\begin{vmatrix}\lambda-2&4\\4&\lambda-8\end{vmatrix}=\lambda(\lambda-10)=0,$$

因此 AA^{H} 的特征值为 $\lambda_{1}=10,\lambda_{2}=0$,对应于 $\lambda_{1}=10$ 的单位特征向量为

$$\alpha_{1}=\begin{pmatrix}\frac{1}{\sqrt{5}}\\-\frac{2}{\sqrt{5}}\end{pmatrix},$$

故 $U_{1}=(\alpha_{1})$,即有

$$\begin{aligned}A^{+}&=A^{H}U_{1}\Delta_{r}^{-1}U_{1}^{H}\\&=\begin{pmatrix}-1&2\\0&0\\1&-2\end{pmatrix}\begin{pmatrix}\frac{1}{\sqrt{5}}\\-\frac{2}{\sqrt{5}}\end{pmatrix}\frac{1}{10}\begin{pmatrix}\frac{1}{\sqrt{5}}&-\frac{2}{\sqrt{5}}\end{pmatrix}\\&=\frac{1}{10}\begin{pmatrix}-\frac{5}{\sqrt{5}}\\0\\\frac{5}{\sqrt{5}}\end{pmatrix}\begin{pmatrix}\frac{1}{\sqrt{5}}&-\frac{2}{\sqrt{5}}\end{pmatrix}\\&=\frac{1}{10}\begin{pmatrix}-1&2\\0&0\\1&-2\end{pmatrix}=\begin{pmatrix}-\frac{1}{10}&\frac{1}{5}\\0&0\\\frac{1}{10}&-\frac{1}{5}\end{pmatrix}.\end{aligned}$$

三、谱分解法

引理 2 设单纯矩阵 $A\in\mathbf{C}^{n\times n}$ 的谱分解为

$$A=\sum_{i=1}^{r}\lambda_i A_i,$$

且 $$f_i(\lambda)=(\lambda-\lambda_1)\cdots(\lambda-\lambda_{i-1})(\lambda-\lambda_{i+1})\cdots(\lambda-\lambda_r),$$

则 $$f_i(A)=\sum_{j=1}^{r}f_i(\lambda_j)A_j=f_i(\lambda_i)A_i.$$

证 由 A 的谱分解式可知,A 有 r 个相异的特征值 $\lambda_1,\lambda_2,\cdots,\lambda_r$,它们的重数分别为 $n_i(i=1,2,\cdots,r)$,且有 $\sum\limits_{i=1}^{r}n_i=n$,并记

$$f_i(\lambda)=a_0+a_1\lambda+\cdots+a_{r-1}\lambda^{r-1}\quad(i=1,2,\cdots,r),$$

因此有

$$f_i(\lambda_j)=\begin{cases}f_i(\lambda_i) & j=i,\\ 0 & j\neq i,\end{cases}\tag{6-75}$$

那么

$$\begin{aligned}f_i(A)&=(A-\lambda_1E)\cdots(A-\lambda_{i-1}E)(A-\lambda_{i+1}E)\cdots(A-\lambda_rE)\\&=a_0E+a_1A+\cdots+a_{r-1}A^{r-1},\end{aligned}$$

又由于 A 是单纯矩阵,故存在可逆矩阵 P,使得

$$A=P\operatorname{diag}(\overbrace{\lambda_1,\cdots,\lambda_1}^{n_1},\overbrace{\lambda_2,\cdots,\lambda_2}^{n_2},\cdots,\overbrace{\lambda_r,\cdots,\lambda_r}^{n^r})P^{-1}=P\Lambda P^{-1},\tag{6-76}$$

其中,$\Lambda=\operatorname{diag}(\overbrace{\lambda_1,\cdots,\lambda_1}^{n_1},\overbrace{\lambda_2,\cdots,\lambda_2}^{n_2},\cdots,\overbrace{\lambda_r,\cdots,\lambda_r}^{n^r})$,设

$$P=(x_{11},x_{12},\cdots,x_{1n_1},x_{21},\cdots,x_{2n_2},\cdots,x_{r1},\cdots,x_{rn_r}),$$

$$P^{-1}=(y_{11}^{\mathrm T},\cdots,y_{1r_1}^{\mathrm T},y_{21}^{\mathrm T},\cdots,y_{2r_2}^{\mathrm T},\cdots,y_{r1}^{\mathrm T},\cdots,y_{rn_r}^{\mathrm T})^{\mathrm T},$$

所以有

$$\begin{aligned}f_i(A)&=a_0E+a_1A+\cdots+a_{r-1}A^{r-1}\\&=P[a_0E+a_1\Lambda+\cdots+a_{r-1}\Lambda^{r-1}]P^{-1}\\&=P\operatorname{diag}(\overbrace{f_i(\lambda_1),\cdots,f_i(\lambda_1)}^{n_1},\\&\qquad\overbrace{f_i(\lambda_2),\cdots f_i(\lambda_2)}^{n_2},\cdots\overbrace{f_i(\lambda_r),\cdots f_i(\lambda_r)}^{n_r})P^{-1}\\&=\sum_{j=1}^{r}\sum_{l=1}^{n_j}f_i(\lambda_j)x_{jl}y_{jl}^{\mathrm T},\end{aligned}$$

如果取

$$A_j=\sum_{l=1}^{n_j}x_{jl}y_{jl}^{\mathrm T}\quad(j=1,2,\cdots,r),$$

不难由式(6-76)推得

$$A=\sum_{i=1}^{r}\lambda_iA_i,$$

是 A 的谱分解,从而可知

$$f_i(A)=\sum_{j=1}^{r}f_i(\lambda_j)A_j,$$

由式(6-75)可知

$$f_i(A)=f_i(\lambda_i)A_i.$$

证毕

定理 4　$A\in\mathbf{C}^{m\times n}$,$A^HA=\sum_{i=1}^{r}\lambda_iA_i$为谱分解式,$\lambda_i(i=1,2,\cdots,r)$是 A^HA 的r 个相异特征值.则有

$$A^+=\sum_{i=1}^{r}\lambda_i^-\frac{P_i(A^HA)}{P_i(\lambda_i)}A^H,$$

其中,$\lambda_i^-=\begin{cases}\lambda_i^{-1} & \text{当 } \lambda_i\neq 0 \text{ 时},\\ 0 & \text{当 } \lambda_i=0 \text{ 时},\end{cases}\quad P_i(\lambda)=\prod_{\substack{j=1\\ j\neq i}}^{r}(\lambda-\lambda_j).$

证　因 A^HA 是 Hermite 矩阵,故 A^HA 是单纯矩阵,从而可知存在 n 阶酉矩阵 U,使得

$$A^HA=U\Lambda U^H,$$

其中,$\Lambda=\mathrm{diag}\{\overbrace{\lambda_1,\cdots,\lambda_1}^{n_1},\overbrace{\lambda_2,\cdots,\lambda_2}^{n_2},\cdots,\overbrace{\lambda_r,\cdots,\lambda_r}^{n_r}\}$,其中 $\lambda_i(i=1,2,\cdots,r)$是 A^HA 的 n_i重特征值.由 M-P 广义逆矩阵的定义容易推出

$$\Lambda^+=\mathrm{diag}\{\overbrace{\lambda_1^-,\cdots,\lambda_1^-}^{n_1},\overbrace{\lambda_2^-,\cdots,\lambda_2^-}^{n_2},\cdots,\overbrace{\lambda_r^-,\cdots,\lambda_r^-}^{n_r}\}.$$

由 §5 定理 4 可知,

$$(AA^H)^+=(A^H)^+A^+,$$

并注意到 U 是酉矩阵,于是有

$$(U\Lambda U^H)^+=(U^H)^+(U\Lambda^H)^+=U(\Lambda^H)^+U^+=U\Lambda^+U^H,$$

即

$$(A^HA)^+=U\Lambda^+U^H.$$

类似于引理 2 可证得

$$(A^HA)^+=\sum_{i=1}^{r}\lambda_i^-A_i. \tag{6-77}$$

由 $P_i(\lambda)$的特性可知,

$$P_i(\lambda_j)=\begin{cases}P_i(\lambda_i) & j=i,\\ 0 & j\neq i\end{cases}$$

和　$P_i(A^HA)=(A^HA-\lambda_1E)\cdots(A^HA-\lambda_{i-1}E)(A^HA-\lambda_{i+1}E)\cdots$

$$(A^HA-\lambda_rE),$$

由引理 2 可知

$$P_i(A^HA)=P_i(\lambda_i)A_i,$$

从而有

$$A_i=\frac{P_i(A^HA)}{P_i(\lambda_i)}, \tag{6-78}$$

将式(6-78)代入式(6-77)可得

$$(A^HA)^+=\sum_{i=1}^{r}\lambda_i^-\frac{P_i(A^HA)}{P_i(\lambda_i)},$$

由 §5 定理 3 可知

$$A^+=(A^HA)^+A^H=\sum_{i=1}^{r}\lambda_i^-\frac{P_i(A^HA)}{P_i(\lambda_i)}A^H.$$

证毕

例 3 设矩阵 A 为

$$A=\begin{pmatrix}1&0&0\\0&1&-1\\1&0&0\\2&1&-1\end{pmatrix},$$

求 A 的 M-P 广义逆矩阵 A^+.

解 $$A^HA=\begin{pmatrix}1&0&1&2\\0&1&0&1\\0&-1&0&-1\end{pmatrix}\begin{pmatrix}1&0&0\\0&1&-1\\1&0&0\\2&1&-1\end{pmatrix}$$

$$=\begin{pmatrix}6&2&-2\\2&2&-2\\-2&-2&2\end{pmatrix},$$

$$\det(\lambda E_3-A^HA)=\begin{vmatrix}\lambda-6&-2&2\\-2&\lambda-2&2\\2&2&\lambda-2\end{vmatrix}=\lambda(\lambda-2)(\lambda-8),$$

于是求得 A^HA 的特征值为 $\lambda_1=2,\lambda_2=8,\lambda_3=0$,从而可知 $\lambda_1^-=1/2,\lambda_2^-=1/8,\lambda_3^-=0$,设

$$P_1(\lambda)=(\lambda-\lambda_2)(\lambda-\lambda_3)=\lambda(\lambda-8),$$

$$P_2(\lambda)=(\lambda-\lambda_1)(\lambda-\lambda_3)=\lambda(\lambda-2),$$

$$P_3(\lambda)=(\lambda-\lambda_1)(\lambda-\lambda_2)=(\lambda-2)(\lambda-8),$$

可求得

$$P_1(\lambda_1)=2(2-8)=-12,$$

$$P_2(\lambda_2)=8(8-2)=48,$$

因 $\lambda_3^-=0$,故没有必要求出 $P_3(\lambda_3)$,又

$$P_1(A^HA)=(A^HA-8E_3)A^HA,$$
$$P_2(A^HA)=(A^HA-2E_3)A^HA,$$

从而可求得

$$\begin{aligned}
A^+&=\left[\frac{1}{2}\frac{(A^HA-8E_3)A^HA}{-12}+\frac{1}{8}\frac{(A^HA-2E_3)A^HA}{48}\right]A^H\\
&=\frac{1}{8\times 48}(A^HA-2E_3-16A^HA+128E_3)A^HAA^H\\
&=\frac{1}{8\times 16}(42E_3-5A^HA)A^HAA^H\\
&=\frac{1}{8\times 16}\left(42\begin{pmatrix}1&0&0\\0&1&0\\0&0&1\end{pmatrix}-5\begin{pmatrix}6&2&-2\\2&2&-2\\-2&-2&2\end{pmatrix}\right)\\
&\quad\begin{pmatrix}6&2&-2\\2&2&-2\\-2&-2&2\end{pmatrix}\begin{pmatrix}1&0&1&2\\0&1&0&1\\0&-1&0&-1\end{pmatrix}\\
&=\frac{1}{8\times 16}\begin{pmatrix}12&-10&10\\-10&32&10\\10&10&32\end{pmatrix}\begin{pmatrix}6&4&6&16\\2&4&2&8\\-2&-4&-2&-8\end{pmatrix}\\
&=\frac{1}{8}\begin{pmatrix}2&-2&2&2\\-1&3&-1&1\\1&-3&1&-1\end{pmatrix}.
\end{aligned}$$

四、极限算法

引理 3 设 $B\in\mathbf{C}^{n\times n}$ 是 Hermite 矩阵,则有

$$BB^+=\lim_{\delta\to 0}(B+\delta E)^{-1}B=\lim_{\delta\to 0}B(B+\delta E)^{-1}=B^+B.$$

证 因为 B 是 Hermite 矩阵,故 B 的 n 个特征值 $\lambda_1,\lambda_2,\cdots,\lambda_n$ 都是实数,则 $B+\delta E$ 的特征值为 $\lambda_i+\delta\ (i=1,2,\cdots,n)$.对充分小的 $\delta\neq 0$,可使得 $\lambda_i+\delta\neq 0\ (i=1,2,\cdots,n)$,从而有 $\det(B+\delta E)\neq 0$,即 $B+\delta E$ 可逆.

另一方面,由于 B 是 Hermite 矩阵,故存在 n 阶酉矩阵 U,使得

$$B=U\Lambda U^H,$$

其中,$\Lambda=\mathrm{diag}\ (\lambda_1,\lambda_2,\cdots,\lambda_n)$,由 § 5 定理 4 可知,$B^+B=BB^+$,因此有

$$B=BB^+B=BBB^+=B^2B^+,$$

从而有

$$\begin{aligned}(B+\delta E)^{-1}B&=(B+\delta E)^{-1}B^2B^+\\&=[U(\Lambda+\delta E)U^H]^{-1}U\Lambda^2U^HB^+\\&=U(\Lambda+\delta E)^{-1}U^HU\Lambda^2U^HB^+\\&=U\operatorname{diag}\left(\frac{\lambda_1^2}{\lambda_1+\delta},\frac{\lambda_2^2}{\lambda_2+\delta},\cdots,\frac{\lambda_n^2}{\lambda_n+\delta}\right)U^HB^+,\end{aligned}$$

所以有

$$\begin{aligned}\lim_{\delta\to 0}(B+\delta E)^{-1}B&=U\lim_{\delta\to 0}\operatorname{diag}\left(\frac{\lambda_1^2}{\lambda_1+\delta},\frac{\lambda_2^2}{\lambda_2+\delta},\cdots,\frac{\lambda_n^2}{\lambda_n+\delta}\right)U^HB^+\\&=U\operatorname{diag}(\lambda_1,\lambda_2,\cdots,\lambda_n)U^HB^+=BB^+.\end{aligned}$$

同理可证

$$\lim_{\delta\to 0}B(B+\delta E)^{-1}=BB^+.$$

证毕

定理 5 设 $A\in\mathbf{C}^{m\times n}$,则有

$$A^+=\lim_{\delta\to 0}(A^HA+\delta^2E_n)^{-1}A^H=\lim_{\delta\to 0}A^H(AA^H+\delta^2E_m)^{-1}.$$

证 由于

$$A^H=A^H(A^H)^+A^H=A^H(AA^+)^H=A^HAA^+,$$

又因为 A^HA 是正定或半正定的 Hermite 矩阵,故对一切 $\delta\neq 0$,均有 $A^HA+\delta^2E_n$是可逆矩阵.并且由引理 2 可推知:

$$\begin{aligned}\lim_{\delta\to 0}(A^HA+\delta^2E_n)^{-1}A^H&=\lim_{\delta\to 0}(A^HA+\delta^2E_n)^{-1}A^HAA^+\\&=(A^HA)(A^HA)^+A^+\\&=A^+AA^+=A^+.\end{aligned}$$

同理可证得

$$A^+=\lim_{\delta\to 0}A^H(AA^H+\delta^2E_m)^{-1}.$$

证毕

例 4 设矩阵 A 为

$$A=\begin{pmatrix}-1&0&1\\2&0&-2\end{pmatrix},$$

求 A 的 M-P 广义逆矩阵 A^+.

解 $A^HA=\begin{pmatrix}-1&2\\0&0\\1&-2\end{pmatrix}\begin{pmatrix}-1&0&1\\2&0&-2\end{pmatrix}=\begin{pmatrix}5&0&-5\\0&0&0\\-5&0&5\end{pmatrix}$,

于是有

$$A^HA+\delta^2E_3=\begin{pmatrix}5+\delta^2&0&-5\\0&\delta^2&0\\-5&0&5+\delta^2\end{pmatrix},$$

容易求得

$$(A^HA+\delta^2E_3)^{-1}=\frac{1}{\delta^2(10+\delta^2)}\begin{pmatrix}5+\delta^2 & 0 & 5\\ 0 & 10+\delta^2 & 0\\ 5 & 0 & 5+\delta^2\end{pmatrix},$$

故有

$$\begin{aligned}A^+&=\lim_{\delta\to 0}(A^HA+\delta^2E_3)^{-1}A^H\\ &=\lim_{\delta\to 0}\frac{1}{\delta^2(10+\delta^2)}\begin{pmatrix}5+\delta^2 & 0 & 5\\ 0 & 10+\delta^2 & 0\\ 5 & 0 & 5+\delta^2\end{pmatrix}\begin{pmatrix}-1 & 2\\ 0 & 0\\ 1 & -2\end{pmatrix}\\ &=\lim_{\delta\to 0}\frac{1}{\delta^2(10+\delta^2)}\begin{pmatrix}-\delta^2 & 2\delta^2\\ 0 & 0\\ \delta^2 & -2\delta^2\end{pmatrix}\\ &=\begin{pmatrix}-\frac{1}{10} & \frac{2}{10}\\ 0 & 0\\ \frac{1}{10} & -\frac{2}{10}\end{pmatrix}.\end{aligned}$$

五、级数展开法

定理 6 设 $A\in\mathbf{C}_r^{m\times n}$，$\sigma_i(i=1,2,\cdots,n)$ 是 A 的 n 个奇异值，又令 $c=\max\limits_{1\leqslant i\leqslant n}\{\sigma_i^2\}$，取 $0<a<\frac{c}{2}$，则展开式 $a\sum\limits_{k=0}^{\infty}(E-aA^HA)^kA^H$ 收敛于 A^+，即

$$A^+=a\sum_{k=0}^{\infty}(E-aA^HA)^kA^H.$$

证 由 A 的奇异值分解可知，存在 m 阶酉矩阵 U 及 n 阶酉矩阵 V，使得

$$A=U\begin{pmatrix}D & 0\\ 0 & 0\end{pmatrix}V,$$

其中，$D=\mathrm{diag}(\sigma_1,\sigma_2,\cdots,\sigma_r)$，$\sigma_r$ 为 A 的正奇异值，则

$$A^+=V^H\begin{pmatrix}D^{-1} & 0\\ 0 & 0\end{pmatrix}U^H,$$

其中，$D^{-1}=\mathrm{diag}(\sigma_1^{-1},\sigma_2^{-1},\cdots,\sigma_r^{-1})$.

又因为

$$A^HA=V^H\begin{pmatrix}D&0\\0&0\end{pmatrix}U^HU\begin{pmatrix}D&0\\0&0\end{pmatrix}V=V^H\begin{pmatrix}D^2&0\\0&0\end{pmatrix}V,$$

于是有

$$(E-aA^HA)^k=V^H\left(E-a\begin{pmatrix}D^2&0\\0&0\end{pmatrix}\right)^kV,$$

$$a(E-aA^HA)^kA^H=aV^H\left(E-a\begin{pmatrix}D^2&0\\0&0\end{pmatrix}\right)^k\begin{pmatrix}D&0\\0&0\end{pmatrix}U^H,$$

将上式代入无穷级数,有

$$\begin{aligned}\sum_{k=0}^{\infty}a(E-aA^HA)^kA^H&=aV^H\sum_{k=0}^{\infty}\left(E-a\begin{pmatrix}D^2&0\\0&0\end{pmatrix}\right)^k\begin{pmatrix}D&0\\0&0\end{pmatrix}U^H\\&=aV^H\sum_{k=0}^{\infty}\begin{pmatrix}(E_r-aD^2)^k&0\\0&E_{n-r}\end{pmatrix}\begin{pmatrix}D&0\\0&0\end{pmatrix}U^H\\&=aV^H\begin{pmatrix}\frac{1}{a}(D^2)^{-1}&0\\0&E_{n-r}\end{pmatrix}\begin{pmatrix}D&0\\0&0\end{pmatrix}U^H\\&=V^H\begin{pmatrix}D^{-1}&0\\0&0\end{pmatrix}U^H\\&=A^+.\end{aligned}$$

证毕

值得注意的是,当 $A\in\mathbf{C}_n^{n\times n}$ 时,则有

$$A^{-1}=a\sum_{k=0}^{\infty}(E_n-aA^HA)^kA^H.$$

推论 1 在定理 6 的条件下,有

$$A^+=a\sum_{k=0}^{\infty}A^H(E_m-aAA^H)^k.$$

根据上面 A^+ 的无穷级数的展开式,就可以推得各种阶次的 A^+ 的迭代计算法.

§7 广义逆矩阵的应用

广义逆矩阵源于线性方程组,但是广义逆矩阵不仅与线性方程组的求解问题有关,而且在求解系统的最优控制时非常有用.广义逆矩阵的理论已经成为数理统计、最优化理论,现代控制理论和网络理论等学科的重要工具.本节我们着重介绍 A^- 与 A^+ 在矩阵方程,线性方程组求解中的应用.

一、矩阵方程的通解

定理 1 设 $A \in \mathbf{C}^{m\times n}, B \in \mathbf{C}^{p\times q}, D \in \mathbf{C}^{m\times q}$，则矩阵方程

$$AXB = D \tag{6-79}$$

有解的充要条件是存在 A^- 和 B^-，使得

$$AA^-DB^-B = D \tag{6-80}$$

成立.在有解的条件下，矩阵方程(6-79)的通解为

$$X = A^-DB^- + Y - A^-AYBB^-, \quad \forall Y \in \mathbf{C}^{n\times p}. \tag{6-81}$$

证 必要性.设式(6-79)有解 X，注意到

$$AA^-A = A, \qquad BB^-B = B,$$

于是可推知

$$\begin{aligned} D &= AXB = (AA^-A)X(BB^-B) = AA^-(AXB)(B^-B) \\ &= AA^-DB^-B. \end{aligned}$$

充分性.设有 A^-、B^- 使式(6-80)成立.设

$$X = A^-DB^-,$$

则 X 就是矩阵方程组(6-79)的解.

再证式(6-79)的通解为式(6-81).对任意 $Y \in \mathbf{C}^{n\times p}$，由(6-81)定义的 X 满足

$$\begin{aligned} AXB &= A[A^-DB^- + Y - A^-AYBB^-]B \\ &= AA^-DB^-B + AYB - AA^-AYBB^-B \\ &= D + AYB - AYB \\ &= D, \end{aligned}$$

所以，对任意 $Y \in \mathbf{C}^{n\times p}$，式(6-81)是(6-79)的解.

又设 $G \in \mathbf{C}^{n\times p}$ 是(6-79)的任意解，则有

$$AGB = D,$$

于是可推知

$$G = A^-DB^- + G - A^-DB^- = A^-DB^- + G - A^-AGBB^-,$$

即式(6-79)的任意解都可写成式(6-81)的形式.故式(6-81)是矩阵方程(6-79)的通解. 证毕

推论 1 设 $A \in \mathbf{C}^{m\times n}, D \in \mathbf{C}^{m\times p}$，则矩阵方程 $AX = D$ 有解的充要条件是存在 A^-，使得

$$AA^-D = D$$

成立，此时通解为

$$X = A^-D + Y - A^-AY \quad \forall Y \in \mathbf{C}^{n\times p}.$$

事实上，在定理 1 中取 $B = E$，可得推论 1.

推论 2 设 $B\in\mathbf{C}^{m\times n}$，$D\in\mathbf{C}^{p\times n}$，则 $XB=D$ 有解的充要条件是存在 B^-，使得

$$DB^-B=D$$

成立.此时 $XB=D$ 的通解为

$$X=DB^-+Y-YBB^-,\quad \forall Y\in\mathbf{C}^{p\times m}.$$

事实上，取 $A=E_p$，由定理 1 直接可得推论 2.

推论 3 设 $A\in\mathbf{C}^{m\times n}$，$b\in\mathbf{C}^m$，则方程组

$$Ax=b \tag{6-82}$$

有解的充要条件是存在 A^- 使得

$$AA^-b=b$$

成立.此时方程组(6-82)的通解为

$$x=A^-b+(E_n-A^-A)u,\quad \forall u\in\mathbf{C}^n.$$

推论 3 给出了方程组有解的充要条件及通解的表达式.特别取 $b=0$ 时，$Ax=0$ 的通解为

$$x=(E_n-A^-A)u\quad \forall u\in\mathbf{C}^n.$$

下面考虑两个方程组有公共解的情形.

定理 2 设 $A_1\in\mathbf{C}^{m\times n}$，$D_1\in\mathbf{C}^{m\times l}$，$A_2\in\mathbf{C}^{l\times p}$，$D_2\in\mathbf{C}^{n\times p}$，则

$$\begin{cases}A_1X=D_1,\\ XA_2=D_2\end{cases} \tag{6-83}$$

有公共解的充要条件是，两个方程分别有解，且

$$A_1D_2=D_1A_2, \tag{6-84}$$

在有公共解的条件下，通解为

$$X=X_0+(E_n-A_1^-A_1)Y(E_l-A_2A_2^-),\quad \forall Y\in\mathbf{C}^{n\times l}, \tag{6-85}$$

其中，X_0是(6-83)的一个解.

证 必要性.设方程式(6-83)有公共解 X，则

$$A_1X=D_1,\quad XA_2=D_2$$

同时成立，于是可知两个方程分别有解且

$$D_1A_2=(A_1X)A_2=A_1(XA_2)=A_1D_2,$$

即式(6-84)成立.

充分性.设式(6-83)的两个方程分别有解且式(6-84)成立.令

$$X=A_1^-D_1+D_2A_2^--A_1^-A_1D_2A_2^-,$$

由推论 1 和推论 2 可知

$$\begin{aligned}A_1X&=A_1A_1^-D_1+A_1D_2A_2^--A_1A_1^-A_1D_2A_2^-\\&=D_1+A_1D_2A_2^--A_1D_2A_2^-=D_1,\end{aligned}$$

$$\begin{aligned}XA_2&=A_1^-D_1A_2+D_2A_2^-A_2-A_1^-A_1D_2A_2^-A_2\\&=A_1^-D_1A_2+D_2-A_1^-D_1A_2A_2^-A_2\\&=D_2+A_1^-D_1A_2-A_1^-D_1A_2=D_2,\end{aligned}$$

即 X 就是矩阵方程(6-83)的公共解.

再证方程(6-83)的通解为(6-85).由于(6-83)有解,任取 X_0 是(6-83)的一个公共解,则

$$A_1(X-X_0)=0,\quad (X-X_0)A_2=0,$$

由此可知

$$R(X-X_0)\subset N(A_1),\qquad R(A_2)\subset N(X-X_0),$$

于是存在 Y、Z 使得

$$\begin{aligned}X-X_0&=(E_n-A_1^-A_1)Y=Z(E_l-A_2A_2^-)\\&=Z(E_l-A_2A_2^-)^2=(E_n-A_1^-A_1)Y(E_l-A_2A_2^-),\end{aligned}$$

即

$$X=X_0+(E_n-A_1^-A_1)Y(E_l-A_2A_2^-).$$

证毕

定理 3 设 A、$B\in\mathbf{C}^{m\times n}$,则方程组

$$\begin{cases}Ax=a,\\Bx=b\end{cases}\tag{6-86}$$

有解的充要条件是

$$(B^-b-A^-a)\in N(A)+N(B).\tag{6-87}$$

证 必要性.设式(6-86)有解 x,则有

$$Ax=a,\quad Bx=b,$$

同时成立.由推论 3 可知

$$x=A^-a+(E_n-A^-A)u,\quad \forall\, v\in\mathbf{C}^n$$

和

$$x=B^-b+(E_n-B^-B)v,\quad \forall\, v\in\mathbf{C}^n,$$

于是有

$$B^-b-A^-a=(E_n-A^-A)u-(E_n-B^-B)v\in N(A)+N(B).$$

充分性.设式(6-87)成立,即存在 $\tilde{a}\in N(A)$,$\tilde{b}\in N(B)$,使得

$$B^-b-A^-a=\tilde{a}+\tilde{b},$$

令

$$x=B^-b-\tilde{b}=A^-a+\tilde{a},$$

于是有

$$\begin{aligned}Ax&=AA^-a+A\tilde{a}=AA^-a=a,\\Bx&=BB^-b-B\tilde{b}=BB^-b=b,\end{aligned}$$

即 x 是式(6-86)的公共解.

证毕

二、相容方程的最小范数解

对于给定的相容方程组

$$Ax=b, \tag{6-88}$$

其中,$A\in \mathbf{C}^{m\times n}$,$b\in \mathbf{C}^{m}$,方程组(6-88)有解的充要条件是 $b\in R(A)$.如果 $b\in R(A)$时,称方程组(6-88)是相容方程组,否则称为不相容方程组.一般说来,对于相容方程组(6-88),往往其解不唯一,而在一些实际问题中,需要在多个解中寻求满足某种条件的解.下面介绍范数最小的解.

定义 1 设 $A\in \mathbf{C}^{m\times n}$,$b\in \mathbf{C}^{m}$,方程组(6-88)有解时,将所有的解中范数最小的解称为最小范数解.

为了讨论明确起见,我们采用的范数是欧几里得范数 $\|\cdot\|_2$.给定 $A\in \mathbf{C}^{m\times n}$,并记所有满足 Penrose 矩阵方程(6-1)、(6-3)的解的集合记为 $A\{1,3\}$,则我们有

定理 4 设 $D\in A\{1,3\}$,则 Db 是相容方程组(6-88)的最小范数解,并且方程组(6-88)的最小范数解唯一.

证 由方程组(6-88)相容,存在 x_0 使 $Ax_0=b$ 及 $ADA=A$ 可得

$$b=Ax_0=ADAx_0=ADb,$$

即 Db 是方程组(6-88)的一个解.

由推论 3 可知,方程组(6-88)的任意解为

$$x=Db+(E_n-DA)u,\quad \forall u\in \mathbf{C}^n,$$

于是有

$$\begin{aligned}\|x\|_2^2&=\|Db+(E_n-DA)u\|_2^2\\&=[Db+(E_n-DA)u]^H[Db+(E_n-DA)u]\\&=b^HD^HDb+u^H(E_n-A^HD^H)(E_n-DA)u+\\&\quad b^HD^H(E_n-DA)u+u^H(E_n-DA)^HDb\\&=\|Db\|_2^2+\|(E_n-DA)u\|_2^2+\\&\quad (Db)^H(E_n-DA)u+u^H(E_n-DA)^HDb,\end{aligned}$$

利用 $b=Ax_0$,于是有

$$\begin{aligned}(Db)^H(E_n-DA)u&=x_0^H(DA)^H(E_n-DA)u\\&=x_0^HDA(E_n-DA)u\\&=x_0^H(DA-DADA)u=0.\end{aligned}$$

同理可证 $$u^H(E_n-DA)^HDb=0.$$

故有

$$\|x\|_2^2=\|Db\|_2^2+\|(E_n-DA)u\|_2^2\geqslant\|Db\|_2^2, \tag{6-89}$$

由此可知 Db 是 $Ax=b$ 的最小范数解.

又设 x_1 是方程组(6-88)的最小范数解.则必有

$$\| x_1 \|_2^2 = \| Db \|_2^2,$$

且存在 $u_1 \in \mathbf{C}^n$，使得

$$x_1 = Db + (E_n - DA) u_1,$$

由式(6-89)可知

$$\| (E_n - DA) u_1 \|_2^2 = 0,$$

即
$$(E_n - DA) u_1 = 0,$$

于是可知 $x_1 = Db$，唯一性成立. 证毕

定理 4 的逆命题也成立.

定理 5 设 $D \in \mathbf{C}^{n\times m}$，对一切 $b \in \mathbf{C}^m$ 都使 Db 是相容方程组(6-88)的最小范数解，则必有 $D \in A\{1,3\}$.

证 设 $\alpha_i (i=1,2,\cdots,n)$ 是 A 的列向量，则有

$$A = (\alpha_1, \alpha_2, \cdots, \alpha_n),$$

由于

$$A[0,\cdots,0,\overset{i}{1},0,\cdots,0]^{\mathrm{T}} = \alpha_i \quad (i=1,2,\cdots,n),$$

故有 $\alpha_i \in R(A)$. 任取 $G \in A\{1,3\}$，由定理 4 可知，$G\alpha_i$ 是相容方程组 $Ax = \alpha_i (i=1,2,\cdots,n)$ 的最小范数解. 由题设 $D\alpha_i$ 也是 $Ax = \alpha_i (i=1,2,\cdots,n)$ 的最小范数解，由最小范数解的唯一性可知，$D\alpha_i = G\alpha_i (i=1,2,\cdots,n)$，从而有

$$DA = GA,$$

注意到 $G \in A\{1,3\}$，所以有

$$ADA = AGA = A,$$
$$(DA)^H = (GA)^H = GA = DA,$$

故 $D \in A\{1,3\}$. 证毕

三、不相容方程组的解

在许多实际问题中，如数据处理、与正态分布有关的统计问题等所涉及的线性方程组(6-88)往往是不相容的，即 $b \notin R(A)$. 为了研究不相容方程组，就产生了最小二乘法. 下面我们从简单的欧氏空间中的最小二乘法开始讨论.

设 $A \in \mathbf{R}^{m\times n}$，$b \in \mathbf{R}^m$，线性方程组

$$Ax = b$$

称为不相容的线性方程组，如果对任意 $x \in \mathbf{R}^n$，

$$f(x) = \| Ax - b \|_2^2 \tag{6-90}$$

都不为零.我们设法寻求 x_0,使得 $f(x_0)$ 为最小.这样的 x_0 称为方程组 $Ax=b$ 的最小二乘解,这种问题叫做最小二乘问题.

设 $\alpha_i(i=1,2,\cdots,n)$ 是矩阵 A 的列向量,$x=(x_1,x_2,\cdots,x_n)^{\mathrm{T}}\in R^n$,则

$$Ax=\sum_{i=1}^{n}x_i\alpha_i,$$

一切 Ax 的集合,即 $R(A)$ 是由 $\alpha_1,\alpha_2,\cdots,\alpha_n$ 生成的子空间 $L(\alpha_1,\alpha_2,\cdots,\alpha_n)$.因而寻找 x_0 使 $f(x)$ 在 $x=x_0$ 达到最小就转变成在 $L(\alpha_1,\alpha_2,\cdots,\alpha_n)$ 中寻找 y,使其与 b 的距离比 b 与子空间 $L(\alpha_1,\cdots,\alpha_n)$ 中其他任何向量的距离都短.这样的 $y=Ax$,显然必须且仅须使 $b-y=b-Ax$ 与 $L(\alpha_1,\alpha_2,\cdots,\alpha_n)$ 垂直.记

$$c=b-y=b-Ax,$$

则 c 垂直于空间 $L(\alpha_1,\alpha_2,\cdots,\alpha_n)$ 的充要条件是

$$(c,\alpha_i)=0\qquad(i=1,2,\cdots,n),$$

写成矩阵相乘的形式,即为

$$\alpha_i^{\mathrm{T}}c=0\qquad(i=1,2,\cdots,n),$$

于是有

$$(\alpha_1^{\mathrm{T}},\alpha_2^{\mathrm{T}},\cdots,\alpha_n^{\mathrm{T}})c=A^{\mathrm{T}}c=A^{\mathrm{T}}(b-Ax)=0,$$

或 $$A^{\mathrm{T}}b=A^{\mathrm{T}}Ax,$$

这就是方程 $Ax=b$ 的最小二乘解 x 满足的代数方程.它是一个相容的线性方程组.

一般说来,设 $A\in\mathbf{C}^{m\times n}$,$b\in\mathbf{C}^m$,方程组 $Ax=b$ 有解的充要条件是 $b\in R(A)$,即 $Ax=b$ 是相容方程组,此时相容方程组的解为 A^-b,因此利用广义逆矩阵 A^-,可以求解相容方程组的解.对于不相容方程组,即 $b\notin R(A)$,方程组 $Ax=b$ 是没有解的.我们的目的是寻求方程组(6-88)的近似解 $\bar{x}$,使得 $\|A\bar{x}-b\|_2$ 达到最小,即

$$\|A\bar{x}-b\|_2=\min_{x\in C^n}\|Ax-b\|_2.$$

定义 2 设 $A\in\mathbf{C}^{m\times n}$,$b\in\mathbf{C}^m$,如果有 $\bar{x}\in\mathbf{C}^n$,使得对一切 $x\in\mathbf{C}^n$,都有

$$\|A\bar{x}-b\|_2\leqslant\|Ax-b\|_2,$$

则称 $\bar{x}$ 是 $Ax=b$ 的最小二乘解.而该问题又称为最小二乘问题.

值得注意的是,最小二乘解并不是不相容方程组 $Ax=b$ 的解.为了叙述方便,我们用 $A\{1,4\}$ 表示对 $A\in\mathbf{C}^{m\times n}$,满足 Penrose 矩阵方程(6-1)、式(6-4)的所有矩阵 G 的集合,则我们有

定理 6 设 $G\in A\{1,4\}$，则 $x=Gb$ 是不相容方程组 $Ax=b$ 的最小二乘解.

证 由于

$$\begin{aligned}\|Ax-b\|_2^2&=\|Ax-b+AGb-AGb\|_2^2\\&=[Ax-b+AGb-AGb]^H[Ax-b+AGb-AGb]\\&=\|Ax-AGb\|_2^2+\|AGb-b\|_2^2+(AGb-b)^H(Ax-AGb)\\&\quad+(Ax-AGb)^H(AGb-b),\end{aligned}$$

又由 $G\in A\{1,4\}$，故有

$$\begin{aligned}(AGb-b)^H(Ax-AGb)&=(b^H(AG)^H-b^H)(Ax-AGb)\\&=(b^HAG-b^H)(Ax-AGb)\\&=b^HAGAx-b^HAx-b^HAGAGb+b^HAGb\\&=b^HAx-b^HAx-b^HAGb+b^HAGb=0,\end{aligned}$$

$$\begin{aligned}(Ax-AGb)^H(AGb-b)&=[(AGb-b)^H(Ax-AGb)]^H\\&=0,\end{aligned}$$

所以有

$$\|Ax-b\|_2^2=\|Ax-AGb\|_2^2+\|AGb-b\|_2^2\geqslant\|AGb-b\|_2^2,$$

由 $x\in\mathbf{C}^n$ 的任意性可知，Gb 是不相容方程组 $Ax=b$ 的最小二乘解.

证毕

不相容方程组 $Ax=b$ 的最小二乘解一般说来不是唯一的，为了求得最小二乘解的通解的表达形式，下面我们先证明一个引理.

引理 1 $x\in\mathbf{C}^n$ 是不相容方程组 $Ax=b$ 的最小二乘解的充要条件是 x 满足方程组

$$Ax=AGb,\tag{6-91}$$

其中，$G\in A\{1,4\}$.

证 由定理 6 的证明可知，若任取 $G\in A\{1,4\}$，则对任意 $x\in\mathbf{C}^n$ 均有

$$\|Ax-b\|_2^2=\|AGb-b\|_2^2+\|Ax-AGb\|_2^2.\tag{6-92}$$

必要性. 如果 x 是不相容方程组 $Ax=b$ 的最小二乘解，则有

$$\|Ax-b\|_2^2=\|AGb-b\|_2^2,$$

由式(6-92)可知，

$$\|Ax-AGb\|_2^2=0,$$

于是有

$$Ax-AGb=0,$$

即 x 满足式(6-91).

充分性.如果 x 满足方程组(6-91),则必有

$$\|Ax-b\|_2^2=\|AGb-b\|_2^2,$$

即 x 是不相容方程组 $Ax=b$ 的最小二乘解. 证毕

定理 7 不相容方程组 $Ax=b$ 的最小二乘解的通解为

$$x=Gb+(E_n-A^-A)u \qquad \forall u\in \mathbf{C}^n, \tag{6-93}$$

其中,$G\in A\{1,4\}$.

证 由引理可知,x 是不相容方程组 $Ax=b$ 的最小二乘解的充要条件为 x 满足方程组

$$Ax=AGb,$$

即 x 是方程组

$$A(x-Gb)=0$$

的解.由推论 3 可知,其通解为

$$x-Gb=(E_n-A^-A)u, \quad \forall u\in \mathbf{C}^n$$

即式(6-93)是通解. 证毕

特别地,通解(6-93)又可写成

$$x=Gb+(E_n-GA)u, \quad \forall u\in \mathbf{C}^n$$

或

$$x=A^+b+(E_n-A^+A)u, \quad \forall u\in \mathbf{C}^n.$$

有时,最小二乘解还不能反映一些实际问题的本质,因而我们引入不相容方程组 $Ax=b$ 的最佳逼近解的概念.

定义 3 设 x_0是不相容方程组 $Ax=b$ 的最小二乘解,如果对方程组的任意最小二乘解 $\bar{x}$,均有

$$\|x_0\|_2\leqslant\|\bar{x}\|_2,$$

则称 x_0是不相容方程组 $Ax=b$ 的最佳最小二乘解,简称最佳逼近解.

当 $b\in R(A)$ 时,方程组 $Ax=b$ 的解和它的最佳逼近解一致.当 $b\notin R(A)$ 时,求最佳逼近解的问题可以转化为求 b 到子空间 $R(A)$ 的最短距离的问题.由 §5 定理 3 可知,AA^+ 是从 $\mathbf{C}^m$ 到 $R(A)$ 上的正交投影,可以想到"垂足"$(AA^+)b$ 到 b 的距离最近.

定理 8 设 $A\in \mathbf{C}^{m\times n}$,$b\in \mathbf{C}^m$,则 $x_0=A^+b$ 是方程组 $Ax=b$ 的最佳逼近解.

证 任取 $x\in \mathbf{C}^n$,我们有

$$\begin{aligned}Ax-b&=Ax-AA^+b-b+AA^+b\\&=A(x-A^+b)+(E_m-AA^+)(-b),\end{aligned}$$

因为(E_m-AA^+)是从 C^m 到 $R^\perp(A)$上的正交投影,而且 $A(x-A^+b)\in R(A)$,故上式右端两个向量正交.所以有

$$\|Ax-b\|_2^2=\|A(x-A^+b)\|_2^2+\|(E_m-AA^+)(-b)\|_2^2$$
$$=\|A(x-x_0)\|_2^2+\|A(A^+b)-b\|_2^2, \tag{6-94}$$

从而有

$$\|A(A^+b)-b\|_2\leqslant\|Ax-b\|_2,\quad \forall x\in\mathbf{C}^n, \tag{6-95}$$

即 $x_0=A^+b$ 是 $Ax=b$ 的一个最小二乘解.

设 $\bar{x}$ 是方程组 $Ax=b$ 的任意最小二乘解,则

$$\|A\bar{x}-b\|_2\leqslant\|A(A^+b)-b\|_2, \tag{6-96}$$

由式(6-95)和式(6-96)可推得

$$\|A\bar{x}-b\|_2=\|A(A^+b)-b\|_2,$$

由式(6-94)可知

$$A(\bar{x}-x_0)=0,$$

即 $\bar{x}-x_0\in N(A)$,又 $x_0=A^+b\in R(A^H)$,且 $R(A^H)$ 与 $N(A)$ 正交,故 x_0 与 $\bar{x}-x_0$ 正交.因此有

$$\|\bar{x}\|_2^2=\|x_0+\bar{x}-x_0\|_2^2=\|x_0\|_2^2+\|\bar{x}-x_0\|_2^2\geqslant\|x_0\|_2^2,$$

故 $x_0=A^+b$ 是 $Ax=b$ 的最佳逼近解. 证毕

推论 4 设矩阵方程 $AX=B$,其中 $A\in\mathbf{C}^{m\times n}$,$B\in\mathbf{C}^{m\times l}$,则 $X_0=A^+B$是该矩阵方程的最佳逼近解.

例 1 求线性方程组

$$\begin{pmatrix}1&0&-1&1\\0&2&2&2\\-1&4&5&3\end{pmatrix}x=\begin{pmatrix}4\\1\\2\end{pmatrix} \tag{6-97}$$

的最佳逼近解.

解 容易验证

$$\mathrm{rank}A=2\neq\mathrm{rank}(A\quad b)=3,$$

则方程组(6-97)是不相容方程组,A 既不是列满秩,也不是行满秩,故 A^HA和 AA^H都不可逆.利用 A 的最大秩分解来求 A^+,容易求得

$$A=BD=\begin{pmatrix}1&0\\0&2\\-1&4\end{pmatrix}\begin{pmatrix}1&0&-1&1\\0&1&1&1\end{pmatrix},$$

则有

$$A^+=D^H(DD^H)^{-1}(B^HB)^{-1}B^H$$
$$=\begin{pmatrix}1&0\\0&1\\-1&1\\1&1\end{pmatrix}\left(\begin{pmatrix}1&0&-1&1\\0&1&1&1\end{pmatrix}\begin{pmatrix}1&0\\0&1\\-1&1\\1&1\end{pmatrix}\right)^{-1}$$

$$\left(\begin{pmatrix}1&0&-1\\0&2&4\end{pmatrix}\begin{pmatrix}1&0\\0&2\\-1&4\end{pmatrix}\right)^{-1}\begin{pmatrix}1&0&-1\\0&2&4\end{pmatrix}$$

$$=\begin{pmatrix}1&0\\0&1\\-1&1\\1&1\end{pmatrix}\begin{pmatrix}3&0\\0&3\end{pmatrix}^{-1}\begin{pmatrix}2&-4\\-4&20\end{pmatrix}^{-1}\begin{pmatrix}1&0&-1\\0&2&4\end{pmatrix}$$

$$=\frac{1}{18}\begin{pmatrix}1&0\\0&1\\-1&1\\1&1\end{pmatrix}\begin{pmatrix}5&1\\1&\frac{1}{2}\end{pmatrix}\begin{pmatrix}1&0&-1\\0&2&4\end{pmatrix}$$

$$=\frac{1}{18}\begin{pmatrix}5&2&-1\\1&1&1\\-4&-1&2\\6&3&0\end{pmatrix},$$

故方程组(6-97)的最佳逼近解是

$$x_0=A^+b=\frac{1}{18}\begin{pmatrix}5&2&-1\\1&1&1\\-4&-1&2\\6&3&0\end{pmatrix}\begin{pmatrix}4\\1\\2\end{pmatrix}=\frac{1}{18}\begin{pmatrix}20\\7\\-13\\27\end{pmatrix}.$$

四、最佳拟合曲线

在科技应用中，常常要求寻找经验公式.设由观测或实验得到物理量 x 与 y 的一组数据为

$$(x_1,y_1),(x_2,y_2),\cdots,(x_m,y_m),$$

其中，$x_i(i=1,2,\cdots,m)$ 互不相同，我们希望通过这些数据，找出连续变量 x 的函数 $y=f(x)$，使得它能“最好”地反映物理量 x 与 y 之间的依赖关系.

所谓“最好”地反映是指以

$$d_i=f(x_i)-y_i \qquad (i=1,2,\cdots,m) \tag{6-98}$$

为分量的误差向量

$$d=(d_1,d_2,\cdots,d_m)^{\mathrm T}$$

“最小”，即向量范数 $\|d\|_2$ 最小.此时称函数 $y=f(x)$ 的图形是数据 (x_i,y_i) $(i=1,2,\cdots,m)$ 的最佳拟合曲线.

在许多情形下,式(6-98)可写成向量方程

$$d=A\beta-b$$

的形式,其中 $A\in\mathbf{C}^{m\times n}$,$\beta\in\mathbf{C}^{n}$,根据定理 8 可知

$$\|d\|_2=\|A\beta-b\|_2$$

最小的最佳逼近解就是 $\beta=A^{+}b$.

工程中最常用的是试图寻找一个 n 次多项式

$$y=f(x)=\beta_0+\beta_1x+\cdots+\beta_nx^n, \tag{6-99}$$

它是最好地拟合 m 个数据点:

$$(a_i,b_i)\qquad(i=1,2,\cdots,m),$$

且其误差向量

$$d=(d_1,d_2,\cdots,d_m)^{\mathrm{T}}$$

的分量是

$$d_i=\sum_{j=0}^{n}\beta_ia_i^j-b_i\qquad(i=1,2,\cdots,m),$$

求形如式(6-99)的最佳拟合曲线等价于求解方程组

$$\begin{pmatrix}1&a_1&a_1^2&\cdots&a_1^n\\1&a_2&a_2^2&\cdots&a_2^n\\\vdots&&&&\vdots\\1&a_m&a_m^2&\cdots&a_m^n\end{pmatrix}\begin{pmatrix}\beta_0\\\beta_1\\\vdots\\\beta_n\end{pmatrix}=\begin{pmatrix}b_1\\b_2\\\vdots\\b_m\end{pmatrix} \tag{6-100}$$

的最佳逼近解.而式(6-100)的最佳逼近解为

$$\beta=(\beta_0,\beta_1,\cdots,\beta_n)^{\mathrm{T}}=A^{+}b,$$

其中,$A\in\mathbf{C}^{m\times(n+1)}$是式(6-100)左端的系数矩阵,$b$ 是式(6-100)右端的向量.

例 2 设有一组实验数据

$$(1,2),(2,3),(3,5),(4,7).$$

从数据点的趋势看接近于直线.实验者希望使直线 $y=\beta_0+\beta_1x$ 与数据点最好地拟合,即求出最佳拟合直线.

解 把数据代入 $y=\beta_0+\beta_1x$ 后得方程组

$$\begin{pmatrix}1&1\\1&2\\1&3\\1&4\end{pmatrix}\begin{pmatrix}\beta_0\\\beta_1\end{pmatrix}=\begin{pmatrix}2\\3\\5\\7\end{pmatrix},$$

因为 A 是列满秩矩阵.容易算得

$$A^HA=\begin{pmatrix}4&10\\10&30\end{pmatrix}$$

是可逆矩阵，于是有

$$\beta=\begin{pmatrix}\beta_0\\ \beta_1\end{pmatrix}=A^+b=(A^HA)^{-1}A^Hb$$

$$=\begin{pmatrix}4&10\\10&30\end{pmatrix}^{-1}\begin{pmatrix}1&1&1&1\\1&2&3&4\end{pmatrix}\begin{pmatrix}2\\3\\5\\7\end{pmatrix}$$

$$=\begin{pmatrix}\dfrac{3}{2}&-\dfrac{1}{2}\\-\dfrac{1}{2}&\dfrac{1}{5}\end{pmatrix}\begin{pmatrix}17\\51\end{pmatrix}=\begin{pmatrix}0\\1.7\end{pmatrix},$$

则最佳拟合直线为

$$y=1.7x,$$

误差是

$$\|d\|_2=\|A\beta-b\|_2=\sqrt{0.3}.$$

例 3 设卫星的轨道为标准椭圆，若测得它的位置坐标为

$$(1,1),(0,2),(-1,1),(-1,2).$$

求最佳拟合观测点的标准椭圆方程.

解 因椭圆要通过 4 个观测点，故观测点的坐标应满足方程

$$\frac{x^2}{a^2}+\frac{y^2}{b^2}=1,$$

即
$$x_i^2\beta_0+y_i^2\beta_1=1\qquad(i=1,2,3,4),$$

其中，$\beta_0=\dfrac{1}{a^2}$，$\beta_1=\dfrac{1}{b^2}$. 由于观测量的误差，这样的椭圆实际上是不存在的. 只能求得最佳拟合观测点的椭圆. 即 (x_i,y_i) 满足方程

$$d_i=\beta_0x_i^2+\beta_1y_i^2-1\qquad(i=1,2,3,4),$$

亦即有

$$\begin{pmatrix}d_1\\d_2\\d_3\\d_4\end{pmatrix}=\begin{pmatrix}x_1^2&y_1^2\\x_2^2&y_2^2\\x_3^2&y_3^2\\x_4^2&y_4^2\end{pmatrix}\begin{pmatrix}\beta_0\\ \beta_1\end{pmatrix}-\begin{pmatrix}1\\1\\1\\1\end{pmatrix},$$

代入具体数据得方程组

$$\begin{pmatrix}1&1\\0&4\\1&1\\1&4\end{pmatrix}\begin{pmatrix}\beta_0\\\beta_1\end{pmatrix}=\begin{pmatrix}1\\1\\1\\1\end{pmatrix},$$

则

$$\beta=\begin{pmatrix}\beta_0\\\beta_1\end{pmatrix}=A^+b=(A^HA)^{-1}A^Hb$$

$$=\left(\begin{pmatrix}1&0&1&1\\1&4&1&4\end{pmatrix}\begin{pmatrix}1&1\\0&4\\1&1\\1&4\end{pmatrix}\right)^{-1}\begin{pmatrix}1&0&1&1\\1&4&1&4\end{pmatrix}\begin{pmatrix}1\\1\\1\\1\end{pmatrix}$$

$$=\begin{pmatrix}3&6\\6&34\end{pmatrix}^{-1}\begin{pmatrix}3\\10\end{pmatrix}$$

$$=\begin{pmatrix}\frac{17}{33}&-\frac{1}{11}\\-\frac{1}{11}&\frac{1}{22}\end{pmatrix}\begin{pmatrix}3\\10\end{pmatrix}=\begin{pmatrix}\frac{7}{11}\\\frac{2}{11}\end{pmatrix},$$

于是最佳拟合观测点的椭圆方程是

$$\frac{7}{11}x^2+\frac{2}{11}y^2=1,$$

误差是

$$\|d\|_2=\|AA^+b-b\|_2=\frac{\sqrt{33}}{11}.$$

现在把上面的方法加以推广，以函数

$$y=\sum_{i=1}^{n}\beta_i f_i$$

代替多项式，其中 f_i 是单变量或多变量函数. 方程 $d=A\beta-b$ 中矩阵 $A=(a_{ij})$ 的元 a_{ij} 是第 j 个函数在第 i 个数据点处的函数值.

例 4 求参数 β_i，使函数

$$y=\beta_1x+\beta_2x^2+\beta_3\sin x$$

最佳拟合如下数据点

$$(0,1),\left(\frac{\pi}{4},2\right),\left(\frac{\pi}{2},3\right),(\pi,4).$$

解 令 $f_1(x)=x, f_2(x)=x^2, f_3(x)=\sin x$，问题转化为求方程组

$$\begin{pmatrix} 0 & 0 & 0 \\ \frac{\pi}{4} & \frac{\pi^2}{16} & \frac{\sqrt{2}}{2} \\ \frac{\pi}{2} & \frac{\pi^2}{4} & 1 \\ \pi & \pi^2 & 0 \end{pmatrix} \begin{pmatrix} \beta_1 \\ \beta_2 \\ \beta_3 \end{pmatrix} = \begin{pmatrix} 1 \\ 2 \\ 3 \\ 4 \end{pmatrix}$$

的最佳逼近解.

因系数矩阵是列满秩的,故

$$\beta = A^+ b = (A^H A)^{-1} A^H b$$

$$= \begin{pmatrix} \frac{21}{16}\pi^2 & \frac{73}{64}\pi^3 & \frac{4+\sqrt{2}}{8}\pi \\ \frac{73}{64}\pi^3 & \frac{273}{256}\pi^4 & \frac{8+\sqrt{2}}{32}\pi^3 \\ \frac{4+\sqrt{2}}{8}\pi & \frac{8+\sqrt{2}}{32}\pi^3 & \frac{3}{2} \end{pmatrix}^{-1} \begin{pmatrix} 0 & \frac{\pi}{4} & \frac{\pi}{2} & \pi \\ 0 & \frac{\pi^2}{16} & \frac{\pi^2}{4} & \pi^2 \\ 0 & \frac{\sqrt{2}}{2} & 1 & 0 \end{pmatrix} \begin{pmatrix} 1 \\ 2 \\ 3 \\ 4 \end{pmatrix}$$

$$= (9.967\,5, -2.767\,5, -5.829\,5)^{\mathrm{T}}.$$

最后说明一点,为什么要用 M-P 广义逆矩阵求解不相容方程.因为 AA_l^- 是从 C^m 到 $R(A)$ 上的投影,故 $x_0 = A_l^- b$ 也是不相容方程组 $Ax = b$ 的最小二乘解.一般说来,计算 $A_l^- b$ 比算 A^+ 简单.因此,统计学领域对 A_l^- 很感兴趣.但是,计算出的最小二乘解不一定唯一,即用不同的方法求出的 A_l^- 相差较大,难于验证结果.但不管用何种方法算出的 A^+ 是唯一的,而最小二乘解 $x_0 = A^+ b$ 是唯一的,而且还是最佳的.

习 题 六

1. 设矩阵为

$$A = \begin{pmatrix} 2 & 3 & 1 & -1 \\ 5 & 8 & 0 & 1 \\ 1 & 2 & -2 & 3 \end{pmatrix},$$

求广义逆矩阵 A^-, A_r^-.

2. 设 $A \in \mathbf{C}^{n \times n}$，证明：总有广义逆矩阵 A^- 存在.

3. 设 $A \in \mathbf{C}^{m \times n}$，证明 $(A^-)^{\mathrm{T}} \in A^{\mathrm{T}}\{1\}$.

4. 设 $P \in \mathbf{C}^{m \times m}$，$Q \in \mathbf{C}^{n \times n}$ 均为可逆矩阵，且有 $B = PAQ$，证明：$Q^{-1}A^-P^{-1} \in B\{1\}$.

5. 证明：$O_{m \times n}$ 的自反广义逆矩阵仅为 $O_{n \times m}$.

6. 设 $A \in \mathbf{C}^{m \times n}$，$Y \in \mathbf{C}^{n \times r}$，$Z \in \mathbf{C}^{r \times m}$，且

$$ZAY = E_r,$$

则 $A_r^- = YZ$ 是 A 的自反广义逆矩阵.

7. 设矩阵为

$$A = \begin{pmatrix} 1 & 0 & 2 \\ 2 & 1 & 5 \\ 0 & 1 & -1 \\ 1 & 3 & -1 \end{pmatrix},$$

求 M-P 广义逆矩阵 A^+.

8. 设 $A \in \mathbf{C}^{m \times n}$，$D, G \in A\{1\}$，试证明：$GAD \in A\{1,2\}$.

9. 设 $A^2 = A = A^H$，试证明：$A = A^+$.

10. 设 $A = A^H$，证明：

$$(A^2)^+ = (A^+)^2 \quad AA^+ = A^+A \quad A^+A^2 = A^2A^+,$$
$$A^2(A^2)^+A^+ = (A^2)^+A^2 = AA^+.$$

11. 若 A 的最大秩分解为 $A = BC$，证明：

$$A^+ = B^+C^+.$$

12. 证明：$(A^+)^+ = A$.

13. 试证明：

$$(A^HA)^+ = A^+(A^H)^+, \qquad (AA^H)^+ = (A^H)^+A^+,$$
$$(A^HA)^+ = A^+(AA^H)^+A = A^H(AA^H)^+(A^H)^+,$$
$$AA^+ = (AA^H)(AA^H)^+ = (AA^H)^+(AA^H).$$

14. 设 $U \in \mathbf{C}^{m \times m}$ 与 $V \in \mathbf{C}^{n \times n}$ 均是酉矩阵，证明：

$$(UAV^H)^+ = VA^+U^H.$$

15. 若 A 是正规矩阵，证明：

(1) $A^+A = AA^+$；

(2) $(A^n)^+ = (A^+)^n$.

16. 若 $ABA = A$，$(BA)^H = BA$，$AGA = A$，$(AG)^H = AG$，则 $BAG = A^+$.

17. 试证明：$(A \otimes B)^+ = A^+ \otimes B^+$.

18. 试利用各种方法求 A^+：

(1) $A = \begin{pmatrix} 1 & 2 \\ 0 & 0 \\ 2 & 4 \end{pmatrix}$，(2) $A = \begin{pmatrix} 1 & 2 & -1 \\ 0 & -1 & 2 \end{pmatrix}$，(3) $A = \begin{pmatrix} i & 0 \\ 1 & i \\ 0 & 1 \end{pmatrix}$，

(4) $A=\begin{pmatrix}1&2&0\\0&0&2\\2&4&0\end{pmatrix}$,(5) $A=\begin{pmatrix}1&0&0\\0&1&-1\\1&0&0\\2&1&-1\end{pmatrix}$.

19. 证明:方程组

$$A^H Ax=A^H b$$

是相容的,其中 $A\in\mathbf{C}^{m\times n}$,$b\in\mathbf{C}^m$.

20. 已知

$$A=\begin{pmatrix}1&2\\0&0\\2&4\end{pmatrix},b=\begin{pmatrix}1\\0\\2\end{pmatrix},$$

求方程组 $Ax=b$ 的通解及最小范数解.

21. 验证下列方程组是不相容的,并用 A^+求它的最佳逼近解:

(1) $\begin{pmatrix}0&0&2\\1&1&0\\0&0&1\\1&1&1\end{pmatrix}x=\begin{pmatrix}1\\1\\1\\1\end{pmatrix}$;

(2) $\begin{pmatrix}0&2i&i&0&4+2i&1\\0&0&0&-3&-6&-2-3i\\0&2&1&1&4-6i&1\end{pmatrix}x=\begin{pmatrix}-i\\1\\1\end{pmatrix}$.

22. 已知

$$A=\begin{pmatrix}1&0&2\\2&0&4\end{pmatrix}^{\mathrm{T}},b=(0\quad 1\quad 0)^{\mathrm{T}},$$

求方程组 $Ax=b$ 的最小二乘解和最佳逼近解.

23. 设 A 是对称矩阵,$M=A^+$,证明:$M^2=(A^2)^+$.

24. 设 $A\in\mathbf{C}^{m\times m}$和 $B\in\mathbf{C}^{n\times n}$ 均可逆,证明:

(1) 若 $D\in\mathbf{C}^{m\times n}$是左可逆的,则 ADB 是左可逆的;

(2) 若 $D\in\mathbf{C}^{m\times n}$是右可逆的,则 ADB 是右可逆的.

25. 求 $A_1=\begin{pmatrix}1&0&0\\0&0&0\end{pmatrix}$ 和 $A_2=\begin{pmatrix}1&0\\0&0\\0&0\end{pmatrix}$ 的 A_1^+ 和 A_2^+.

26. 已知一组数据:(-3,9),(-2,6),(0,2),(1,1),求数据拟合的最佳二次抛物线,并计算误差.

第七章　非负矩阵理论

非负矩阵理论是研究元素非负的实矩阵的理论.它起源于由 Perron 发现,后来由 Frobenius 发展的关于非负矩阵谱半径的一个优美结果.自此以后,由于它与数值分析、经济数学、概率论、组合数学和控制论等学科有密切联系,近年来,其研究发展迅速,今天已成为矩阵理论中最活跃的领域之一.

§1　非负矩阵的基本不等式

本章中,我们需要如下记号:

设 $A=(a_{ij})\in\mathbf{C}^{m\times n}$,$B=(b_{ij})\in\mathbf{C}^{m\times n}$,记

$B\geqslant 0$　　如果所有 $b_{ij}\geqslant 0$;

$B>0$　　如果所有 $b_{ij}>0$;

$A\geqslant B$　　如果 $A-B\geqslant 0$;

$A>B$　　如果 $A-B>0$,

$|A|=(|a_{ij}|)$.

若 $A\geqslant 0$,则称 A 为非负矩阵;若 $A>0$,则称 A 为正矩阵.

首先,我们给出下面极常用的谱半径不等式.

定理 1　设 $A,B\in\mathbf{C}^{n\times n}$,若 $|A|\leqslant B$,则

$$r(A)\leqslant r(|A|)\leqslant r(B).$$

证　因 $|A|\leqslant B$,所以,$\forall m=1,2,\cdots$,有

$$|A^m|\leqslant |A|^m,$$
$$|A|^m\leqslant B^m,$$

因而由矩阵范数 $\|\cdot\|_2$ 定义有

$$\|A^m\|_2\leqslant \||A|^m\|_2\leqslant \|B^m\|_2,$$
$$\|A^m\|_2^{1/m}\leqslant \||A|^m\|_2^{1/m}\leqslant \|B^m\|_2^{1/m}\quad m=1,2,\cdots,$$

于是由

$$r(A)=\lim_{m\to\infty}\|A^m\|_2^{1/m},$$

得 $r(A)\leqslant r(|A|)\leqslant r(B)$.　　证毕

推论 1　设 $A,B\in\mathbf{C}^{n\times n}$,$0\leqslant A\leqslant B$,则

$$r(A)\leqslant r(B).$$

定理 2 设 $A\in\mathbf{C}^{n\times n}$, $A\geqslant 0$, 若 A_1 为 A 的任一主子阵, 则

$$r(A_1)\leqslant r(A),$$

特别地, $\max\limits_{1\leqslant i\leqslant n} a_{ii}\leqslant r(A)$.

证 设 A_1 为 A 的某 k 阶子阵 $(1\leqslant k\leqslant n)$, A_2 为由 A_1 扩充而得 n 阶矩阵, 扩充的元素全为零, 且 A_1 在 A_2 中的位置与 A_1 在 A 的位置相同. 显然

$$r(A_1)=r(A_2),$$

又 $0\leqslant A_2\leqslant A$, 于是由定理 1 的推论得

$$r(A_1)=r(A_2)\leqslant r(A).$$

若取 $k=1$, 则得

$$\max_{1\leqslant i\leqslant n} a_{ii}\leqslant r(A).$$ 证毕

定理 2 提供了非负矩阵谱半径的下界估计, 而定理 1 给出了任意复方阵谱半径上界的估计.

我们下面来讨论非负矩阵谱半径较好的估计.

引理 设 $A\in\mathbf{C}^{n\times n}$, $A\geqslant 0$, 若 A 的所有行和都相等, 则

$$r(A)=\|A\|_\infty,$$

若 A 的所有列和都相等, 则

$$r(A)=\|A\|_1.$$

证 熟知, 对于任意相容的矩阵范数 $\|\cdot\|$ 有

$$r(A)\leqslant\|A\|,$$

因 A 的所有行和均相等, 则易知对于 $x=(1,1,\cdots,1)^{\mathrm{T}}$, 有

$$Ax=\|A\|_\infty x,$$

即 $\|A\|_\infty$ 为 A 的特征值, 因而

$$r(A)\geqslant\|A\|_\infty,$$

故 $r(A)=\|A\|_\infty$.

若 A 的列和均相等, 则对 A^{T} 用同样的证明知引理的后半部分也成立. 证毕

定理 3(Frobenius) 设 $A\in\mathbf{C}^{n\times n}$, $A\geqslant 0$, 则

$$\min_{1\leqslant i\leqslant n}\sum_{j=1}^{n} a_{ij}\leqslant r(A)\leqslant\max_{1\leqslant i\leqslant n}\sum_{j=1}^{n} a_{ij},$$

$$\min_{1\leqslant j\leqslant n}\sum_{i=1}^{n} a_{ij}\leqslant r(A)\leqslant\max_{1\leqslant j\leqslant n}\sum_{i=1}^{n} a_{ij}.$$

证 设 $r=\min\limits_{1\leqslant i\leqslant n}\sum\limits_{j=1}^{n}a_{ij}$，构作矩阵 B，使

$$A\geqslant B\geqslant 0,$$

且 $\sum\limits_{j=1}^{n}b_{ij}=r, i=1,2,\cdots,n$. 若 $r=0$，则令 $B=0$. 若 $r>0$，则令

$$B=(b_{ij})=\left(ra_{ij}\left(\sum_{j=1}^{n}a_{ij}\right)^{-1}\right),$$

那么，据引理有

$$r(B)=r,$$

于是，由定理 1 的推论得

$$r(A)\geqslant r(B)=r=\min_{1\leqslant i\leqslant n}\sum_{j=1}^{n}a_{ij}.$$

将上述证法应用于 A^{T}，则得到

$$r(A)\geqslant\min_{1\leqslant j\leqslant n}\sum_{i=1}^{n}a_{ij}.$$

用类似的方法易证定理中关于 $r(A)$ 上界估计也成立. 证毕

推论 设 $A\in\mathbf{C}^{n\times n}$，$A\geqslant 0$，且对所有 $i=1,\cdots,n$ 有 $\sum\limits_{j=1}^{n}a_{ij}>0$，则 $r(A)>0$. 特别地，若 $A>0$，则 $r(A)>0$.

利用相似矩阵谱半径相同，我们有下面更一般的结果.

定理 4 设 $A\in\mathbf{C}^{n\times n}$，$A\geqslant 0$，则对任意正向量 $x\in\mathbf{C}^{n}$，有

$$\min_{1\leqslant i\leqslant n}\frac{1}{x_i}\sum_{j=1}^{n}a_{ij}x_j\leqslant r(A)\leqslant\max_{1\leqslant i\leqslant n}\frac{1}{x_i}\sum_{j=1}^{n}a_{ij}x_j,$$

和

$$\min_{1\leqslant j\leqslant n}x_j\sum_{i=1}^{n}\frac{a_{ij}}{x_i}\leqslant r(A)\leqslant\max_{1\leqslant j\leqslant n}x_j\sum_{i=1}^{n}\frac{a_{ij}}{x_i}.$$

证 设 $x=(x_1,x_2,\cdots,x_n)\in\mathbf{C}^{n}$，$x>0$，取 $D=\mathrm{diag}\,(x_1,x_2,\cdots,x_n)$，则

$$D^{-1}AD=(a_{ij}x_jx_i^{-1}),$$

$$r(A)=r(D^{-1}AD),$$

且由 $A\geqslant 0$ 知 $D^{-1}AD\geqslant 0$，于是据定理 3 知结论成立. 证毕

推论 1 设 $A\in\mathbf{C}^{n\times n}$，$x\in\mathbf{R}^{n}$，$A\geqslant 0$，$x>0$，$\alpha,\beta\geqslant 0$ 使得 $\alpha x\leqslant Ax\leqslant\beta x$，则

$$\alpha\leqslant r(A)\leqslant\beta;$$

若 $\alpha x<Ax\,(\alpha x\leqslant Ax)$，则

$$\alpha<r(A)\ (\alpha\leqslant r(A))\,;$$

若 $Ax<\beta x\,(Ax\leqslant\beta x)$,则

$$r(A)<\beta\ (r(A)\leqslant\beta).$$

证 若 $\alpha x\leqslant Ax$,则

$$\alpha\leqslant\min_{1\leqslant i\leqslant n}\frac{1}{x_i}\sum_{j=1}^{n}a_{ij}x_j.$$

由定理 4 得 $\alpha\leqslant r(A)$.若 $\alpha x<Ax$,则存在某个

$$\alpha'>\alpha,$$

使得 $\alpha' x\leqslant Ax$,于是

$$r(A)\geqslant\alpha'>\alpha.$$

同理可证明关于 $r(A)$ 的上界估计. 证毕

推论 2 设 $A\in\mathbf{C}^{n\times n}$,$A\geqslant 0$,若 A 有正特征向量,则相应的特征值为 $r(A)$,即如果 $Ax=\lambda x$,$x>0$,$A\geqslant 0$,则

$$\lambda=r(A).$$

证 若 $x>0$ 且 $Ax=\lambda x$,则 $\lambda\geqslant 0$ 且

$$\lambda x\leqslant Ax\leqslant\lambda x,$$

另一方面,由推论 1 知

$$\lambda\leqslant r(A)\leqslant\lambda.$$

证毕

推论 3 设 $A\in\mathbf{C}^{n\times n}$,$A\geqslant 0$,若 A 有正特征向量,则有

$$\begin{aligned}r(A)&=\max_{x>0}\min_{1\leqslant i\leqslant n}\frac{1}{x_i}\sum_{j=1}^{n}a_{ij}x_j\\&=\min_{x>0}\max_{1\leqslant i\leqslant n}\frac{1}{x_i}\sum_{j=1}^{n}a_{ij}x_j.\end{aligned}$$

证 由定理 4 有

$$\begin{aligned}\max_{x>0}\min_{1\leqslant i\leqslant n}\sum_{j=1}^{n}a_{ij}x_j/x_i&\leqslant r(A)\\&\leqslant\min_{x>0}\max_{1\leqslant i\leqslant n}\sum_{j=1}^{n}a_{ij}x_j\frac{1}{x_i},\end{aligned}\tag{7-1}$$

由定理 4 的推论 2,$r(A)$ 为相应于正特征向量的特征值,于是,取 x 为该正特征向量,则式(7-1)成为等式.即存在 $x>0$,使结论中不等式成为等式. 证毕

下述定理,在许多方面(如数值分析、数量经济学中)是很有用的.

定理 5 设 $A\in\mathbf{C}^{n\times n}$,$A\geqslant 0$,则 $(E-A)^{-1}$ 存在且 $(E-A)^{-1}\geqslant 0$ 的充分必要条件是

$$r(A)<1.$$

证 若 $r(A)<1$，则易知 $(E-A)^{-1}$ 存在，且

$$(E-A)^{-1}=E+A+A^2+\cdots\geqslant 0.$$

反之，若 $(E-A)^{-1}$ 存在，且 $(E-A)^{-1}\geqslant 0$. 令 λ 为 A 的任一特征值，对应的特征向量为 $x\neq 0$，则

$$Ax=\lambda x,$$

则有

$$A|x|\geqslant|\lambda||x|,$$

于是 $(E-A)|x|\leqslant(1-|\lambda|)|x|$，因而

$$|x|\leqslant(1-|\lambda|)(E-A)^{-1}|x|,$$

由于 $x\neq 0$，$(E-A)^{-1}\geqslant 0$. 所以

$$|\lambda|<1.$$

证毕

§2 正 矩 阵

正矩阵为所有元素均为正数的矩阵，是非负矩阵的子类，因而具有 §1 中非负矩阵的所有性质. 但由于其特殊性，对于正矩阵而言，非负矩阵理论具有更加简单、优美的形式. O.Perron 对此做出了重要贡献.

引理 1 设 $A\in\mathbf{R}^{n\times n}$，$A>0$，若 A 的某特征值 λ 满足 $|\lambda|=r(A)$，相应的特征向量为 $x\neq 0$，则

$$A|x|=r(A)|x|,\ |x|>0.$$

证 因为

$$r(A)|x|=|\lambda||x|=|\lambda x|=|Ax|$$
$$\leqslant|A||x|=A|x|.$$

设 $y=A|x|-r(A)|x|$，则 $y\geqslant 0$. 由 $|x|\geqslant 0$，$x\neq 0$ 以及 $A>0$，得知

$$A|x|>0.$$

再据 §1 的定理 3 的推论知

$$r(A)>0,$$

若 $y=0$，则有

$$A|x|=r(A)|x|$$

和

$$|x|=r(A)^{-1}A|x|>0,$$

结论成立.

若 $y\neq 0$，设 $z=A|x|$，则 $z>0$，于是

$$0<Ay=Az-r(A)z,$$

即

$$r(A)z<Az,$$

据§1定理4的推论1得 $r(A)>r(A)$,矛盾.故仅有 $y=0$,于是引理得证.

证毕

定理 1 设 $A\in \mathbf{R}^{n\times n}$,$A>0$.则 $r(A)>0$ 且 $r(A)$ 是 A 的一个特征值,相应的特征向量为正向量.

证 存在 A 的一个特征值 λ,$|\lambda|=r(A)$,对应的特征向量 $x\neq 0$,由引理1知 $|x|$ 即为 A 的对应特征值 $r(A)$ 的特征向量. 证毕

为了得到正矩阵特征值估计更深刻的结果,下面将引理1进一步强化.

引理 2 设 $A\in \mathbf{C}^{n\times n}$,$A>0$,$Ax=\lambda x$,$x\neq 0$,以及 $|\lambda|=r(A)$,则对某个 $\theta\in R$,有

$$e^{-i\theta}x=|x|>0$$

或

$$x=e^{i\theta}|x|>0.$$

证 由假设有

$$|Ax|=|\lambda x|=r(A)|x|,$$

据引理1知

$$A|x|=r(A)|x| \quad 且 \quad |x|>0,$$

所以 $\forall k=1,2,\cdots,n$,

$$\begin{aligned} r(A)|x_k| &= |\lambda||x_k| = |\lambda x_k| \\ &= \left|\sum_{j=1}^{n} a_{kj}x_j\right| \leqslant \sum_{j=1}^{n} a_{kj}|x_j| = r(A)|x_k|, \end{aligned}$$

因此有等式成立:

$$\left|\sum_{j=1}^{n} a_{kj}x_j\right| = \sum_{j=1}^{n} a_{kj}|x_j| \quad k=1,2,\cdots,n,$$

于是,非零复数 $a_{kj}x_j$,$j=1,\cdots,n$ 一定都位于复平面的同一射线上.设 θ 为它们的公共角,则

$$a_{kj}|x_j|=e^{-i\theta}a_{kj}x_j>0 \quad j=1,\cdots,n,$$

故,由 $a_{kj}>0$ 知 $e^{-i\theta}x>0$. 证毕

定理 2 设 $A\in \mathbf{R}^{n\times n}$ 为正矩阵,λ 为 A 的特征值且 $\lambda\neq r(A)$,则

$$|\lambda|<r(A).$$

证 由谱半径定义,A 的任一特征值 λ 满足 $|\lambda|\leqslant r(A)$.若设 λ 为满足定理假设的特征值,$\lambda\neq r(A)$.假设 $|\lambda|=r(A)$,当 $Ax=\lambda x$, $x\neq 0$,及引理2有,存在 $\theta\in\mathbf{R}$ 使得

$$y=e^{-i\theta}x>0,$$

且

$$Ay=\lambda y,$$

但，再据此及§1中定理4的推论2有 $\lambda=r(A)$，得出矛盾.故 $|\lambda|\neq r(A)$，因而 $|\lambda|<r(A)$. 证毕

由定理1和定理2可知，正矩阵 A 的谱半径 $r(A)$ 一定是 A 的唯一的具最大模的特征值.不仅如此，下面我们还将知道正矩阵 A 的谱半径还是 A 的几何重数（相应于 $r(A)$ 的特征子空间维数）和代数重数都为1的特征值.

定理3 设 $A\in\mathbf{R}^{n\times n}$ 为正矩阵，y,z 是满足

$$Ay=r(A)y, Az=r(A)z$$

的非零向量，则存在某个常数 $a\in\mathbf{C}$ 使得

$$y=az.$$

证 由引理2，存在 $\theta_1,\theta_2\in\mathbf{R}$，使得

$$p=e^{-i\theta_1}z>0,$$

$$q=e^{-i\theta_2}y>0,$$

设 $b=\min\limits_{1\leqslant i\leqslant n}q_ip_i^{-1}$，这里 p_i,q_i 分别为向量 p 和 q 的第 i 个分量.设

$$r=q-bp,$$

易知 $r\geqslant 0$ 且至少有一分量为0.即 r 不是正向量.由于

$$Ar=Aq-bAp=r(A)q-br(A)p=r(A)r,$$

知，假若 $r\neq 0$，则据上式可得

$$r=r(A)^{-1}Ar>0,$$

这与 r 至少有一分量为0矛盾.故只有 $r=0$，故

$$q=bp \quad 且 \quad y=be^{-i(\theta_1-\theta_2)}z,$$

取 $a=be^{-i(\theta_2-\theta_1)}$ 知定理结论成立. 证毕

推论 设 $A\in\mathbf{R}^{n\times n}$ 为正矩阵，则存在唯一向量 x，使得 $Ax=r(A)x$，$x=(x_1,x_2,\cdots,x_n)>0$ 及

$$\sum_{i=1}^{n}x_i=1.$$

定理3表明，$r(A)$ 为正矩阵 A 的几何重数为1的特征值，故在正矩阵的 Jordan 标准形中，相应于特征值 $r(A)$ 的 Jordan 块是一阶的.

在第五章中，我们讨论过一般复方阵的幂的收敛问题.在数值分析以及 Markov 链理论的应用中，经常出现非负矩阵的幂的极限问题.

定理4 设 $A\in\mathbf{R}^{n\times n}$ 为正矩阵，则

$$\lim_{m\to\infty} B^m = \lim_{m\to\infty}(r(A)^{-1}A)^m = L = xy^{\mathrm{T}}, \tag{7-2}$$

其中,向量 x,y 满足

$$Ax=r(A)x,\ A^{\mathrm{T}}y=r(A)y,\ x^{\mathrm{T}}y=1. \tag{7-3}$$

证 设 $\lambda=r(A)$,则由 L 的定义和式(7-3)有

$$L^m=L,$$
$$A^mL=LA^m=\lambda^mL,$$
$$m=1,2,\cdots,$$

所以

$$L(A-\lambda L)=LA-\lambda L^2=0, \tag{7-4}$$

$$(A-\lambda L)^m=A^m-\lambda^mL \quad m=1,2,\cdots, \tag{7-5}$$

将 A 的特征值 $\{\lambda_i\}$ 按模的大小排序:

$$|\lambda_1|\leqslant|\lambda_2|\leqslant\cdots\leqslant|\lambda_{n-1}|<|\lambda_n|=\lambda=r(A).$$

下面证明:

$$r(A-\lambda L)\leqslant|\lambda_{n-1}|<r(A). \tag{7-6}$$

设 $p\neq0$ 为 $A-\lambda L$ 的一个特征值, $v\neq0$ 为对应的特征向量,即 $(A-\lambda L)v=pv$,由式(7-4)得

$$L(A-\lambda L)v=0v=pLv,$$

由 $p\neq0$ 知必有 $Lv=0$,则

$$(A-\lambda L)v=Av=pv,$$

即 $A-\lambda L$ 的非零特征值也为 A 的特征值,且对应的特征向量相同.

下面再证 $r(A)$ 不是 $A-\lambda L$ 的特征值.假若 $r(A)$ 为 $A-\lambda L$ 的特征值,对应的特征向量为 u,则 u 也是 A 的特征向量,由定理 3 知,存在 $a\neq0$ 使得 $u=ax$,于是

$$r(A)u=(A-\lambda L)u=(A-\lambda L)ax=0, \tag{7-7}$$

由于 $r(A)>0,u\neq0$,故式(7-7)不能成立.即 $r(A)$ 不能为 $A-\lambda L$ 的特征值.所以,$A-\lambda L$ 的任一非零特征值只能是 $\lambda_1,\lambda_2,\cdots,\lambda_{n-1}$ 中的一个,这就证明了式(7-6)成立.由此可得

$$r[\lambda^{-1}(A-\lambda L)]$$
$$=\frac{1}{\lambda}r(A-\lambda L)\leqslant\frac{|\lambda_{n-1}|}{\lambda}<1,$$

又据式(7-5)有

$$\left(\frac{1}{\lambda}A\right)^m-L=\left[\frac{1}{\lambda}(A-\lambda L)\right]^m,$$

故得

$$\lim_{m\to\infty}\left[\frac{1}{\lambda}(A-\lambda L)\right]^m=0,$$

即 $\lim\limits_{m\to\infty}\left(\frac{1}{\lambda}A\right)^m=L.$ 证毕

定理 4 表明，$\frac{1}{r(A)}A$ 为幂收敛的，且 $\left[\frac{1}{r(A)}A\right]^k$ 的极限为一个秩 1 矩阵 L. 由这一结论，我们可以证明：

定理 5 设 A 为 n 阶正矩阵，则 $r(A)$ 为 A 的单重特征值.

证 设 $r(A)$ 为 A 的 k 重特征值，从而 A 的 Jordan 标准形 J 满足

$$A=UJU^H,$$

$$J=\mathrm{diag}\,(r(A)E_k,J_{n_1}(\lambda_1),\cdots,J_{n_r}(\lambda_r)),$$

其中，U 为酉矩阵，$J_{n_i}(\lambda_i)$ 为对应于特征值 λ_i 的 Jordan 块，且 $|\lambda_i|<r(A)$，于是

$$r(A)^{-1}A=U\tilde{J}U^H,$$

$$\tilde{J}=\mathrm{diag}\,(E_k,J_{n_1}(\lambda_1),\cdots,J_{n_r}(\lambda_r)),$$

其中

$$J_{n_i}(\lambda_i)=r(A)^{-1}J_{n_i}(\lambda_i),i=1,2,\cdots,r,$$

据定理 4 知 $\frac{|\lambda_i|}{r(A)}<1$，于是

$$L=\lim_{m\to\infty}\left[\frac{1}{r(A)}A\right]^m=U\lim_{m\to\infty}\tilde{J}^mU^H$$

$$=U\begin{pmatrix}E_k & & & \\ & 0 & & \\ & & \ddots & \\ & & & 0\end{pmatrix}U^H,$$

由于 $\mathrm{rank}(L)=1$，故 E_k 只能是秩 1 的单位阵，即 $k=1$. 因此，$r(A)$ 为 A 的单重特征值. 证毕

最后，综合本节的几个定理，得下述著名的关于正矩阵的 Perron 定理.

Perron 定理 设 A 为 n 阶正矩阵，则

（1）矩阵 A 的谱半径 $r(A)>0$；

（2）$r(A)$ 为 A 的单重特征值；

（3）对应于 $r(A)$ 的特征向量为正向量；

（4）对于 A 的任一异于 $r(A)$ 的特征值 λ 均满足 $|\lambda|<r(A)$；

(5) $B^m=\left[\dfrac{1}{r(A)}A\right]^m$ 收敛于秩 1 矩阵 $L=xy^{\mathrm{T}}$,其中,x,y 满足式(7-3).

Perron 定理有很多应用.一个优美而有效的应用是如下著名的 Ky Fan 定理.

定理 6(Ky Fan) $A=(a_{ij})\in\mathbf{C}^{n\times n}$,$B=(b_{ij})_{n\times n}$满足 $B\geqslant|A|$,则 A 的每个特征值均位于区域

$$\bigcup_{i=1}^{n}\{z\in\mathbf{C}:|z-a_{ii}|\leqslant r(B)-b_{ii}\}$$

之中,这里 $r(B)$表示 B 的谱半径.

证 我们可以设 $B>0$.事实上,若 B 的某个元为 0,则可考虑 $B_\varepsilon=(b_{ij}+\varepsilon)$,其中 $\varepsilon>0$,则有

$$B_\varepsilon>|A|,$$

且
$$\lim_{\varepsilon\to0}(r(B_\varepsilon)-(b_{ii}+\varepsilon))=r(B)-b_{ii},$$

这样,在 $B>0$ 的假定下,据 Perron 定理,存在正向量 $x>0$,使得 $Bx=r(B)x$.所以,对所有的 $i=1,2,\cdots,n$,有

$$\sum_{\substack{j=1\\j\neq i}}^{n}|a_{ij}|x_j\leqslant\sum_{\substack{j=1\\j\neq i}}^{n}b_{ij}x_j$$
$$=r(B)x_i-b_{ii}x_i\quad i=1,2,\cdots,n,$$

于是,$\forall i=1,2,\cdots,n$,有

$$\frac{1}{x_i}\sum_{\substack{j=1\\j\neq i}}^{n}|a_{ij}|x_j\leqslant r(B)-b_{ii}.$$

再据第四章圆盘定理的推广知 A 的任一特征值均位于

$$\bigcup_{i=1}^{n}\left\{z\in\mathbf{C}:|z-a_{ii}|\leqslant\frac{1}{x_i}\sum_{\substack{j=1\\j\neq i}}^{n}|a_{ij}|x_j\leqslant r(B)-b_{ii}\right\}$$

之中. 证毕

正矩阵、非负矩阵最大特征值的估计问题,不仅在数学理论方面是重要的,而且在需要用最大特征值的一个初始估算值的迭代计算过程方面也是重要的.如果其上、下界可以表示为矩阵元素的易于计算的函数,例如行和、列和等,此种估算值尤为有用.

非负矩阵最大特征值的最著名且用得很多的界值是由本章 §1 中的 Frobenius 定理给出的.它用起来非常方便,但有些粗糙.对于正矩阵,有下面更好的结果.

设 $A=(a_{ij})_{n\times n}\geqslant0$,其最大特征值为 r,

$$R=\max_i\sum_{j=1}^{n}a_{ij},\quad \rho=\min_i\sum_{j=1}^{n}a_{ij},$$

则由 Frobenius 定理有

$$\rho\leqslant r\leqslant R.$$

再者,若 A 是正矩阵,$\rho<R$,则上式中有一边等号成立当且仅当

$$r=\sum_{j=1}^{n}a_{ij},i=1,2,\cdots,n,$$

即,如果 $\rho<R$ 且 A 是正矩阵,则

$$\rho<r<R.$$

Ledermann 提出,如何确定正数 p_1 和 p_2,使得

$$\rho+p_1\leqslant r\leqslant R-p_2$$

成立.他获得如下结论.

定理 7(Ledermann) 设 $A=(a_{ij})_{n\times n}>0$ 且 $\rho<R$,则其最大特征值 $r=r(A)$ 满足:

$$\rho+\eta\left(\frac{1}{\sqrt{\delta}}-1\right)\leqslant r\leqslant R-\eta(1-\sqrt{\delta}),$$

其中,$R=\max\limits_i\sum\limits_{j=1}^{n}a_{ij}$, $\rho=\min\limits_i\sum\limits_{j=1}^{n}a_{ij}$, $\eta=\min\limits_{i,j}a_{ij}$, $\delta=\max\limits_{r_i<r_j}(r_i/r_j)$, r_i 为 A 的第 i 行行和.

证 设 $x=(x_1,x_2,\cdots,x_n)^{\mathrm{T}}$ 是 A 的对应于 $r(A)$ 的正特征向量.显然 x 的各分量 x_i 不能全相等,否则,便有

$$r(A)x_s=\sum_{j=1}^{n}a_{sj}x_i=x_s\sum_{j=1}^{n}a_{sj},s=1,2,\cdots,n,$$

即

$$r(A)=r_s=R,s=1,2,\cdots,n,$$

故与 $\rho<R$ 相矛盾.下面仍记

$$x_s=\max_j x_j,\quad x_t=\min_j x_j,$$

则有 $r_t<r(A)<r_s$.因此,$\dfrac{r_t}{r_s}<1$,此外还有

$$r(A)x_t=\sum_{j=1}^{n}a_{tj}x_j<x_sr_t,$$

$$r(A)x_s=\sum_{j=1}^{n}a_{sj}x_j>x_tr_s,$$

从而得

$$\frac{x_t}{x_s}<\frac{x_s}{x_t}\frac{r_t}{r_s}$$

或

$$\frac{x_t}{x_s}<\sqrt{\frac{r_t}{r_s}}\leqslant\sqrt{\delta},$$

于是可推得

$$\begin{aligned}r(A)&=\sum_{j=1}^{n}a_{sj}x_j/x_s\\&<a_{s1}+a_{s2}+\cdots+a_{s(t-1)}+a_{st}\sqrt{\delta}+\cdots+a_{sn}\\&=r_s-a_{st}(1-\sqrt{\delta})\\&\leqslant R-\eta(1-\sqrt{\delta}).\end{aligned}$$

类似地

$$\begin{aligned}r(A)&=\sum_{j=1}^{n}a_{tj}x_j/x_t\\&>a_{t1}+a_{t2}+\cdots+a_{ts}\frac{1}{\sqrt{\delta}}+\cdots+a_{tn}\\&=r_t+a_{ts}\left(\frac{1}{\sqrt{\delta}}-1\right)\\&\geqslant\rho+\eta\left(\frac{1}{\sqrt{\delta}}-1\right).\end{aligned}$$

证毕

Ledermann 的结果由 Ostrowski 作了改进.

定理 8(Ostrowski) 设 $A=(a_{ij})_{n\times n}>0$,r 为 A 的最大特征值,则

$$\rho+\eta\left(\frac{1}{\sigma}-1\right)\leqslant r\leqslant R-\eta(1-\sigma),$$

其中,$\sigma=\sqrt{(\rho-\eta)/(R-\eta)}$,而 r_i,R,ρ,η 的定义同定理 7.

证 设 $x=(x_1,x_2,\cdots,x_n)^{\mathrm{T}}$ 为 A 的对应 r 的正特征向量.不妨设

$$1=x_1\geqslant x_2\geqslant\cdots\geqslant x_n>0,$$

这是因为通过对 A 左乘置换阵 P,右乘置换阵 P^{-1} 便能实现的.则

$$\begin{aligned}rx_i&=\sum_{j=1}^{n}a_{ij}x_j\\&\geqslant a_{i1}+x_n\sum_{j=2}^{n}a_{ij}\\&=a_{i1}(1-x_n)+r_ix_n,i=1,2,\cdots,n,\end{aligned}$$

因此

$$r\geqslant(x_nr_i+\eta(1-x_n))/x_i,i=1,\cdots,n. \tag{7-8}$$

类似地

$$rx_i \leqslant \sum_{j=1}^{n-1} a_{ij} + a_{in}x_n$$
$$= r_i - a_{in}(1 - x_n),$$

因此

$$r \leqslant (r_i - \eta(1-x_n))/x_i, i=1,2,\cdots,n, \tag{7-9}$$

设 $r_s=R, r_t=\rho$,并在式(7-8)中取 $i=s$,则有

$$\begin{aligned} r &\geqslant (x_nR+\eta(1-x_n))/x_s \\ &\geqslant x_nR+\eta(1-x_n) \\ &= x_n(R-\eta)+\eta. \end{aligned} \tag{7-10}$$

类似地,在式(7-9)中以 t 代替 i,得到

$$r \leqslant (\rho-\eta)/x_n+\eta, \tag{7-11}$$

从式(7-10)和式(7-11)得

$$x_n(R-\eta) \leqslant r-\eta \leqslant (\rho-\eta)/x_n,$$

因此

$$x_n \leqslant \sqrt{(\rho-\eta)/(R-\eta)} = \sigma.$$

在式(7-8)中令 $i=n$,在式(7-9)中令 $i=1$,又得

$$r_n+\eta\left(\frac{1}{x_n}-1\right) \leqslant r \leqslant r_1-\eta(1-x_n),$$

由 $x_n \leqslant \sigma$,即得

$$\rho+\eta\left(\frac{1}{\sigma}-1\right) \leqslant r \leqslant R-\eta(1-\sigma).$$ 证毕

注意,Ostrowski 的界值比 Ledermann 的界更精确:

$$\sigma^2 = (\rho-\eta)/(R-\eta)$$
$$\leqslant \frac{\rho}{R} \leqslant \max_{r_i<r_j} r_i/r_j = \delta$$

Brauer 又改进了正矩阵最大特征值的这些界,并证明了在涉及 η,R 和 ρ 的一切可能的界值中,他的结果在下述意义下是最好的:

对于任何给定的 R,ρ 和 η 满足

$$R>\rho \geqslant n\eta>0,$$

都存在以 R, ρ 与 η 分别为最大行和,最小行和与最小元素的正 $n\times n$ 矩阵,其最大特征值取到 Brauer 的上下界值.

定理 9(Brauer) 设 A, r, R, ρ, η 和 r_i 的定义同定理 8,则

$$\rho+\eta(h-1) \leqslant r \leqslant R-\eta\left(1-\frac{1}{g}\right),$$

其中

$$g=\frac{R-2\eta+\sqrt{R^2-4\eta(R-\rho)}}{2(\rho-\eta)},$$

$$h=\frac{-\rho+2\eta+\sqrt{\rho^2+4\eta(R-\rho)}}{2\eta}.$$

证明略.

例 对于矩阵

$$A=\begin{pmatrix}1&1&2\\2&3&3\\4&1&1\end{pmatrix}$$

的最大特征值为 r.计算 Frobenius,Ledermann,Ostrowski 和 Brauer 所给出的界,得

Frobenius 界	$4<r<8$	(行),
	$5<r<7$	(列),
Ledermann 界	$4.1547<r<7.8661$	(行),
	$5.080<r<6.9259$	(列),
Ostrowski 界	$4.5275<r<7.62547$	(行),
	$5.2247<r<6.8165$	(列),
Brauer 界	$4.8284<r<7.4642$	(行),
	$5.7322<r<6.7016$	(列).

事实上,A 的最大特征值 $r=5.74165738\cdots$.

§3 非负矩阵和不可约非负矩阵

实际中常常遇到的为不是正矩阵的非负矩阵,为此,希望将正矩阵的有关理论推广到非正矩阵的非负矩阵情形.

定理 1 设 $A\in\mathbf{C}^{n\times n}$ 为非负矩阵,则 $r(A)$ 为 A 的特征值,且存在非负向量 $x\geqslant 0,x\neq 0$,使得 $Ax=r(A)x$.

证 $\forall\,\varepsilon>0$,设 $A(\varepsilon)=(a_{ij}+\varepsilon)>0$,$x(\varepsilon)$ 表示 $A(\varepsilon)$ 的对应 $r(A(\varepsilon))$ 的特征向量,所以 $x(\varepsilon)>0$,且 $\sum_{i=1}^{n}x_i(\varepsilon)=1$.由于

$$\{x(\varepsilon):\varepsilon>0\}\subseteq\{x:x\in\mathbf{C}^n,\ \|x\|_1\leqslant 1\},$$

因而存在单调减序列 $\varepsilon_1,\varepsilon_2,\cdots$,且 $\lim\limits_{k\to\infty}\varepsilon_k=0$,因此

$$\lim_{k\to\infty}x(\varepsilon_k)\equiv x$$

存在,因为 $x(\varepsilon_k)>0,k=1,2,\cdots$,所以有

$$x=\lim_{k\to\infty}(\varepsilon_k)\geqslant 0,$$

又因

$$\sum_{i=1}^{n}x_i=\lim_{k\to\infty}\sum_{i=1}^{n}x_i(\varepsilon_k)\equiv 1,$$

所以 $x\neq 0$.据 §1 定理 1 有

$$r(A(\varepsilon_k))\geqslant r(A(\varepsilon_{k+1}))\geqslant\cdots\geqslant r(A)\quad k=1,2,\cdots,$$

因此$\{r(A(\varepsilon_k))\}$,$k=1,2,\cdots$为单调减实数列.所以,

$$r=\lim_{k\to\infty}r(A(\varepsilon_k))\text{存在,且 }r\geqslant r(A),$$

再由

$$\begin{aligned}Ax&=\lim_{k\to\infty}A(\varepsilon_k)x(\varepsilon_k)\\&=\lim_{k\to\infty}r(A(\varepsilon_k))x(\varepsilon_k)\\&=\lim_{k\to\infty}r(A(\varepsilon_k))\lim_{k\to\infty}x(\varepsilon_k)\\&=rx,\end{aligned}$$

及 $x\neq 0$ 知 r 为 A 的特征值,又

$$r\leqslant r(A),$$

故 $r=r(A)$. 证毕

§1 中定理 4 可推广为如下关于一般非负矩阵和非负向量的结果.

定理 2 设 $A\in\mathbf{C}^{n\times n}$,$A\geqslant 0$, $x\in\mathbf{C}^n$,$x\geqslant 0$, $x\neq 0$,若有 $\alpha\in\mathbf{R}$,使得 $Ax\geqslant\alpha x$,则

$$r(A)\geqslant\alpha.$$

证 设 $A=(a_{ij})$, $\forall\varepsilon>0$,设 $A(\varepsilon)=(a_{ij}+\varepsilon)$,则 $A(\varepsilon)>0$.于是有对应 $r(A(\varepsilon))$的正的左特征向量 $y(\varepsilon)$,即

$$y(\varepsilon)^{\mathrm T}A(\varepsilon)=r(A(\varepsilon))y(\varepsilon)^{\mathrm T},$$

因 $Ax-\alpha x\geqslant 0$,所以

$$A(\varepsilon)x-\alpha x>Ax-\alpha x\geqslant 0,$$

因此

$$y(\varepsilon)^{\mathrm T}[A(\varepsilon)x-\alpha x]=[r(A(\varepsilon))-\alpha]\,y(\varepsilon)^{\mathrm T}x\geqslant 0,$$

由于 $y(\varepsilon)^{\mathrm T}x>0$,于是$\forall\varepsilon>0$,有

$$r(A(\varepsilon))-\alpha\geqslant 0,$$

又,$\lim\limits_{k\to\infty}r(A(\varepsilon))=r(A)$,故 $r(A)\geqslant\alpha$. 证毕

推论 设 $A\in\mathbf{C}^{n\times n}$,$A\geqslant 0$,则

$$r(A)=\max_{\substack{x\geqslant 0\\x\neq 0}}\min_{\substack{i\\x_i\neq 0}}\frac{1}{x_i}\sum_{j=1}^{n}a_{ij}x_j.$$

证 设 $A\geqslant 0$, $x\geqslant 0$, $x\neq 0$,取

$$\alpha = \min_{x_i \neq 0} \sum_{j=1}^{n} \frac{a_{ij}x_j}{x_i}$$

则由定理 2 有 $Ax \geqslant \alpha x$，因而

$$\alpha \leqslant r(A)$$

另一方面，若取 x 为由定理 1 所保证的特征向量，则得 $\alpha = r(A)$.　　证毕

为了得到非负矩阵的更精细的结果，Frobenius 将正矩阵的 Perron 定理推广到不可约非负矩阵，从而进一步完善了非负矩阵的理论，下面着重讨论这方面的内容.

先引入矩阵的不可约定义和有关特征.

定义 1　设 $A = (a_{ij}) \in \mathbf{C}^{n,n}$，若 A 为一阶零矩阵或者对 $n \geqslant 2$ 有置换矩阵 P，使得

$$P^{\mathrm{T}}AP = \begin{pmatrix} B & C \\ 0 & D \end{pmatrix}, \tag{7-12}$$

其中，B 和 D 为阶数大于等于 1 的方阵，则称 A 为可约的(reducible).若 A 不是可约的，就称 A 为不可约的(irreducible).

显然，零矩阵是可约的，而元素均不为零的方阵必为不可约矩阵.

设 $A \in \mathbf{C}^{n,n}$ 为可约的，考虑线性方程组

$$Ax = b.$$

记

$$\widetilde{A} = P^{\mathrm{T}}AP = \begin{pmatrix} B & C \\ 0 & D \end{pmatrix},$$

则有

$$Ax = P\widetilde{A}P^{\mathrm{T}}x = b,$$

$$\widetilde{A}(P^{\mathrm{T}}x) = P^{\mathrm{T}}b,$$

令 $P^{\mathrm{T}}x = \tilde{x} = (z^{\mathrm{T}} \vdots \xi^{\mathrm{T}})^{\mathrm{T}}$(未知)和 $P^{\mathrm{T}}b = \tilde{b} = (\omega^{\mathrm{T}} \vdots \eta^{\mathrm{T}})^{\mathrm{T}}$(已知)，其中 $z, \eta \in \mathbf{C}^{n-r}$，$r$ 为 B 的阶数.因而，线性方程组 $Ax = b$ 等价于

$$\widetilde{A}\tilde{x} = \tilde{b} = \begin{pmatrix} B & C \\ 0 & D \end{pmatrix}\begin{pmatrix} z \\ \xi \end{pmatrix} = \begin{pmatrix} \omega \\ \eta \end{pmatrix},$$

即等价于

$$\begin{cases} Bz + C\xi = w, \\ D\xi = \eta. \end{cases}$$

若首先对 ξ 解 $D\xi = \eta$，然后由第一个方程解 $Bz = w - C\xi$，这样就把原来的问题化简成两个较小的问题.

下面给出不可约矩阵的特征.

设 $\mathbf{N}^* = \{1, 2, \cdots, n\}$.

定理 3 设 $A = (a_{ij}) \in \mathbf{C}^{n,n}$, $n \geqslant 2$,则 A 为不可约矩阵的充要条件是对集合 $\mathbf{N}^*$ 的任意分割 N_1 与 N_2($N_1 \cap N_2 = \varnothing$, $N_1 \cup N_2 = \mathbf{N}^*$),$A$ 有元素 $a_{ij} \neq 0$使得 $i \in N_1$, $j \in N_2$.

证 若有 $\mathbf{N}^*$ 的分割 N_1 与 N_2,使得

$$a_{ij} = 0 \quad \forall i \in \mathbf{N}^*, j \in N_2,$$

则显然有置换矩阵 P,使得

$$P^{\mathrm{T}}AP = \begin{pmatrix} B & C \\ 0 & D \end{pmatrix},$$

其中,B 与 D 的行序分别对应于 N_2 与 N_1 的元素,因而 A 为可约矩阵.

反之,若 A 可约,设方阵 D 对应 A 的行序的集合为

$$N_1 = \{i_1, i_2, \cdots, i_s\} \quad (i \leqslant s < n),$$

令 $N_2 = \mathbf{N}^* - N_1$,则 N_1, N_2 为 $\mathbf{N}^*$ 的一种分割,且对任意 $i \in N_1$, $j \in N_2$ 都有 $a_{ij} = 0$.

故结论得证. 证毕

定理 3 也就是:A 可约的充要条件是有 $\mathbf{N}^*$ 的一种分割 N_1 与 N_2,使得 $a_{ij} = 0$, $\forall i \in N_1$, $\forall j \in N_2$.

判定矩阵不可约性一个常用的方法是考察矩阵有向图的连通性.

一个有向图 D 可以视为结点以及连接结点的有向弧线的集合.

给定矩阵 $A = (a_{ij}) \in \mathbf{C}^{n,n}$,其有向图记为 $D(A)$,可按如下方法来构造 A 的有向图.在平面上取 n 个不同的点标以标号 $1, 2, \cdots, n$,称之为 $D(A)$ 的结点.对 A 的每个元素 a_{ij},若 $a_{ij} \neq 0$,则从结点 i 至结点 j 引一条有向弧 (i,j)(如图 7-1),则所有的结点与有向弧形成 A 的有向图 $D(A)$.

图 7-1

例如,矩阵

$$A = \begin{pmatrix} 0 & 1 & 0 & 1 \\ 2 & 0 & 1 & 0 \\ 0 & 1 & 0 & 3 \\ 1 & 0 & 0 & 1 \end{pmatrix}$$

的有向图为图 7-2.

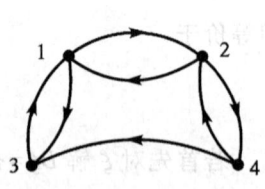

图 7-2

不难看出,对 $A \in \mathbf{C}^{n \times n}$ 施以行或列的同步变换,只是改变 $D(A)$ 中结点的排列次序.

定义 2 若对有向图 D 的任何一对有序结

点(i,j)，$i\neq j$,都有一条由有向弧组成的有向路径

$$\widehat{il_1},\ \widehat{l_1l_2},\ \cdots,\ \widehat{l_{r-1}j}$$

连接结点 i 与 j,则称有向图 D 为强连通的.

定理 4 设 $A=(a_{ij})\in\mathbf{C}^{n\times n}$，$n\geqslant 2$,则 A 不可约的充要条件为 A 的有向图 $D(A)$强连通.

证 设 A 不可约,令 $Q_i=\{j\in\mathbf{N}^*:j\neq i$ 且从 i 有一有向路径到 $j\}$，$\forall i\in\mathbf{N}^*$,要证 $D(A)$强连通只需证 $Q_i=\mathbf{N}^*-\{i\}$，$\forall i\in\mathbf{N}^*$,取

$$N_1=\{i\},\qquad N_2=\mathbf{N}^*-N_1,$$

则它们为 $\mathbf{N}^*$ 的分割,由定理 1 知有

$$l_1\in N_2 \text{ 使得 } a_{il_1}\neq 0,$$

因而 $l_1\in N_1$.

若 $n\geqslant 2$,则 $Q_i=\{1,2\}-\{i\}$,所以 $D(A)$强连通.

若 $n\geqslant 3$,令

$$N_1'=\{i,l_1\},\quad N_2'=\mathbf{N}^*-N_1',$$

则它们为 $\mathbf{N}^*$ 的一种分割.据定理 3 有

$$l_2\in N_2' \text{ 使得 } a_{il_2}\neq 0 \text{ 或者 } a_{l_1l_2}\neq 0,$$

因而 $l_2\in Q_i$,继续这个过程,可证 $Q_i=\mathbf{N}^*-\{i\}$，$\forall i\in\mathbf{N}^*$.故 $D(A)$强连通.

反之,设 $D(A)$强连通且 N_1 与 N_2 为 $\mathbf{N}^*$ 的任意分割. $\forall i\in N_1,j\in N_2$,按 $D(A)$的强连通性,有

$$a_{ij}\neq 0 \quad\text{或}\quad l_1,l_2,\cdots,l_r\in\mathbf{N}^*,$$

使得

$$a_{il_1}a_{l_1l_2}\cdots a_{l_rj}\neq 0,$$

对后一种情形,$a_{il_1},\cdots,a_{l_rj}$中至少有一个元素,其第一个下标属于 N_1,第二个下标属于 N_2,故总存在

$$a_{pq}\neq 0 \quad\text{使}\quad p\in N_1 \text{ 与 } q\in N_2,$$

于是,由定理 3 知 A 不可约. 证毕

定理 5 $A\in\mathbf{C}^{n\times n}$不可约的充要条件是

$$(E+|A|)^{n-1}>0.$$

证 首先,若 A 是可约的,且对某个置换矩阵 P 有

$$A=P\begin{pmatrix}B & C\\ O & D\end{pmatrix}P^{\mathrm{T}}=PA_1P^{\mathrm{T}},$$

其中,B,C,O 和 D 是矩阵可约定义中的分块矩阵,显然有

$$|A|=|PA_1P^{\mathrm{T}}|=P|A_1|P^{\mathrm{T}},$$

且因为 $|A_1|^2, |A_1|^3, \cdots, |A_1|^{n-1}$ 和 A_1 一样，在其左下角都有相同的 $(n-r)\times r$的零子块.所以

$$\begin{aligned}(E+|A|)^{n-1}&=(E+P|A_1|P^{\mathrm{T}})^{n-1}\\&=(P[E+|A_1|]P^{\mathrm{T}})^{n-1}\\&=P(E+|A_1|)^{n-1}P^{\mathrm{T}}\\&=P\left[E+|A_1|+\binom{n-1}{2}|A_1|^2+\cdots\right.\\&\qquad\left.+\binom{n-1}{n-1}|A_1|^{n-1}\right]P^{\mathrm{T}},\end{aligned}$$

且上述方括号中的所有项在其左下角都有 $(n-r)\times r$ 零子块.于是，$(E+|A_1|)^{n-1}$是可约的，因而它的所有元不可能都是非零的.

反之，若对某个 $p\neq q$，

$$((E+|A|)^{n-1})_{pq}=0,$$

则在有向图 $D(A)$ 中不存在从 P_p 到 P_q 的有向路.令

$$S_1=\{P_i:P_i=P_q \text{ 或在 } D(A) \text{ 中有一条从 } P_i \text{ 到 } P_q \text{ 的路径}\}.$$

设 S_2 包含 $D(A)$ 的所有不在 S_1 中的结点，由于

$$S_1\cup S_2=\{P_1,\cdots,P_n\}\quad P_q\in S_1\neq\varnothing,$$

所以 $S_2\neq\{P_1,\cdots,P_n\}$.如果从 S_2 的某结点 P_i 到 S_1 的某结点 P_j 有一条道路，则据 S_1 的定义知，存在从 P_i 到 P_q 的道路.因而 P_i 已在 S_1 中，因此，从 S_2 的任一结点不可能有任何道路.现重新标记结点，使

$$S_1=\{\tilde{P}_1,\cdots,\tilde{P}_r\},\quad S_2=\{\tilde{P}_{r+1},\cdots,\tilde{P}_n\},$$

由于

$$A_1=P^{\mathrm{T}}AP=\begin{pmatrix}B&C\\O&D\end{pmatrix}\quad B\in\mathbf{C}^{r\times r},\ O\in\mathbf{C}^{n-r\times r},$$

因此 A 可约.

这样，我们就证明了 A 不可约的充要条件是$(E+|A|)^{n-1}>0$. 证毕

我们还需要下述引理.

引理 设 $A\in\mathbf{C}^{n\times n}$，$\lambda_1,\cdots,\lambda_n$ 为 A 的特征值（计重特征值），则 $\lambda_1+1,\cdots,\lambda_n+1$ 是 $E+A$ 的特征值且

$$r(E+A)\leqslant 1+r(A),$$

若还有 $A\geqslant 0$，则 $r(E+A)=1+r(A)$.

证 设 λ 为 A 的 k 重特征值,则 λ 为

$$P_A(t)=\det\ (tE-A)=0$$

的 k 重根,又

$$\det\ (tE-A)=\det\ [(t+1)E-(A+E)],$$

所以 $\lambda+1$ 是 $P_{A+E}(s)=\det\ [sE-(A+E)]=0$ 的 k 重根,于是 $\lambda_1+1,\cdots,\lambda_n+1$ 是 $A+E$ 的特征值.因此

$$r(A+E)=\max_{1\leqslant i\leqslant n}|\lambda_i+1|$$

$$\leqslant\max_{1\leqslant i\leqslant n}|\lambda_i|+1=1+r(A).$$

特别地,当 $A\geqslant 0$ 时,$1+r(A)$ 为 $E+A$ 的特征值,故,在这种情形下,

$$r(E+A)=1+r(A).$$ 证毕

定理 6 设 $A\in\mathbf{C}^{n\times n}$,$A\geqslant 0$,且对某个 $k\geqslant 1$ 有 $A^k>0$,则 $r(A)$ 是 A 的代数单重特征值.

证 若 $\lambda_1,\lambda_2,\cdots,\lambda_n$ 是 A 的特征值,则 $\lambda_1^k,\lambda_2^k,\cdots,\lambda_n^k$ 是 A^k 的特征值,由 $A\geqslant 0$ 知,$r(A)$ 是 A 的特征值.所以,若 $r(A)$ 为 A 的重特征值,则

$$r(A^k)=(r(A))^k$$

是 A^k 的重特征值.但由 $A^k>0$ 和 Perron 定理知,这是不可能的,故 $r(A)$ 是 A 的单重特征值.

Frobenius 将正矩阵的 Perron 定理在很大程度上推广到非负不可约矩阵,获得了如下著名的结果.

定理 7(Frobenius) 设 $A\in\mathbf{C}^{n\times n}$ 为非负不可约矩阵,则

(1) $r(A)>0$;

(2) $r(A)$ 是 A 的特征值;

(3) 存在正向量 x,使得

$$Ax=r(A)x;$$

(4) $r(A)$ 是 A 的代数(因而为几何)单重特征值.

证 (1) 由 §1 中定理 3 的推论知结论成立.

(2) 对所有非负矩阵均成立.

(3) 由定理 1 知存在 $x\geqslant 0,x\neq 0$,使得

$$Ax=r(A)x,$$

据引理有

$$(E+A)^{n-1}x=(1+r(A))^{n-1}x,$$

再依定理 5,$(E+A)^{n-1}>0$,所以

$$(E+A)^{n-1}x>0,$$

于是

$$x=[1+r(A)]^{1-n}(E+A)^{n-1}x>0.$$

(4) 因 $E+A\geqslant 0$,又 A 不可约知 $(E+A)^{n-1}>0$.于是,由引理和定理 6 知 $1+r(A)$ 为 $E+A$ 的单重特征值,故 $r(A)$ 为 A 的单重特征值. 证毕

由于不可约非负矩阵有正特征向量,故由 §1 中定理 4 的推论 2 和推论 3 知:设 A 为非负不可约矩阵,则

(1) 如果 $Ax=\lambda x, x>0$,则

$$\lambda=r(A),$$

(2) $r(A)=\max\limits_{x>0}\min\limits_{1\leqslant i\leqslant n}\dfrac{1}{x_i}\sum\limits_{j=1}^{n}a_{ij}x_j=\min\limits_{x>0}\max\limits_{1\leqslant i\leqslant n}\dfrac{1}{x_i}\sum\limits_{j=1}^{n}a_{ij}x_j.$

下面将 §1 中定理 1 进行推广.

定理 8 设 $A,B\in\mathbf{C}^{n\times n}$,若 A 是非负不可约矩阵,$A\geqslant|B|$,则

$$r(A)\geqslant r(B),$$

若 $r(A)=r(B)$,又 $\lambda=\mathrm{e}^{\mathrm{i}\varphi}r(B)$ 是 B 的特征值,则存在 $\theta_1,\theta_2,\cdots,\theta_n\in\mathbf{R}$,使得

$$B=\mathrm{e}^{\mathrm{i}\varphi}DAD^{-1},$$

其中,$D=\mathrm{diag}(\mathrm{e}^{\mathrm{i}\theta_1},\mathrm{e}^{\mathrm{i}\theta_2},\cdots,\mathrm{e}^{\mathrm{i}\theta_n})$.

证 由 §1 中定理 1,若 $A\geqslant|B|$,则

$$r(A)\geqslant r(B),$$

若 $r(A)=r(B)$,则存在某 $x\neq 0$,使得

$$Bx=\lambda x\quad 且\quad |\lambda|=r(B)=r(A),$$

于是

$$r(A)|x|=|\lambda x|\leqslant|B||x|\leqslant A|x|,$$

由 A 不可约知 A^{T} 不可约,据定理 7 的(3)知 A^{T} 有正特征向量 $y>0$,使得

$$A^{\mathrm{T}}y=r(A)y,$$

因而

$$y^{\mathrm{T}}[A|x|-r(A)|x|]=r(A)y^{\mathrm{T}}|x|-r(A)y^{\mathrm{T}}|x|=0,$$

所以一定有

$$A|x|=r(A)|x|,$$

因此

$$|Bx|=|B||x|=A|x|,$$

又 $|B|\leqslant A$ 和 $|B||x|=A|x|$,即

$$(A-|B|)|x|=0,$$

可推知

$$|B|=A,$$

定义 $\theta_k\in\mathbf{R}$ 为 $e^{i\theta_k}=\dfrac{x_k}{|x_k|}$, $k=1,\cdots,n$, 和

$$D=\operatorname{diag}\left(e^{i\theta_1},e^{i\theta_2},\cdots,e^{i\theta_n}\right),$$

则有 $x=D|x|$,且

$$\lambda x=e^{i\varphi}r(A)D|x|=BD|x|=Bx,$$

因而

$$e^{-i\varphi}D^{-1}BD|x|=r(A)|x|=A|x|,$$

由此,及 $|x|>0$ 和 $|e^{-i\varphi}D^{-1}BD|=A$,知

$$e^{-i\varphi}D^{-1}BD=A.$$

证毕

由定理 8 立刻得到不可约非负矩阵的谱半径关于其 n^2 个元素的严格单调增的推论:

推论 设 A 为不可约非负矩阵,$B\geqslant A,B\neq A$,则

$$r(B)>r(A).$$

Perron 定理表明,对于正矩阵 $A>0$,$r(A)^{-1}A$ 幂收敛,并且

$$\lim_{k\to\infty}[r(A)^{-1}A]^k=L,$$

其中,L 为秩 1 矩阵.然而,对于非负矩阵,该结论不成立,不仅如此,该结论对于非负不可约矩阵也不成立.

例如,设

$$A=\begin{pmatrix}0&1\\1&0\end{pmatrix},$$

有 $r(A)=1$,$r(A)^{-1}A=A$.易验证

$$A^{2k}=\begin{pmatrix}1&0\\0&1\end{pmatrix},$$

$$A^{2k+1}=\begin{pmatrix}0&1\\1&0\end{pmatrix},$$

$$k=1,2,\cdots,$$

显然 $\lim\limits_{k\to\infty}[r(A)^{-1}A]^k$ 不存在.

可见,对非负不可约矩阵进行进一步的限制是必要的.在下一节中,我们将对素矩阵类进行研究.

§4 素 矩 阵

Perron 定理中的一个重要结果就是定理中的极限命题,前面已经指出,该极限命题对于非负不可约矩阵也是不成立的.下面作进一步的限

制，对素矩阵进行研究.

定义　非负矩阵 $A\in\mathbf{R}^{n\times n}$，若 A 是不可约的且只有一个最大模特征值，则称 A 为素矩阵.

类似于 Perron 定理中极限命题的证法，可得下述极限结果.

定理 1　设 $A\in\mathbf{C}^{n\times n}$ 为素矩阵，则

$$\lim_{m\to\infty}[r(A)^{-1}A]^m=L>0,$$

其中，$L=xy^{\mathrm{T}}$，$Ax=r(A)x$，$A^{\mathrm{T}}y=r(A)y$，$x>0$，$y>0$，且 $x^{\mathrm{T}}y=1$.

证明略.

这样，我们就把 Perron 定理的所有结果从正矩阵类推广到素矩阵类. 但是，实际上要用定义判定一个已知非负矩阵为素矩阵是很困难的，下面给出几个有用的准则.

引理　设 $A\in\mathbf{C}^{n\times n}$，$P_i$ 和 P_j 为有向图 $D(A)$ 的给定结点，则在 P_i 和 P_j 之间存在 $D(A)$ 中的一条长为 m 的有向道路的充要条件是

$$(|A|^m)_{ij}\neq 0.$$

证　用数学归纳法证明. $m=1$ 时，结论显然. $m=2$ 时，

$$\begin{aligned}(|A|^2)_{ij}&=\sum_{k=1}^{n}(|A|)_{ik}(|A|)_{kj}\\&=\sum_{k=1}^{n}|a_{ik}||a_{kj}|,\end{aligned}$$

所以，$(|A|^2)_{ij}\neq 0$ 的充要条件是对 k 至少有一个值使得 $a_{ik},a_{kj}\neq 0$，也即 $D(A)$ 中存在一条从 P_i 到 P_j 的道路. 一般地，若结论对 $m=q$ 成立，则由

$$\begin{aligned}(|A|^{q+1})_{ij}&=\sum_{k=1}^{n}(|A|^q)_{ik}(|A|)_{kj}\\&=\sum_{k=1}^{n}(|A|^q)_{ik}|a_{kj}|\end{aligned}$$

知，$(|A|^{q+1})_{ij}\neq 0$ 的充要条件是对 k 的至少一个值，$(|A|^q)_{ik}$ 和 $|a_{kj}|$ 均非零，这也就等价于 $D(A)$ 中有一条从 P_i 到 P_k 的长为 q 的道路及一条从 P_k 到 P_j 的长为 1 的道路. 于是，$(|A|^{q+1})_{ij}\neq 0$ 的充要条件是 $D(A)$ 中存在一条从 P_i 到 P_j 的长为 $q+1$ 的道路.　　证毕

推论　设 $A\in\mathbf{C}^{n\times n}$，则 $|A|^m>0$ 的充要条件是从 $D(A)$ 中的每个结点 P_i 到每个结点 P_j，都存在一条长恰好为 m 的有向道路.

定理 2　设 A 为 n 阶非负矩阵，则 A 为素矩阵的充要条件是 $A^m>0$ 对某个 $m\geqslant 1$ 成立.

证 若 $A\geqslant 0$ 且 $A^m>0$，则由引理的推论知，从 A 的有向图 $D(A)$ 中每个结点 P_i 到另一个结点 P_j 一定存在长恰好为 m 的有向道路，因而 A 为不可约的. 于是把 Perron 定理应用于正矩阵 $A^m>0$ 知 A 只有一个模为 $r(A)$ 的特征值.

反之，若 A 为素矩阵，则据定理 1 得

$$\lim_{k\to\infty}(r(A)^{-1}A)^k=L>0,$$

故存在 $m\geqslant 1$ 使对 $k\geqslant m$，有

$$(r(A)^{-1}A)^k>0.$$

证毕

事实上，在定理 2 的必要性的证明中我们已经得到了：若 A 为素矩阵，则存在 $m>0$，使 $k\geqslant m$ 时有 $A^k>0$.

可见，$r(A)$ 是素矩阵 A 的单重特征值，且 A 的其他特征值 λ 必满足

$$|\lambda|<r(A).$$

关于定理 2，Marcus 和 Minc 给出了一个新的证明.

值得强调的是，素矩阵的乘积甚至可能是可约的. 另一方面，可约矩阵的乘积却可能是正矩阵.

例如

$$A=\begin{pmatrix}1&1\\1&0\end{pmatrix},B=\begin{pmatrix}0&1\\1&1\end{pmatrix}$$

都是素矩阵，但

$$AB=\begin{pmatrix}1&2\\0&1\end{pmatrix}$$

是可约的，第二个推断是显然的.

但是，我们有

定理 3 设 A 为素矩阵，则 A^k 为不可约矩阵，$k=1,2,\cdots$.

证 由定理 2 的证明知存在 m 使

$$A^q>0\quad q=m,m+1,\cdots.$$

若对某个 k，A^k 可约，则 A^k 的所有幂也是可约的，因而不是正矩阵，但这与 A 的所有充分大的幂是正矩阵这一结论相矛盾，故 A 的任何次幂都是不可约的.

证毕

从计算的角度考虑，定理 2 用来验证素矩阵常常是困难的. 因为要计算的幂没有给出其上界. 下述定理 4 给出的有限界回答了这一问题.

定理 4 若 A 为 n 阶素矩阵，则对正整数

$$k\leqslant(n-1)n^n$$

有 $A^k>0$.

证 由 A 为素矩阵知 A 是不可约的. 于是在 $D(A)$ 中存在从结点 P_1

回到结点 P_1 的有向道路，这样的最短路长

$$k_1 \leqslant n,$$

所以 $(A^{k_1})_{11}>0$，且 A^{k_1} 的任意幂

$$((A^{k_1})^m)_{11}>0, \forall m,$$

由 A 是素矩阵和定理 3 知，A^{k_1} 不可约. 所以在 $D(A^{k_1})$ 中一定存在从结点 P_2 回到 P_2 的有向道路，这样的最短路长

$$k_2 \leqslant n,$$

因此

$$((A^{k_1})^{k_2})_{11}=(A^{k_1k_2})_{11}>0,$$

$$((A^{k_1})^{k_2})_{22}=(a^{k_1k_2})_{22}>0,$$

沿主对角线继续上述过程，直到 $A^{k_1k_2\cdots k_n}$ 为止，其中

$$k_i \leqslant n, i=1,2,\cdots,n,$$

$A^{k_1k_2\cdots k_n}$ 不可约，且其主对角元

$$(A^{k_1k_2\cdots k_n})_{ii}>0 \quad i=1,2,\cdots,n,$$

这样，据定理 2 可知

$$(A^{k_1k_2\cdots k_n})^{n-1}>0,$$

再由

$$k_1k_2\cdots k_n(n-1) \leqslant n \cdot n \cdot \cdots \cdot n(n-1) = n^n(n-1),$$

知结论成立. 证毕

使素矩阵 A 满足 $A^k>0$ 的最小的 k，称为 A 的本原指标，记作 $\gamma(A)$，由定理 4，

$$\gamma(A) \leqslant n^n(n-1).$$

本原指标 $\gamma(A)$ 的这一界限得到了显著改进. 下面我们不加证明地给出改进上述界限的著名结果.

定理 5 设 A 为 n 阶素矩阵，$D(A)$ 中最短简单有向回路长为 s，则

$$\gamma(A) \leqslant n+s(n-2).$$

定理 6(Wielandt) 非负矩阵 A 为素矩阵的充要条件是

$$A^{n^2-2n+2}>0.$$

§5 随机矩阵

非负矩阵理论在数学的许多分支和应用科学的很多领域有着重要应

用.这一节我们就讨论在不等式论、组合矩阵论、组合学、概率论、物理化学、数理经济和电子科学等中有重要应用的一类非负矩阵——随机矩阵和双随机矩阵.

定义 若 n 阶非负矩阵 A 的各行元素之和均为 1,则称 A 为(行)随机矩阵;若非负阵 A 的各列之和均为 1,则称 A 为(列)随机矩阵;若 A 和 A^{T} 均为(行)随机矩阵,则称 A 为双随机矩阵.

随机矩阵在有限齐次马尔柯夫链理论中扮演重要角色.设 $S_1,S_2,\cdots,S_n$ 是某过程或某系统的 n 个可能的状态,如果对任意的 $i,j=1,2,\cdots,n$,此过程从状态 i 移动到状态 j 的概率 p_{ij} 与时间无关,则该过程称为一个有限齐次马尔柯夫链;n 阶矩阵 $P=(p_{ij})$ 就是随机矩阵,称 P 为这个链的转移矩阵.一个有限齐次马尔柯夫链被它的转移矩阵完全决定.反之,转移矩阵由它所属的链完全决定.

随机矩阵不仅在马尔柯夫链过程的研究中出现,而且在经济及对策论等的研究中也经常出现.

设 $e=(1,1,\cdots,1)^{\mathrm{T}}$,由随机矩阵的定义不难知道有:

n 阶非负矩阵 A 为随机矩阵的充要条件为

$$Ae=e;$$

A 为双随机矩阵的充要条件是

$$Ae=e,\quad A^{\mathrm{T}}e=e.$$

定理 1 (1) 设 A 为随机矩阵,则 A 的最大特征值为 1;

(2) 设 A 为非负矩阵,则 A 为随机矩阵的充要条件是 e 为 A 的相应于特征值 1 的特征向量.

证 由 $Ae=e$ 知 1 为 A 的特征值,e 即对应的特征向量.于是,据 §1 中引理 1 知

$$r(A)=1,$$

即 1 为 A 的最大特征值.

反之,若 $Ae=e$,则 A 的各行之和均为 1.故 A 为随机矩阵. 证毕

定理 2 设 A 为非负矩阵,$r(A)>0$,$z>0$ 满足 $Az=r(A)z$,则 $r(A)^{-1}A$ 相似于一个随机矩阵.

证 设 $z=(z_1,z_2,\cdots,z_n)^{\mathrm{T}}$,构作对角矩阵

$$D=\operatorname{diag}(z_1,z_2,\cdots,z_n).$$

由 $z>0$ 知 D 可逆.令

$$X=D^{-1}(r(A)^{-1}A)D,$$

则 $x\geqslant 0$,且满足

$$Xe = D^{-1}(r(A)^{-1}A)De$$
$$= D^{-1}r(A)^{-1}Az = D^{-1}z = e,$$

故 X 为随机矩阵. 证毕

定理 2 中的假设"存在 $z>0$ 使得 $Az=r(A)z$"是必不可少的.

例如,矩阵

$$A = \begin{pmatrix} 1 & 1 \\ 0 & 1 \end{pmatrix},$$

$r(A)=1$,但 A 不相似于任何随机矩阵.

下面讨论随机矩阵特征值的估计.

定理 3 设 $A=(a_{ij})$ 为随机矩阵,$\omega=\min\limits_i a_{ii}$,则对 A 的任一特征值 λ_i 都有

$$|\lambda_i - \omega| \leqslant 1-\omega.$$

证 设 λ_t 为 n 阶随机矩阵 A 的一个特征值,$x=(x_1,x_2,\cdots,x_n)^{\mathrm{T}}$ 是对应的特征向量,即

$$Ax=\lambda_t x.$$

设 $0<|x_m|=\max\limits_i |x_i|$,则由上式的第 m 个方程得

$$\lambda_t x_m = \sum_{j=1}^{n} a_{mj}x_j,$$

因而

$$\lambda_t - a_{mm} = \sum_{j\neq m} a_{mj}\frac{x_j}{x_m},$$

据三角不等式及 A 为随机矩阵得

$$|\lambda_t - a_{mm}| \leqslant \sum_{j\neq m} a_{mj}\left|\frac{x_j}{x_m}\right|$$
$$\leqslant \sum_{j\neq m} a_{mj} = 1 - a_{mm},$$

所以

$$|\lambda_t-\omega| = |\lambda_t - a_{mm} + a_{mm} - \omega|$$
$$\leqslant |\lambda_t - a_{mm}| + |a_{mm}-\omega|$$
$$\leqslant (1-a_{mm}) + (a_{mm}-\omega)$$
$$= 1-\omega.$$

证毕

最后,我们指出,$\mathbf{C}^{n\times n}$ 中的随机矩阵的集合是紧凸集,双随机矩阵的集合也是 $\mathbf{C}^{n\times n}$ 中的紧凸集,并且有

定理 4(Birkhoff) n 阶矩阵 A 为双随机矩阵的充要条件是对某个 $N<\infty$,存在置换矩阵 $P_1,\cdots,P_N$ 和正纯量 $a_1,\cdots,a_N\in\mathbf{R}$,使得

$$a_1+a_2+\cdots+a_N=1,$$

且

$$A=a_1P_1+a_2P_2+\cdots+a_NP_N.$$

证明略.

由 Birkhoff 定理可知,任一双随机矩阵都是有限多个置换矩阵的凸组合,因而置换矩阵是基本的和标准的双随机矩阵.

因为在 $\mathbf{C}^{n\times n}$ 中恰好有 $n!$ 个互不相同的置换矩阵,Birkhoff 定理保证,任意双随机矩阵可以表示成至多 $N=n!$ 个置换矩阵的凸组合.更细致的分析说明,所需置换矩阵不超过

$$N=n^2-2n+2$$

个.

习 题 七

1. 设 $A,B\in\mathbf{C}^{n\times n}$, $x\in\mathbf{C}^n$,证明

(1) $|Ax|\leqslant|A||x|$;

(2) $|AB|\leqslant|A||B|$; $|A^m|\leqslant|A|^m$(m 为正整数);

(3) 若 $0\leqslant A\leqslant B$,则 $0\leqslant A^m\leqslant B^m$($m$ 为正整数).

2. 设 $A\in\mathbf{C}^{n\times n}$,则

$$\|A\|_2=\||A|\|_2.$$

3. 试构造一个相似于

$$\begin{pmatrix}0&1\\0&0\end{pmatrix}$$

的矩阵,且不含零元.它的谱半径是什么？它是非负矩阵吗？

4. 设 $A,B\in\mathbf{C}^{n\times n}$, $0\leqslant A<B$,则 $r(A)<r(B)$.

5. 证明 §1 中定理 3 结果中关于上界的论断.

6. 证明不可约矩阵不可能有零行或零列.

7. 完成 §1 中定理 4 推论的证明.

8. 若 $A\geqslant 0$,且对某个 k, $A^k>0$,则

$$r(A)>0.$$

9. 给出一个 2 阶矩阵 A,使得 $A\geqslant 0$, A 不是正的,且 $A^2>0$.

10. 设非负矩阵 $A\in\mathbf{R}^{n\times n}$,若 A 有正特征向量 x,则对所有 $m=1,2,\cdots$ 和 $i=1,\cdots,n$,有

$$\sum_{j=1}^{n}a_{ij}^{(m)}\leqslant\left[\frac{\max\limits_{1\leqslant k\leqslant m}x_k}{\min\limits_{1\leqslant k\leqslant n}x_k}\right]r(A)^m;$$

$$\left[\frac{\min\limits_{1\leqslant k\leqslant n}x_k}{\max\limits_{1\leqslant k\leqslant n}x_k}\right]r(A)^m\leqslant\sum_{j=1}^{n}a_{ij}^{(m)},$$

其中 $A^m=(a_{ij}^{(m)})$.特别是,若 $r(A)>0$,则对 $m=1,2,\cdots,[r(A)^{-1}A]^m$ 各元一致有界.

11. 若 A 为 n 阶正矩阵,证明

$$r(A)=\max_{x>0}\min_{1\leqslant i\leqslant n}\frac{1}{x_i}\sum_{j=1}^{n}a_{ij}x_j=\min_{x>0}\max_{1\leqslant i\leqslant n}\frac{1}{x_i}\sum_{j=1}^{n}a_{ij}x_j$$

12. 证明 §2 定理 3 的推论.

13. 设 A 为 n 阶正矩阵,若存在某个 $x\in\mathbf{C}^n$, $x\geqslant 0$, $x\neq 0$, $Ax=\lambda x$,试证 x 为 Perron 向量的倍数且 $\lambda=r(A)$.

14. 考虑

$$A=\begin{pmatrix}1&0\\0&2\end{pmatrix},\quad x=\begin{pmatrix}1\\0\end{pmatrix},$$

证明:若 x 不是正向量,§1 中定理 4 推论 1 的上界不一定成立,证明该定理推论 3 的"min max"特征一般也不成立.

15. 求出

$$A=\begin{pmatrix}1&2&0&0&3\\0&0&4&0&0\\0&0&0&2&0\\0&8&0&0&0\\4&0&0&0&0\end{pmatrix}$$

的谱半径.

16. 证明矩阵

$$A=\begin{pmatrix}0&1\\1&1\end{pmatrix}$$

是素矩阵,它的特征值是什么?给出 $\gamma(A)$ 的界,$\gamma(A)$ 的精确值是什么?

17. 若 $A\geqslant 0$ 和 $A^k>0$,则

$$A^m>0\quad\forall\, m\geqslant k,$$

若 A 是素矩阵,则对任意正整数 k,A^k 是素矩阵.

参考文献

1 N P Pullman. *Matrix theory and its applications*. 1976

2 G W Stewart. *Introduction to matrix computations*. NY Academic Press, 1973

3 G H Golub & C F Van Loan. *Matrix computations*. Johns Hopkins Univ. Press, Baltimore, 1996

4 A S Householder. *The theory of matrices in numerical analysis*. Boston: Blaisdell, 1964(有中译本)

5 A Berman & R J Plemmons. *Nonnegative matrices in the mathematical sciences*. SIAM Press, 1994

6 H Minc. *Nonnegative matrices*. Academic Press, 1987

7 R A Horn & C R Johnson. *Matrix analysis*. Cambridge Univ. Press, 1985

8 M Marcus & H Minc. *A survey of matrix theory and matrix inequalities*. Allyn and Bacon, 1964

9 Frieder Kuhnert. *Pseudoinverse matrizen und die methode der regularisierung*. 1976(有中译本)

10 C R Rao & S K Mitra. *Generalized inverse of matrices and its applications*. NY: Wiley, 1971

11 孙继广.矩阵扰动分析.北京:科学出版社,2001

12 何旭初.广义逆矩阵的基本理论和计算方法.上海:上海科技出版社,1985

13 倪国熙.常用矩阵理论和方法.上海:上海科技出版社,1984

14 陈公宁.矩阵理论及应用.北京:高等教育出版社,1991

编　　辑　胡乃冏
策　　划　李艳馥
封面设计　李卫青
责任绘图　吴文信
版式设计　史新薇
责任校对　胡晓琪
责任印制　刁　毅

读者意见反馈

为收集对教材的意见建议，进一步完善教材编写并做好服务工作，读者可将对本教材的意见建议通过如下渠道反馈至我社。

咨询电话　400-810-0598

反馈邮箱　hepsci@pub.hep.cn

通信地址　北京市朝阳区惠新东街4号富盛大厦1座
高等教育出版社理科事业部

邮政编码　100029